森林科学シリーズ

# 森林と文化

森とともに生きる民俗知のゆくえ

蛯原一平 / 齋藤暖生 / 生方史数　編

Series in Forest Science

12

共立出版

## 執筆者一覧

蛯原一平　元国立民族学博物館・外来研究員（第1章，第7章，第10章）
齋藤暖生　東京大学大学院農学生命科学研究科附属演習林富士癒しの森研究所（第1章，第8章，第10章）
生方史数　岡山大学大学院環境生命科学研究科（第1章，第10章）
服部志帆　天理大学国際学部（第2章）
小泉　都　元京都大学総合博物館・日本学術振興会特別研究員（第3章）
笹岡正俊　北海道大学大学院文学研究院（第4章）
山口未花子　北海道大学大学院文学研究院（第5章）
田中　求　高知大学地域協働学部（第6章）
柴崎茂光　国立歴史民俗博物館（第9章）


『森林科学シリーズ』編集委員会
菊沢喜八郎・中静　透・柴田英昭・生方史数・三枝信子・滝　久智

# 『森林科学シリーズ』刊行にあたって

　樹木は高さ 100 m，重さ 100 t に達する地球上で最大の生物である．自ら移動することはできず，ふつうは他の樹木と寄り合って森林を作っている．森林は長寿命であるためその変化は目に見えにくいが，破壊と修復の過程を経ながら，自律的に遷移する．破壊の要因としては，微生物，昆虫などによる攻撃，山火事，土砂崩れ，台風，津波などが挙げられるが，それにも増して人類の直接的・間接的影響は大きい．人類は森林から木を伐り出し，跡地を農耕地に変えるとともに，環境調節，災害防止などさまざまな恩恵を得てきた．同時に，自ら植林するなど，森林を修復し，変容させ，温暖化など環境条件そのものの変化をもたらしてきた．森林は人類による社会的構築物なのである．

　森林とそれをめぐる情勢の変化は，ここ数十年に特に著しい．前世紀，森林は破壊され，木材は建築，燃料，製紙などに盛んに利用された．日本国内においては拡大造林の名のもとに，奥地の森林までが開発され，針葉樹造林地に変化した．しかし世紀末には，地球環境への関心が高まり，とりわけ温暖化と生物多様性の喪失が懸念されるようになった．それを受けて環境保全の国際的枠組みが作られ，日本国内の森林政策も木材生産中心から生態系サービス重視へと変化した．いまや，森林には木材資源以外にも大きな価値が認められつつある．しかしそれらはまた，複雑な国際情勢のもとで簡単に覆される可能性がある．現に，アメリカ前大統領のバラク・オバマ氏は退任にあたり「サイエンス」誌に論文を書き，地球環境問題への取り組みは引き返すことはできないと遺言したが，それは大統領交代とともに，自国第一の名のもとにいとも簡単に破棄されてしまった．

　動かぬように見える森林も，その内外に激しい変化への動因を抱えていることが理解される．私たちは，森林に新たな価値を見い出し，それを持続的に利用してゆく道を探らなくてはならない．

## 『森林科学シリーズ』刊行にあたって

　本シリーズは，森林の変容とそれをもたらしたさまざまな動因，さらにはそれらが人間社会に与えた影響とをダイナミックにとらえ，若手研究者による最新の研究成果を紹介することによって，森林に関する理解を深めることを目的とする．内容は高校生，学部学生にもわかりやすく書くことを心掛けたが，同時に各巻は現在の森林科学各分野の到達点を示し，専門教育への導入ともなっている．

『森林科学シリーズ』編集委員会
菊沢喜八郎・中静　透・柴田英昭・生方史数・三枝信子・滝　久智

# まえがき

　森は，地域独自の，森林と関わる「文化」を育んできた．一方，人間の森林利用のあり方は，気候や地形など様々な物理的環境条件とあいまって，森林の成り立ちに影響を及ぼす．その意味では，それら利用の基盤となる「文化」が森林を育んできたともいえる．つまり，森林の成り立ちや，森林と人間との相互作用というのは「文化」まで掘り下げて考えるべき課題なのである．本シリーズにおいて，一見，森林科学とは関係のなさそうな「文化」を本巻のテーマとした理由はこのことによる．

　ただし，「文化」というのは総体的で，なかなか捉えにくい概念である．そこで，本巻では，その源泉となる人々の自然（とくに森林）に関する知識や認識，信仰——これらは「民俗知」と総称される——に注目することとした．

　世界中いかなる地域であれ，森とともに生きる人々は，日々の生活においてまわりの森林に関する広範な知識や，それらを利用する技術・技能を集団内に蓄え，世代を超えて伝えてきた．また，そのような森と人との関わりのなかで，人々は独自の信仰体系や世界観を構成し，森林利用にかかわる規範やしきたりを形成してきた．民俗知と称される，地域の人々がもつこれらの知や森へのまなざしは，森林を母体として育まれる「文化」の源泉といえる．

　しかし，いま，そのような民俗知のあり方は大きく変わろうとしている．あるところでは，国家や国際社会の思惑に翻弄され，また，あるところでは，地域社会内部の変化により自然消滅しようとしている．とりわけ重要なのは，住民主体の資源管理という文脈において民俗知の有用性が「外」から評価され，科学知との統合が提起されてきたことである．しかし，それらの取り組みは理念通り進まず，多くは困難に直面している．

　本巻では，日本国内および海外の様々な森林地帯に暮らす人々の社会を対象として，民俗知の現代的なあり方について紹介する．その上で，森林保全や資

## まえがき

源の管理と持続的利用，地域づくりといった現代の森林地帯が抱える社会・環境問題とそれがいかに関わっているのか，あるいは関わりうるのかについて論考する．そして，現代社会における新たな森と人との関係性を考えていくための視座を探っていく．

森林科学を軸とする本シリーズのなかで，このテーマを取り上げることは，これまで別々に論じられてきた分野間の扉を開く意義もある．これまで，森林に関わる「文化」は，森林学（林学）ではわずか数名の論者によって提唱されるに過ぎなかった．その一方，資源管理学や地域開発論などでは中心的な関心の一つであり，多くの知見が蓄積されてきた．本巻では，その分野間の隔たりを架橋すべく，文化人類学や日本民俗学を専門とする地域研究者にも執筆陣に加わってもらい，事例報告のみならず，民俗知や森林文化の総説にも多くのページを割いた．

また，これまで日本国内と海外（特に豊かな森林が広がる熱帯諸国）の事例に関しても，その文脈上別々に論じられることが多かった．森林資源利用をめぐっては，概して海外の事例では過剰利用が，日本の事例では過少利用が懸念されるというように対照的である．本巻では，前者での資源管理の文脈で注目されてきた民俗知のあり方に加え，近現代における民俗知の消失，あるいはその継承問題を取り上げる．これによって，両者を同時代に生きる人々による共通の問題として理解することが可能となる．

本巻の各章では，世界あるいは国内各地の森林を舞台として，そこに暮らす人々のなかで培われてきた民俗知の現代社会におけるあり方についてローカルな現場から論じられる．ただし，先に述べたように，海外の事例と日本国内の山村では，民俗知が取り上げられる社会的文脈が異なる．そのため，本巻は大きく二つに分け，前半で海外の事例を，後半で国内の事例を扱うこととした．

まず，第1章では，民俗知やそれと類似した概念の整理をおこない，「森とともに生きる人々の民俗知」に注目する現代的意義と本巻での主な論点を紹介する．第2章では，民俗知が研究者のなかでどう論じられ，生態系保全の場でどのように「取り入れ」られてきたのかについて，科学知と対比しながらレヴューがなされるとともに，カメルーンの熱帯雨林に暮らす狩猟採集民バカの植物知識の事例から，民俗知のもつ特徴とその現代的なあり方が論じられて

いる．

　第3章と第4章では，舞台が東南アジア島嶼部——森林保全と開発がせめぎあう最前線の一つ——に移る．第3章では，今なお精神的・物質的に周囲の森林と深く結びついているボルネオの狩猟採集民，プナンの民俗知について具体的に述べられる．そして，プナンの人たちが，森との関わり方や捉え方の異なる他民族や外部者などといかに協働しながら環境保全活動を展開してきたかについて論じられる．第4章では，森林をめぐる協働における民俗知に直接焦点があてられる．インドネシアのセラム島とスマトラ島という二つの地域で，森林をめぐる利害関係者（ステークホルダー）の協働がどうつくられ，そのなかで地域住民の民俗知がどう関係してきたのかが明らかにされる．ステークホルダーの間で用意される「協議」の場の性格と，そこで効力を失ってしまう知の存在について考察されている．

　第1部の最終章である第5章は，カナダの先住民，カスカを対象としている．本章では，森とともに生きてきた古老たちの暮らしからカスカの民俗知が語られ，それらがどう変容したのかが述べられる．また，文化継承において筆者など外部者が果たしうる可能性に関しても言及している．知識の担い手減少による民俗知の変容がテーマの一つとなっており，その意味では，第1部と第2部をつなぐ内容となっている．

　第6章からは第2部に移り，国内の事例報告となる．第6章では導入として，日本国内の山村における森林と人との関わりの変化についてレヴューがなされている．そして，四国山地の山村で受け継がれてきた山や森林との関わりと，そのなかで培われてきた民俗知について，とくに和紙原料栽培という生業を軸として述べられる．そこで浮き彫りになるのは，林業だけではない山の多様な生業の姿であり，さらには，それらに関わる様々な人々が，例えば和紙生産などにおいてつながることで構築される山村の全体的，あるいは統合的な民俗知のあり方である．続く第7章では，一般的にマタギと呼ばれる，東日本豪雪山岳地帯の山村で森とともに生きる山人（やまびと）たちの民俗知が対象となっている．マタギたちが，日常的に関わっている自分たちの山をいかに「知っているか」が述べられる．それは，きわめて個人的かつ具体的な経験の記憶であり，当人たちがその地に暮らすことのアイデンティティと分かち難く

結びついている．

　以上の二つの地域は過疎・高齢化の進む山村であり，おそらく「消えゆく」であろう知識を対象としている．しかし，国内の山村住民あるいは森林と関わる人々の民俗知が全てそうであるとは限らない．そのことを明快に示しているのが第8章である．本章では，現代社会において栄養的あるいは経済的にはさほど重要性をもたないキノコ採りや山菜採りといった森林利用にみられる民俗知が紹介されている．そして，それらを採る「楽しみ」に注目し，活動が持続するなかで民俗知が深められていくプロセスについて論じられる．その上で，山菜・キノコのような資源およびそれに関わる知識が，住民主体の地域活性化に寄与しうる可能性についても言及している．

　このような地域住民の民俗知や，森林利用に関する地域の慣習，文化財は「外部者」にとってはどのような価値や魅力を持ちうるのだろうか．それを考える上でヒントを与えてくれるのが第9章である．本章では，国内の森林保護制度や文化財保護制度およびそれら保護地域で展開される観光形態について整理した上で，これら保護地域に関わる住民の知識や慣習が観光商品としてどのように「資源化」されてきたのか，あるいは「消失」してきたのかについて屋久島の事例などから論じられている．

　以上の事例報告をふまえ，最終章である第10章では，各章で示された民俗知が有する多様な側面についてまとめている．そして，森林保全や持続的な森林利用，あるいは森林利用を通した地域づくりなど，よりよい森林と人との関係性を構築していくために民俗知や地域の文化はいかに関わりうるのか，というテーマを考えるための視座が提示される．

　これら各章で示されるように，森とともに何世代も生きてきた地域住民たちのまなざしや培われてきた民俗知の世界は深く，そして広い．本巻を通じて，そのような豊かな意味世界へと一人でも多くの人をいざない，森林と文化についてより深く興味を持ってもらえることを編者一同，切に願っている．

蛯原一平・齋藤暖生・生方史数

# 目　次

## 第 1 章　森とともに生きる人々の文化と民俗知

はじめに ……………………………………………………………… 1
1.1　森林との関わりとしての文化と知識 ……………………… 2
1.2　民俗知に注目する意義 ……………………………………… 7
1.3　民俗知から森林文化論へのアプローチ …………………… 10
1.4　本巻の構成 …………………………………………………… 13

## 第1部　民俗知を知る
### 熱帯と冷帯に暮らす森の民の事例から

## 第 2 章　民俗知と科学知：カメルーンの狩猟採集民バカの民俗知はどのように語られてきたか

はじめに ……………………………………………………………… 21
2.1　民俗知はどのように語られてきたか ……………………… 22
　　2.1.1　エスノサイエンス研究と民俗知 …………………… 22
　　2.1.2　民俗知と科学知 ……………………………………… 23
　　2.1.3　民俗知は生態系の保全に役立つのか ……………… 25
2.2　狩猟採集民バカ ……………………………………………… 27
　　2.2.1　アフリカの熱帯雨林とピグミー系の狩猟採集民 … 27
　　2.2.2　調査地の概要 ………………………………………… 28
2.3　バカの民俗知 ………………………………………………… 30
　　2.3.1　バカの植物知識の概要 ……………………………… 30

　　　　　2.3.2　植物知識の多様性 ………………………………………… 37
　　　　　2.3.3　知識の創造性と状況依存性 …………………………… 41
　　2.4　バカの民俗知はどのように語られてきたか ………………………… 42
　　　　　2.4.1　カメルーンの森の現在 ………………………………… 42
　　　　　2.4.2　先住民運動と参加型マッピング ……………………… 45
　　　　　2.4.3　非木材林産物（NTFP）の開発 ……………………… 46
　　おわりに ………………………………………………………………………… 48

## 第3章　森林環境問題と住民の森林観：なぜプナンは森林を守るのか

　　はじめに ………………………………………………………………………… 53
　　3.1　森林環境問題と民俗知 ………………………………………………… 54
　　　　　3.1.1　森林とくに熱帯林問題 ………………………………… 54
　　　　　3.1.2　熱帯林問題の原因と背景 ……………………………… 56
　　　　　3.1.3　熱帯林問題への対策と関係者の重層性 ……………… 58
　　　　　3.1.4　住民と民俗知の位置づけ ……………………………… 59
　　3.2　ボルネオ熱帯雨林と住民 ……………………………………………… 61
　　　　　3.2.1　ボルネオの概略：森林・人・開発・保全 …………… 61
　　　　　3.2.2　狩猟採集民と森林 ……………………………………… 63
　　　　　3.2.3　農耕民と森林 …………………………………………… 68
　　　　　3.2.4　開発・保全と狩猟採集民・農耕民 …………………… 71
　　3.3　プナンによる伐採反対運動 …………………………………………… 73
　　　　　3.3.1　プナンが守り抜いた森林 ……………………………… 73
　　　　　3.3.2　プナンが商業伐採に反対する理由 …………………… 75
　　　　　3.3.3　NGOの役割 …………………………………………… 76
　　　　　3.3.4　民族間関係 ……………………………………………… 77
　　おわりに ………………………………………………………………………… 80

## 第4章　熱帯林ガバナンスの「進展」と民俗知

| はじめに | 85 |
| 4.1 熱帯林ガバナンスの「進展」 | 88 |
| 　4.1.1　保護地域の協働管理 | 89 |
| 　4.1.2　紙・パルプ企業の「自主的取り組み」 | 91 |
| 4.2 森とともに生きてきた人びとの暮らしと民俗知の現在 | 96 |
| 　4.2.1　国立公園に隣接するセラム島 A 村の事例 | 96 |
| 　4.2.2　産業造林地に囲まれたジャンビ州 L 村の事例 | 103 |
| 4.3 統治のための新たな装置 | 109 |
| 　4.3.1　方向づけられた「協議」 | 109 |
| 　4.3.2　無効化される知 | 111 |
| おわりに | 114 |

## 第5章　近代化と知識変容：カナダ先住民の「知識」をめぐる議論と実践

| はじめに | 118 |
| 5.1 北米における先住民の知識に関する議論 | 120 |
| 　5.1.1　どのような知識なのか | 121 |
| 　5.1.2　ドミナント社会と知識 | 122 |
| 　5.1.3　森（ブッシュ）の全体性 | 126 |
| 5.2 カナダ先住民カスカの森（ブッシュ）の知識と生業 | 127 |
| 　5.2.1　獲得の過程に見るカスカの知識の特徴 | 127 |
| 　5.2.2　具体的な知識とその活用 | 130 |
| 5.3 社会の変化と「伝統的な（土着の経験的な）」知識・技術 | 135 |
| 　5.3.1　様々な変化 | 135 |
| 　5.3.2　伝承の問題 | 138 |
| おわりに | 141 |

目　次

## 第2部　民俗知をつなぐ
### 国内山村の事例から

### 第6章　和紙原料栽培の民俗知から見る新たな森林像

はじめに ……………………………………………………………………… 147
6.1　日本の森林における共同の中の民俗知 …………………………… 149
6.2　和紙原料栽培における民俗知 ……………………………………… 152
　　6.2.1　日本文化・地域社会の核としての和紙 ………………… 152
　　6.2.2　植物としての特長を活かす和紙の民俗知 ……………… 153
　　6.2.3　山の自然特性を活かす民俗知 …………………………… 157
　　6.2.4　他の作物・生業との組み合わせを活かす ……………… 159
　　6.2.5　楽しみややりがいを生み出す …………………………… 162
　　6.2.6　和紙原料を巡る民俗知とその衰退 ……………………… 166
おわりに ……………………………………………………………………… 168

### 第7章　山を知る：森とともに生きるマタギたちの民俗知

はじめに ……………………………………………………………………… 172
7.1　「生き方」としての民俗知 ………………………………………… 174
7.2　朝日連峰山村における山と人とのかかわり ……………………… 178
　　7.2.1　雪に育まれた朝日山地の自然 …………………………… 178
　　7.2.2　五味沢地区における林野利用の歴史 …………………… 180
　　7.2.3　近代以降の狩猟の変化 …………………………………… 183
7.3　春グマ猟と山の「知識」 …………………………………………… 185
　　7.3.1　山形県における春グマ猟の法制度的位置づけ ………… 185
　　7.3.2　五味沢地区の春グマ猟 …………………………………… 187
　　7.3.3　春グマ猟の実例 …………………………………………… 188
　　7.3.4　山の地形・地理に関する「知識」 ……………………… 193

おわりに ················································· 198

## 第8章　ありふれた資源をめぐる民俗知：山菜・キノコをめぐる民俗知とその現代的意義

はじめに ················································· 204
8.1　森の食べものと山菜・キノコ ···················· 205
　　8.1.1　森がもたらす食材 ·························· 205
　　8.1.2　食材としての山菜・キノコ ················ 207
　　8.1.3　商品としての山菜・キノコ ················ 209
　　8.1.4　稀少性の低い資源 ·························· 209
8.2　山菜・キノコ採りにみる知識と文化 ············· 210
　　8.2.1　利用対象を選ぶ民俗知 ···················· 211
　　8.2.2　採取の民俗知 ······························ 214
　　8.2.3　利用過程の民俗知 ·························· 220
　　8.2.4　小括：マイナー・サブシステンスとしての山菜・キノコ採り ·································· 222
8.3　山村の強みを活かした山菜・キノコの活用可能性 ··· 224
　　8.3.1　山菜・キノコの流通 ························ 225
　　8.3.2　長野県小谷村における山菜採りツアー ···· 227
　　8.3.3　福井県大野市和泉地区（旧和泉村）における特産化 ··· 228
おわりに ················································· 230

## 第9章　保護地域を活用した地域振興や山村文化保全の可能性

はじめに ················································· 233
9.1　多様化する保護地域 ······························· 234
　　9.1.1　保護地域の定義 ···························· 234

9.1.2　地域「規制」型の保護地域から地域「活用」型の保護地
　　　　　　域へ ……………………………………………………………… 236
　　　9.1.3　繰り返される保護地域ブーム ……………………………… 237
　9.2　保護地域を活用した産業：エコツーリズム ………………………… 239
　　　9.2.1　エコツーリズムの定義 ……………………………………… 239
　　　9.2.2　日本におけるエコツーリズム推進 ………………………… 239
　　　9.2.3　地域振興の一方策としてのエコツーリズムの有効性と
　　　　　　限界 ……………………………………………………………… 241
　9.3　保護地域を活用した地域振興の動き：文化庁の動き ……………… 244
　　　9.3.1　日本遺産 ………………………………………………………… 244
　　　9.3.2　文化財保護法の改正 …………………………………………… 246
　9.4　保護地域と地域振興の関係性 …………………………………………… 248
　9.5　保護地域「指定」がもたらす地域文化への影響 …………………… 249
　おわりに ………………………………………………………………………… 254

# 第3部　民俗知のゆくえ
## まとめにかえて

## 第10章　民俗知のゆくえと現代社会

　はじめに ………………………………………………………………………… 261
　10.1　森林文化の源泉としての民俗知 …………………………………… 262
　　　10.1.1　民俗知の特質 ………………………………………………… 262
　　　10.1.2　森の民にとっての民俗知 …………………………………… 264
　10.2　民俗知の近現代 ………………………………………………………… 267
　　　10.2.1　近代科学との対峙 …………………………………………… 267
　　　10.2.2　技術の発展 …………………………………………………… 268
　　　10.2.3　市場経済の広がり …………………………………………… 269
　　　10.2.4　近代的法制度 ………………………………………………… 270

10.3　民俗知への期待 …………………………………………… 271
　　10.3.1　持続的資源管理，環境保全への期待 ……………… 271
　　10.3.2　地域発展への活用 …………………………………… 272
　　10.3.3　地域文化の涵養 ……………………………………… 274
　10.4　民俗知を「活用」する危うさ …………………………… 274
　　10.4.1　切り取られる民俗知 ………………………………… 274
　　10.4.2　単純化がもたらす懸念 ……………………………… 275
　10.5　民俗知をつなぐ …………………………………………… 276
　　10.5.1　民俗知継承の危機と課題 …………………………… 276
　　10.5.2　現代社会における新たな民俗知継承のあり方 …… 277
　　10.5.3　「翻訳者」に求められること ……………………… 279
おわりに：残された課題 …………………………………………… 280

# 索　引　　285

# 第1章 森とともに生きる人々の文化と民俗知

蛯原一平・齋藤暖生・生方史数

## はじめに

　森林は，有形無形の様々な"恵み"を私たちの暮らしにもたらしてくれる．とりわけ森とともに生きる人々は，日々の食べ物をはじめ，生活道具の素材，建物の資材，あるいは病気や傷を治すための民間薬や祭祀儀礼に用いる呪術具など，数え切れないほど多くの物資（資源）を周りの森林に依存し生活を営んできた．そのなかで人々は，森林に生息する動植物の採捕（採集・捕獲活動）やそれらの加工に関する細やかな知識と技術・技能を培い，ときにはその"恵み"を絶やさぬような"おきて"や"しきたり"をもうけ，世代を超えて伝えてきた．そのような社会では，多くの場合，豊かな"恵み"をもたらすものとして超自然的な存在（カミ）を森に見出し，畏れ敬うような信仰と祈りの実践が息づいている．それは，自分たちの生きている世界とカミの世界とのつながりを了解させるような独自の世界観と一体をなしている．社会において醸成されてきた，それら信仰体系や世界観は，その地域における森林資源の持続的な利用に関する禁忌（タブー）や制約の拠り所ともなりうるものである．あるところでは，森林の一部を聖域として崇め，動植物の採捕はもちろん，立ち入ることすら禁じられる．あるいは，山の神の日としてその日は山仕事を禁じたり，自分たちの祖先とつながりが深いとされる動物を食べることが禁じられたりする．

　以上のような，地域の人々が世代を超え培ってきた，森林をめぐる多岐にわ

たる知識やそれらを利用する技術・技能，さらには森への畏怖や世界観，そして行動実践の総体を，ここでは広く「森林文化」としたい．本巻では自然科学的な研究対象としてではなく，こうした文化が育まれる母体として森林を捉える．そして，とくに「民俗知」などと呼ばれる，森とともに生きる人々の知識に着目し，国内外での事例に基づき人と森林との関わりを描きだしていく．

本章では，そのいざないとして，民俗知やそれと類似した概念の整理をおこなう．その上で，森林文化として「森とともに生きる人々の民俗知」に注目する現代的な意義と本巻での主な論点について紹介したい．

## 1.1 森林との関わりとしての文化と知識

まずは，「森林文化」というものの輪郭を確認することから始めたい．

森林に限らず一般的に，自然から人々が"恵み"を得るというプロセスを単純化して示すと，図 1.1 のように表現できるだろう．

ヒトはその周りにある自然物のうち，彼／彼女の価値基準に照らして，無害で，かつ有用と判断されるものを資源とみなす．それは，役に立つかどうかはわからないが，きれいだったり，いい匂いがしたりと感性に訴え興味を惹くものの場合もあるだろう．その上で，持ちうる技術あるいは技能を用いてその資源に働きかけ，採集・捕獲・収穫といった手段を通じて"恵み"を得る．この過程には，属する集団で定められたしきたりや制度がときに介在し，その制限の中で持続的に"恵み"が得られる．こうした行動実践において，判断や価値基準（価値観），自然へ働きかける手段といったものを根幹で支えるのが地域で培われてきた知識であり，信仰体系や世界観である．すなわち，自然との関わり方そのものが文化の一側面をなし，それを規定し，かたちづくる根本的な要素として知識，信仰体系，世界観などがある．これらが，本巻で注目する「民俗知（民俗知識）」(folk knowledge) や「在来知（在来知識）」(indigenous knowledge) などと呼ばれるものになる．それは単に情報としての知識だけでなく，信仰体系や世界観などと一体を成す統合的な概念である．

人類学の中でも文化人類学は，多義的な「文化」から人間とは何か（人間性）について考える学問分野である．そこでは世界諸民族の自然との関わりに

## 1.1 森林との関わりとしての文化と知識

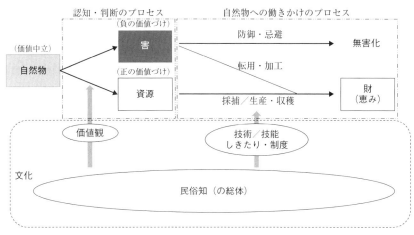

図1.1 森林文化と民俗知の概念図

みられる文化的側面も研究テーマとなっており，それらを捉える具体的な切り口として民俗知（在来知）に関する調査研究が，文化人類学や，そこから派生した生態人類学といった学問分野において蓄積されてきた．その学術的展開と，それが今日，生態系保全の分野で取り上げられるようになったプロセスや関連する議論については次章で改めて詳しく述べられるので，そちらを是非参照して欲しい．ここでは，私たちが学校教育で学び，慣れ親しんでいる近代自然科学（科学知）を相対化させうる世界理解のあり方としての民俗知について，さらに説明を加えたい．

民俗知のなかでも，とくに，幾世代にもわたる自然利用を通し蓄積されてきた動植物の生態や地形地理に関する細やかな知識は「伝統的な生態学的知識」(traditional ecological knowledge：TEK) と呼ばれ，生態学や動物学，植物学などの「科学的な生態学的知識」(scientific ecological knowledge：SEK) としばしば対置されてきた．例えばBerkesは，TEKを「文化的な伝達によって世代を超え伝えられてきた，人間を含む様々な生物が互いに関わりながら切り結んできた環境との関係性についての知識や思考の集積体である．それは，概してあまり産業化していない，あるいは技術的に進んでいない社会——その多くは先住民や部族社会——が歴史的に資源の利用を継続するなかで培われてきた

もの」としている．そして，近代自然科学と比べて（1）定性的，（2）直観的，（3）全体的（還元的），（4）思考と身体の結びつき，（5）倫理的，かつ（6）神霊的（スピリチュアル）であることや，（7）経験的な観察や試行錯誤による事実の集積にもとづき，（8）資源利用者そのものによって引き継がれ，（9）長い歳月にわたる地域的なデータであるといった点を特徴として挙げている（Berkes, 1993）．

ただし，この「伝統的」（traditional）という言葉は，太古より不変のもの，あるいは「正統な」ものといったイメージを喚起させかねない．もしくは，西欧の近代化に「汚される」以前の，古くから先住民が伝えてきた自然と共生する生活様式や機械化していない技術を思い浮かべるかもしれない．そのような本質主義的な文化記述に対する批判（例えば，大村，2002）を受け，近年では「伝統的な生態学的知識」の代わりに「在来知（在来知識）」（indigenous knowledge：IK，あるいは在来・地域知 indigenous and local knowledge：ILK）といった用語が用いられるようになっている．概念的には，在来知（本巻では以下の 1.3 節で述べるように「民俗知」という語を主に用いている）のなかでも，とくに自然と関わる領域に注目し断片的に（ときには研究者をはじめ外部者によって恣意的に）抽出されたのが TEK である．そして，TEK と対置されるのが SEK であり，科学知の一つである．

また，本巻で注目するような，自然（とくに森林）から暮らしの糧を得て生きる人々の民俗知（在来知）は，「自然知」（篠原，1995；1996）と内容的に重なるところが大きい．篠原（1996）は，「自己と同一化に向かう等身大の道具をあやつる知識の総体」を「技能」とし，「自己から外化した無機的な道具（機械）とそれをあやつる知識の総体」である「技術」と区別している．その上で，自然を対象とする生業において，その技能を裏打ちする経験的な勘といったものの背景にある自然に対する知性や感性を自然知としている．ただし，自然知は，どちらかというと個人的な知識のあり方や行動実践を記述分析対象としているが，民俗知の場合，それら個々の知識が互いに作用し合い構成される集団的な知識も対象とされる．民俗知を対象とする場合，集団内での知識の相違や伝達伝承のあり方にも注意が払われる．

民俗知（在来知）も科学知も，人間が認知しうるさまざまな自然現象に関す

## 1.1 森林との関わりとしての文化と知識

る合理的な解釈という点では共通している．しかし，科学知は，民族や地域といった枠組みを超えた普遍性を志向するが，民俗知は必ずしもそうとは限らない．また，科学知は唯物的に事象を捉えるのに対し，民俗知は観念的でもある．さらに，民俗知は，生業活動や集落での暮らしを通し自然と関わり，観察することで培われていく知識であるが，科学知はそのような日常生活という文脈を離れ，研究のなかでの観察や実験を通し生み出されていく．

どれほど表出可能か，さらに伝達可能かという水準においても科学知と民俗知とでは異なる．大崎（2009）は，人間の「内面知」（五感をはじめとした各感覚を通して一個人が誕生以来，習得し身体に蓄積保持している知識）を，「表出伝達可能知」[1]，「表出不可能だが伝達可能知」，「表出伝達不可能知」に分類整理している．この「表出不可能だが伝達可能知」というのは，表現したり説明したりすることはできないが（つまり表出が不可能），共通体験を通して感覚的に伝えることが可能な知識である．例えば，料理の味つけなどは言葉で表現することが困難であっても，それを実際に味わってもらうことで伝えることが可能である．

また，知識の習得という過程に注目するなら，直接体験しなくても主に視覚や聴覚を通じて言語などの記号を介して習得する知識と，実際に体験して習得する知識の二つがある．前者が「情報知」であり，後者が「経験知」や「身体知」と一般的に呼ばれるものである．そして大崎の整理によると，「表出伝達可能知」は情報知と，一部の経験知からなる．一方，「表出不可能だが伝達可能知」や「表出伝達不可能知」は経験知のみである．とくに，マイケル・ポランニーが言うところの「暗黙知」（ポランニー，2003）という知のあり方は，そのうち「表出伝達不可能知」のことである[2]．これらの知識のおおまかな分類を，表出と伝達の可能性に着目して図1.2に整理した．

---

[1] 大崎（2009）は，表出伝達可能知のうち言語や数字などデジタル記号で表出可能なものを「形式知」としている．それに対し，絵や音律，においなどアナログ記号も含め表出伝達可能な知識を「表出知」と名付けている．この場合，表出知のなかに形式知が含まれることになる．
[2] ここでの暗黙知は，「語られることを支えている語らざる部分に関する知識」（ポランニー，2003）であり，表出も伝達もできない知識を指す．そのため，経営学などで用いられている形式知に変換しうるとされる「暗黙知」とは定義が若干異なることに注意されたい．本巻では，特に断りのない限り，「表出伝達不可能知」として暗黙知を扱う．

第 1 章　森とともに生きる人々の文化と民俗知

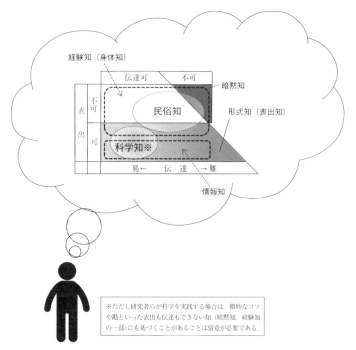

図 1.2　人間の内に宿る知識（内面知）の構造
大崎（2009）をもとに筆者作成．

　じつは，研究者が科学を実践する場合，必ずしも「完成品」としての科学知のみに依拠しているわけではないことには注意が必要である．習得（生産）の過程においては，情報知はもちろん，実験や観察など研究者自身の経験知にも依拠しているし，新たな知識を見出す際に必要な問題発見のプロセスにおいては，科学知以外の知識も総動員されるからである．また，あまり意識されることは少ないが，例えば，岩石や動植物の識別，実験器具の繊細な取り扱い方などに関しては暗黙知も存在している．そこには論文のような形では表現しにくい，個人的な訓練によって養われる微妙な勘のようなものも介在しているのである．

　ただし，それが，いわゆる「知識」として流通（普及）されていく段階においては，表出伝達可能な部分のみが切り取られていくのであり，そのため一般的に科学知とされるのはあくまでも「表出伝達可能知」である．一方，民俗知

の場合，情報知として伝達されるものもあるが，どうしても本人が実際に経験しないと習得できないものであり，経験知が主体をなしていると言える．また，科学知と違い，流通段階では必ずしも全てが表出され，他者へ伝達されるわけではない．暗黙知のまま個人のなかで蓄積されていることもあれば，あえて表出されることがなく共通の経験を通し伝承共有されていくものもある．

このように，暗黙知を含んでいる民俗知と，形式知の代表格である科学知とでは志向性や特徴に大きな違いがあるが，互いに独立して存在しているわけではない．むしろ両者が相互に交渉し合いながら生み出されているというのが実態であろう．民俗知（在来知）を対象とした文化人類学や生態人類学，日本民俗学などの研究実践を通して民俗知は科学知へと変換されるし，逆に，日常生活において，科学知は地域の人々が解釈し直すかたちで民俗知へと変換される．重要なのは，人間の世界理解のあり方には，科学知的なものと民俗知的なものという二つの志向性が存在するということである．もちろん，どちらかが正しくて，どちらかが間違っているということではなく，元来は対等であるべき関係にある．

## 1.2 民俗知に注目する意義

では，なぜ本巻では，そのうち民俗知のほうに注目するのだろうか．それは，森林保全や森林資源管理，あるいは森林に棲む野生動物との共存など，森林と人との関わりを考える上で有用かつ重要であるからにほかならない．

今日，自然保全や生態系管理，あるいは自然資源管理のあり方は，生態学を中心とした近代自然科学（科学知）に基づき議論されることが多い．それは，実証主義に裏打ちされた科学知が，光や温度，水，土壌といった物理環境と生物，あるいは生物間での相互作用やその動態的プロセスについて普遍的妥当性の高い解釈をもたらすことによるところが大きいに違いない．しかし，このことは，科学が万能であるということを意味するわけではない．あくまでも，自然現象に関し，様々な経験を持つ人々が納得のいく説明を与えてくれるということである．

もっとも，それはその知識を担う人々たちによって認知され対象化される領

域,時間幅に限られているという点には留意すべきである.対して,民俗知は,このような科学知における自然理解を補いうるものである.

　民俗知は,幾世代にもわたり自然を利用するなかで培われ継承されてきた,身の周りの自然に関する知識の束である.膨大な歳月に及ぶ先人たちの観察と試行錯誤の所産でもある.その結果として,どこにいかなる生物が,どのように生息分布しているか,その長期的な動態や変化,それぞれの生理・生態,あるいは種間関係,物理環境とのつながりなどについて,科学知とは異なるレベルで具体的かつ精緻な把握がなされている(例えば,Berkes, 1989；1993；Freeman, 1992など).そして,それは個人的な知識にとどまらず,情報が集団内で共有・伝承されていくなかで互いに補完され,集団の知識となり,より「深い」理解へと高められていくのである(Usher, 2000).そのなかには,科学的知見では解明・検証されていないような生物学的・生態学的な情報も含まれる.例えば,亜熱帯の照葉樹林で全域が覆われた自然豊かな西表島(沖縄県)で,生きている化石ともいわれるイリオモテヤマネコ(*Prionailurus bengalensis iriomotensis*)が「学術上」発見されたのは1965年(学術論文上は1967年)のことである.しかし,その森と深く関わり暮らしてきた島民たちはヤママヤ(「マヤ」はネコの意)などと呼び,はるか昔からその存在を認識していた.あるいは,よく知られているように,生物多様性の宝庫,熱帯雨林に暮らす先住民のなかには,近代医学では知られていないような薬用植物についての豊かな知識を蓄えていた場合もある.

　このような民俗知は,住民たちの絶え間ない細やかな自然観察に基づいており,それゆえ地域ごとのローカルな環境変化を検知しうるものでもある.森林が「健全」であるかどうかを住民たちは,民俗知に基づく生活感覚のなかで逐次把握しているのであり,そのまなざしは,森林環境の科学的モニタリングデータを強力に補足しうる.

　また,歴史的構築物でもある民俗知は,その土地で当該社会が存続していくための生存戦略でもある.数え切れないほど無数の試行錯誤の結果として,様々な自然リスクを回避するための教訓がつまっている.とりわけ,自然現象のなかには,大洪水や自然発火による森林火災など何百年に1回といった長期的なタイムスパンのなかで発生するものもある.それがどのような場所,条

## 1.2 民俗知に注目する意義

件のもと起こりうるのか,そしてどのように対応すればよいのかということを教えてくれるのも,先人たちから伝承されてきた過去の経験であり,民俗知である.

加えて,自然資源に強く依拠しながら一定の場所で長期的に安定した暮らしを続けるためには,持続可能な資源利用が強く求められる.そのため,そのような社会では,資源の枯渇・劣化を極力回避するための,生物の生理・生態に配慮した利用に関する知識や規範が培われ伝承されていることがある.これまで,極北や熱帯に暮らす先住民,あるいは少数民族を対象とし,このような民俗知(在来知)に基づく生業活動や共同体の慣行が自然資源の高い管理能力を有していることが報告されてきたのである(Freeman, 1985; Berkes, 1989; Berkes *et al.*, 2000 など).

以上のように,民俗知は,情報や観測データとして科学知を補完するのと同時に,自然リスクの回避や持続的な資源管理の実現に寄与しうるものである.しかし,本巻で民俗知に注目するのは,それが森林保全や資源管理において何らかの「実利的」な効果をもたらすという理由からだけではない.民俗知を「正当」に評価し,その上で森林保全や資源管理にそれらを組み込む仕組みを構築することが,社会的公正(社会的正義)という観点からみても重要だからである.

元来,自然の価値は多元的であり,関わり方によって異なる.森とともに生きる人々にとっての森林は,様々な物資をもたらしてくれるだけでなく,世界観や信仰体系を構成し,その地に暮らすアイデンティティの拠り所ともなる.しかし,そのような人々の多くは少数民族や先住民など,政治経済の中心から離れた「辺境」の地に暮らし,社会的にも周縁化されがちである.森林保全や資源管理に関しても,計画策定・意思決定の場から除外されることが多い.その結果,しばしば,森や土地,資源へのアクセスが制限されたり,禁じられたりするなどして,彼ら/彼女らが「文化」として本来的に有する,森林の多様な価値を享受しながら生きていく権利が侵害され,多大なる経済的・精神的ダメージを被ってきたのである.

そのような社会的な不公正を是正するには,地域の住民たち自らが主体的に森林保全や資源管理へ参加できる社会的仕組みづくりが求められるが,その前

提として，森林に対する地域固有の価値やアイデンティティと深く結びつく民俗知について「正当」に評価されることが重要となる．実際に，とりわけ発展途上国において，トップダウン式の巨大開発プロジェクトが地域社会にもたらす弊害や，地域社会を排除した政府主導の自然保護政策に対する住民による抵抗や組織的な問題が報告されてきた．そして，その代替策として住民参加型アプローチの有効性が指摘されてきた（西﨑，2009 など）．そのなかで TEK と SEK との統合を図ることの重要性が提唱されることは多い．しかし，次章や第 4 章で述べられるように，理念通りには進んでおらず，多くは困難に直面している．私たちはどのようにして，民俗知を「正当」に評価し，自然保全や資源管理に「活かし」ていくことができるのだろうか．

## 1.3　民俗知から森林文化論へのアプローチ

　世界各地で森林荒廃が進むなか，民俗知（在来知）が科学知と共振しながら資源管理や森林保全においてどのように作用しうるのかを，その課題とともに探ることが本巻での大きなテーマである．そのときに注意したいのは，この「森林荒廃」という現象が現代社会では，相反する二つのベクトルによって同時進行しているという点である．

　すなわち，経済成長を続ける熱帯諸国などでは森林伐採や農地化が進み森林が縮小している．それにともない，森とともに暮らしてきた人々の生活文化が大きく変容しつつある．ひるがえって国内の山村をみてみると，過疎・高齢化が進行し，人口の流失が著しい．また，高度経済成長以降，林産資源の多くは市場経済的価値を低下させ，森林と住民との関わりは希薄化しがちである．かつての農林業を基盤とした暮らしにおいて人の手が濃密に入っていた集落近傍の二次林（いわゆる里山域）は荒廃し，野生鳥獣の生息適地となり，鳥獣被害を深刻化させている．つまり，人為が後退したこと（過少利用，underuse）による森林荒廃がここでは進行しているのである．同時に，当事者たちが民俗知をいかに受け継いでいくのか，そしてそれはなぜ必要なのかということも問われている．

　これまで TEK や在来知（本巻での民俗知）が取り上げられてきたのは主に

## 1.3 民俗知から森林文化論へのアプローチ

前者の文脈においてである．そして，今日では海外を中心に，「在来知」（IK, ILK）という語は学術用語の範疇を越え，地域開発や環境保全，住民参加型の資源管理などに関する会議の場で用いられる一般的用語となっている．そのため「在来知」には，海外の先住民や少数民族といった特定の小集団の知識というイメージが少なからず付与されがちである．一方，本巻では海外事例だけでなく，国内の山村を舞台に生活資源を森林から得てきた人びとの知識やその文化も対象とする．そこでは従来，在来知が取り上げられてきたのとは異なる社会的文脈が生じている．一般的に民俗知と在来知は同義とされるが，あえて本巻で「民俗知」のほうを用いているのは，「在来知」（indigenous knowledge）という語が暗に持つイメージやそれが喚起するこれまでの議論から距離を置き，国内外の異なる社会的文脈において共通して「森とともに生きる人々の知識」を捉える視点を持つことの必要性を強調したいためである．さらに言えば，森林地帯に生まれ暮らしてきた人々のみでなく，都市など物理的には森林とは離れた土地で暮らす人々もが，その当事者となりうることを含意している．

ところで，在来知や民俗知といった言葉は用いられていないが，このように森とともに暮らす人々のまなざしから森林や林業のあり方を考えることの重要性は，じつは森林学（林学）での「文化」論において以前から指摘されていた．こうした議論の中では，必ずしも地域に在来のものであるか，そうでないかにかかわらず森林文化が論じられてきた．その代表的論者として筒井迪夫と北村昌美が挙げられよう．

林政学を専門とする筒井は，国家の都合に偏重した木材生産に過度に重点を置く明治以降の林政を地域住民不在の林政として批判し，「森林文化」の必要性を訴えた．筒井は，「森林文化」を「森林を敬愛する心と，荒らさずいつまでもその恵みを享受する知恵が形成した文化」とし，伐ることによる価値（木材生産によって恵みを得ること）と伐らないことによって得られる価値（水源かん養や保健休養など）の調和を，地域住民あるいは下流域に位置する都市住民の視点に立って実現する必要性を主張した（例えば筒井，2003）．

一方，森林経理学を専門とする北村は，森林景観の相違の発見から出発し，それはそこに暮らす人々の森林への働きかけ方，すなわち文化の相違によるものであることを見出した．そこから，北村およびその共同研究者は，特に日本

## 第1章 森とともに生きる人々の文化と民俗知

と欧州における市民の日常的な森林とのつながりや森林に対する意識を精力的に比較調査するなかで森林文化論を蓄積し，森林や林業の将来のあり方について提言をおこなった（例えば北村，1995）．

このように，同じ林学者による森林文化論とはいえ，その毛色はだいぶ違うものであるが，いくつか重要な共通点を指摘することができる．その一つが，既述したように，森林とともに暮らす人々（農山村住民であれ都市住民であれ）の森林に向けるまなざしを正面に据えた点である．二つ目は，ある時代の変化に敏感に呼応して発展したということである．筒井の場合は，木材生産に偏重した林政が昭和40年代以降にみせた綻び，あるいは行き詰まりが，その研究の背後で強く意識されていた．北村の方は，日本における森林（および自然一般）と人々の日常的な関わりの希薄化[3]が一種の危機感として，一連の研究活動の原動力になっていた．本巻で，我々が「文化」，とくに「民俗知」に着目しようとする意図にも同様の背景がある．

いま民俗知のあり方は大きく変わろうとしている．あるところでは，国家や国際社会の思惑に翻弄され，あるところでは，地域社会内部の変化により自然消滅しようとしている．外来の者が民俗知の継承に何らかの役割を果たしたり，自らがその担い手となったりする例もあるだろう．民俗知はどのように存在し，変化し，またこの先どうなっていくのか，本巻で「民俗知のゆくえ」を副題としたのは，時代の流れの中で森林と文化の問題を捉えることの重要性を提示したいからである．

文化というのは，定量的にも定性的にも捉えがたいものである．例えば，何をもって文化の有無を言うのか，あるいは，どのような点が文化の質の違いを示すのかというのは極めて茫漠としている．本巻では，とくに民俗知という概念を援用することで，森林文化論において提示された課題を現代社会のなかで問い直したい．

---

[3] すでに当時（昭和40年頃），いまアンダーユースと称されるような状況が明白となっており，それへの危機感を示した先駆的な例と言えるだろう．

## 1.4 本巻の構成

　以下の章では，世界あるいは国内各地の森林を舞台として，そこに暮らす人々のなかで培われてきた民俗知の，現代社会におけるあり方についてローカルな現場から論じられる．ただし，前節でも述べたように，海外の，とくに熱帯諸国と，国内の山村では，民俗知が取り上げられる社会的文脈が異なる．そのため，本巻は大きく二つに分け，前半の第2章から第5章までは海外の事例を，後半の第6章から第9章までを国内の事例紹介とした．そして，それぞれの部の最初の章（第2章と第6章）で，海外の広大な森林に暮らす先住民・少数民族の，あるいは国内山村で森と関わる人々の民俗知が近年注目されるようになった学術的，社会的背景について各々総説も加えることで，以降の章をより深く読み進めることができるよう心がけた．

　その第2章では，まず，エスノサイエンスといった学問分野において，科学知と対比されながらどのように民俗知が研究者のなかで論じられてきたのか，そしてその概念が生態系保全の場でどのように「取り入れ」られてきたのかについてレヴューがなされる．次いでその具体例として，アフリカ・カメルーンの熱帯雨林に暮らす狩猟採集民バカの植物知識が取り上げられ，その特徴が論じられる．その上で，バカの社会を取り巻く政治的かつ経済的状況についても紹介され，民俗知の現代的なあり方が述べられる．

　続く第3章と第4章では舞台が東南アジア熱帯島嶼部に移る．世界の島嶼で3番目に広い面積を誇るボルネオ島には様々なタイプの熱帯雨林が広がり，生物多様性の宝庫として多くの生物学者を惹きつけてきた．また同時に，豊富な木材を対象とした大規模商業的伐採やアブラヤシ（oil palm）のプランテーション化，農地化などが急速に進んでおり，森林保全と開発がせめぎあう最前線の一つでもある．

　第3章では，ボルネオを含めた熱帯諸国における森林問題の基本的構図が説明される．その次に，今なお精神的・物質的に周囲の森林と深く結びついているボルネオの狩猟採集民，プナンの民俗知についてフィールドワークに基づき具体的に述べられる．そして，プナンの人たちが，森との関わり方や捉え方

の異なる他民族や外部者（研究者やNGO関係者）などといかに協働しながら環境保全活動を展開してきたかについて論じられる．

　このような，ある特定の森林（熱帯林）に対して何らかの利害を持つ人々（地域住民や私企業，NGO，政府組織など）が，その保全や持続的利用といった目標に向け互いに協働していくプロセスを，ここでは「熱帯林ガバナンス」と呼ぶ．第4章では，インドネシアのセラム島とスマトラ島という二つの地域を事例とし，それぞれ熱帯林ガバナンスがいかにつくられてきたのか，そして，そのなかで地域住民の民俗知がどのように関係してきたのかについて明らかにされる．その上で，ガバナンスの「進展」によって利害関係者（ステークホルダー）の間で用意される「協議」の場の性格と，そこで効力を失ってしまう知の存在について考察がなされる．この考察は，「森とともに生きる人々の民俗知のゆくえ」を考える上での核心的な問題提起となっている．

　第1部の最終章である第5章は，カナダの先住民，カスカを対象としているが，日本の国内事例と同様，知識の担い手の減少による民俗知の変容がテーマの一つである．その意味では，第1部と第2部をつなぐ内容となっている．本章ではまず，森とともに生きてきた古老たちの暮らしから，活動指針や社会的規範，あるいは目に見えないものを捉える信仰としてカスカの民俗知が語られる．その上で，それらが自然的，社会的環境の変化に伴いどのように変容したのかについて，それに対するカスカの対応とともに述べられる．また同時に，文化継承において筆者など外部者が果たしうる可能性に関しても言及している．

　第6章からは第2部に移り，国内の事例報告となる．その最初の第6章では導入として，国内山村における森林と人との関わりの変化についてレヴューがなされる．そして，その具体像として，筆者が暮らす四国山地の山村で受け継がれてきた山や森林との関わりと，そのなかで培われてきた民俗知について，とくに和紙原料栽培という生業を軸として述べられる．そこで浮き彫りになるのは，林業だけではない山の多様な生業の姿であり，さらには，それらに関わる様々な人々が，例えば和紙生産などにおいてつながることで構築される山村の全体的，あるいは統合的な民俗知のあり方である．このような社会的な民俗知の捉え方もまた，そのゆくえを考える上できわめて示唆に富んでいる．

続く第 7 章では，一般的にマタギと呼ばれる，東日本豪雪山岳地帯の山村で森とともに生きる山人（やまびと）たちの民俗知が対象となっている．筆者は彼らの仲間に加えてもらい，春グマ猟（ツキノワグマの春季捕獲）や山菜・キノコ採りなどで新潟・山形県境に位置する朝日山地の冷温帯落葉広葉樹林に通う．本章ではそれらの経験に基づき，マタギたちが，日常的に関わっている自分たちの山をいかに「知っているか」が述べられる．それは，きわめて個人的かつ具体的な経験の記憶であり，当人たちの「生き方」（その地に暮らすことのアイデンティティ）と分かち難く結びついている．近年，野生動物保護管理論などで自然科学分野からも狩猟者の知識や技術が論じられることが多いが，それらの議論ではそのような民俗知のあり方は等閑視されがちである．第 4 章と同様に，異なる知の交流における問題を本章でも投げかけている．

以上の二つの地域は西日本と東日本という違いがあるにせよ，過疎・高齢化の進む山村であり，担い手の減少によりおそらく「消えゆく」であろう知識（あるいは森林との関わり）を対象としている．しかし，国内の山村住民あるいは森林と関わる人々の民俗知が全てそうであるとは限らない．そのことを明快に示しているのが第 8 章である．本章では，現代社会において栄養的あるいは経済的にはさほど重要性をもたないキノコ採りや山菜採りといった森林利用にみられる民俗知が紹介されている．そして，それらを採る「楽しみ」に注目し，活動が持続する背景とそのなかで民俗知が深められていくプロセスについて論じられる．その上で，山菜・キノコのような資源およびそれに関わる知識が，住民主体の地域活性化に寄与しうる可能性についても事例を挙げながら言及している．

それに対し，このような地域住民の民俗知や，森林利用に関する地域の慣習，文化財は「外部者」にとってはどのような価値や魅力を持ちうるのだろうか．それを考える上でヒントを与えてくれるのが第 9 章である．本章では，国内の森林保護制度や文化財保護制度およびそれら保護地域で展開される観光形態についてまず整理している．その上で，これら保護地域に関わる住民の知識や慣習が観光商品としてどのように「資源化」されてきたのか，あるいは「消失」してきたのかについて屋久島の事例などをもとにして論じられる．

読者の中には，このように本巻を読み進めていくなかで，民俗知という語が

第1章　森とともに生きる人々の文化と民俗知

含意する概念の広さに戸惑う人もいるかも知れない．最終章（第10章）では，各章で示された民俗知が有する多様な側面についてまとめている．そして，森林保全や持続的な森林利用，あるいは地域活性化などを通し，より良い森林と人との関係性を構築していくために民俗知や地域の文化はいかに関わりうるのか．各章での議論を踏まえ，そのことを考えるための視座が提示される．

既述した通り，民俗知（在来知）は文化人類学や日本民俗学，あるいは開発学，資源管理学などで研究蓄積が進められてきた分野であり，本巻の各章執筆者も林学者というよりは，分野横断型の地域研究的手法で地域環境問題にアプローチしてきた研究者たちによって構成されている．そして，現代という同じ一つの時代のなかで森とともに生きる人々として，その自然へのまなざしや抱えている問題を国内外と分けることなく捕捉しようとしている点が本巻の大きな特色となっている．

それらの各章で示されるように，森とともに何世代も生きてきた地域住民たちのまなざしや培われてきた民俗知の世界は深く，そして広い．先人たちの膨大な経験に裏打ちされたものであったり，一個人を越えた集団の世界観をなすものであったりもする．本巻を通し，そのような豊かな意味世界へと一人でも多くの人をいざない，そして，より深く興味を持ってもらえることを編者一同，切に願っている．

## 引用文献

Berkes, F.（1989）*Common Property Resources: Ecology and Community-Based Sustainable Development*, pp. 302, Balhaven Press.
Berkes, F.（1993）Traditional Ecological Knowledge in Perspective. In: *Traditional Ecological Knowledge: Concepts and Cases* (ed. Inglis, J. T.), pp. 1–10, International program on Traditional Ecological Knowledge and International Development Research Center.
Berkes, F., Colding, J. et al.（2000）Rediscovery of Traditional Ecological Knowledge as Adaptive Management, *Ecol. Appl.*, **10**, 1251–1262.
Freeman, M. M. R.（1985）Appeal to Tradition: Different Perspectives on Arctic Wildlife Management. In: *Native Power: The Quest for Autonomy and Nationhood of Indigenous Peoples* (eds. Brosted, J., Dahl, J. et al.), pp. 265–281, Universitetsforlaget.
Freeman, M. M. R.（1992）The Nature and Utility of Traditional Ecological Knowledge, *Northern Perspectives* **20**, 9–12.
北村昌美（1995）森林と日本人——森の心に迫る，pp. 413，小学館．

# 引用文献

西﨑伸子（2009）抵抗と協働の野生動物保護――アフリカのワイルドライフ・マネージメントの現場から，pp. 217，昭和堂．

大村敬一（2002）『伝統的な生態学的知識』という名の神話を超えて――交差点としての民族誌の提言．国立民族学博物館研究報告，**27**，25-120．

大崎正瑠（2009）暗黙知を理解する．東京経済大学人文自然科学論集，**127**，21-39．

ポランニー，M. 著，高橋勇夫 訳（2003）暗黙知の次元，pp. 194，筑摩書房．

篠原 徹（1995）海と山の民俗自然誌，pp. 285，吉川弘文館．

篠原 徹（1996）民俗の技術とはなにか．現代民俗学の視点 第1巻 民俗の技術（篠原 徹 編），pp. 1-14，朝倉書店．

筒井迪夫（2003）森林文化社会の創造――明治林政への訣別――，pp. 331，福本事務所．

Usher, P. J. (2000) Traditional Ecological Knowledge in Environmental Assessment and Management, *Artic*, **53**, 183-193.

# 第1部
# 民俗知を知る
## 熱帯と冷帯に暮らす森の民の事例から

# 第2章 民俗知と科学知
## カメルーンの狩猟採集民バカの民俗知はどのように語られてきたか

服部志帆

## はじめに

　民俗知（folk knowledge）は，「それぞれの民族が持つ知識」を意味する人類学の用語である．この用語は，研究者や地域，時代によってさまざまな名称を与えられてきた．たとえば，「ローカルな知識（local knowledge）」，「伝統的な知識（traditional knowledge）」，「在来知（indigenous knowledge）」，「伝統的な生態学的知識（traditional ecological knowledge）」などの名称がある．

　民俗知が世界的に注目を浴びるようになったきっかけは，1992年にブラジルのリオデジャネイロで行われた国連環境開発会議（通称，地球サミット）にさかのぼる．このサミットには172カ国の代表が参加し，リオデジャネイロ宣言と行動アジェンダ21が採択された．以下は，民俗知について言及している第22条原則である．

「先住民とその社会及びその他の地域社会は，その知識及び伝統に鑑み，環境管理と開発において重要な役割を有する．各国はこのような人々の同一性，文化及び利益を認め，十分に支持し，持続可能な開発の達成への効果的参加を可能とさせるべきである．」

　ここでは，民俗知が環境管理や開発に重要な役割を持っているだけでなく，先住民や地域社会の人々の権利を認める必要性が指摘されており，このことは行動方針であるアジェンダ21においても明記されている．民俗知はたんに

「それぞれの民族が持つ知識」という意味をはるかにこえて，資源管理や開発，先住民の権利を語る際に，生態学的かつ政治的重要性とともに語られるようになっているのである．

　本章では，民俗知が研究者によってこれまでどのように語られてきたのか，エスノサイエンスの研究史を例に挙げながらふりかえる．この際，民俗知についての理解を深めるために，つねに比較の対象であった科学知との違いを指摘する．また北米の事例を挙げながら，生態系の保全における民俗知の活用について述べる．次に筆者が2000年から調査を行ってきたカメルーンの熱帯雨林に暮らすピグミー系の狩猟採集民バカの植物知識を紹介しながら，民俗知の特徴とそれが意味するもの，バカの民俗知を取り巻く政治的かつ経済的な状況を紹介する．そして最後に，どのように民俗知をとらえる必要があるのか述べる．

## 2.1　民俗知はどのように語られてきたか

### 2.1.1　エスノサイエンス研究と民俗知

　私たち人間はどのような文化に属していようとも，身の回りで起こる出来事を観察し，理解しようとする生き物である．人は，日常生活のなかで自然や社会環境を観察し，試行錯誤しながら独自の理解体系を発達させてきた．これがエスノサイエンス（ethnoscience：民族科学）である（服部，2014）．

　エスノサイエンスや民俗知の評価は時代とともに変化してきた．19世紀から20世紀初頭にかけて英国を中心に活躍した人類学者たちは，自然に強く依存して暮らす非西洋人を「未開民族」と考え，信念や呪術を含む民俗知全般を不完全な偽（擬）科学であると考えた（フレイザー，1972；タイラー，1962）．ところが，前近代的で劣った科学としてみなされてきた民俗知に，20世紀の半ば米国のH. Conklinが新たな知見をもたらした．フィリピンの焼畑農耕民ハヌノオが植物を多彩に利用し，近代科学をしのぐほどの精緻な植物知識を持っていることが明らかにされたのである（Conklin, 1954）．Conklinによると，ハヌノオは1625種類の植物を認識し，これらのうち94%にあたる1524種を用いるという．用途は，食用，物質文化の材料，薬用，信仰と幅広い．続いて

フランスのレヴィ゠ストロースは，数多くの報告例から，西洋からみて文明とは縁の無い辺境の地に暮らす人々のなかに，西洋の科学者たちと変わらない知的態度や好奇心を見出し，それを著書『野生の思考』で鮮やかに描き出した（レヴィ゠ストロース，1976）．

その後，Conklin は W. Goodenough とともに認識人類学という新しい分野と方法論を開拓し，人類学のなかに新たな潮流を作り出した．この分野の研究者は，さまざまな民族の「分類」体系を検討することによって，人類文化の普遍性を明らかにしようとした．色彩，病気，動物，植物，親族用語などの民俗知が分析の対象となった．認識人類学の誕生によって活発化した民俗知の研究は，その後，民俗知の習得や継承，ネットワーク，近代化による変容，保全や開発における活用など多岐にわたって展開している．

## 2.1.2 民俗知と科学知

エスノサイエンスの研究において，伝統社会に暮らす民族がもつ分類能力が近代科学に劣らないものであると評価された事実をみてもわかるが，エスノサイエンスは近代科学と優劣を比較されやすい．レヴィ゠ストロースが指摘したように，たしかに両者は，動物や植物，自然現象に対する細やかな観察をもとにした認識や理解を有しており，類似した部分があることは事実である．しかし，エスノサイエンスと近代科学，これらに依拠した民俗知と科学知は同様のものではない．

では両者はどのように異なっているのであろうか．まずは，解明しようとする対象とそれぞれが担う意味についてみたい．エスノサイエンスが射程にしているのは，動物，植物，生業，病，呪術などを含む生活世界全般であり，民俗知には豊かな文化的な意味が付随している（服部，2014）．これに対して，近代科学は生業や呪術などを解明の対象とせず，文化的な意味を担うというよりは，文化を超えた普遍性の追求を目指したものである．エスノサイエンスと近代科学は，解明の対象とする範囲や現象，それぞれが持つ意味が異なっており，これらに依拠した知識は性質上異なったものとなっている．

知識が生み出されるプロセスと担い手も異なっている．重田は近代科学が仮説検証型の直線的な論理構成によって成り立っているのに対し，エスノサイエ

ンスは試行錯誤によって経験を積み上げていくような過程によって導かれるものであり，個人や小さな集団，地域のなかで育まれたものであると述べている（重田，1998）．ある地域の特定の集団や個人の試行錯誤によって生み出された民俗知は，地域の自然や社会環境と深く結びついており，このような背景が知識の内容や特性に大きく影響を与えているのである．これに対して，科学知は科学者のコミュニティや研究者個人が普遍性の探求を目指して生み出すもので，地域に根差すというよりは，地域をこえたものになる場合が多い．

　寺嶋は，コンゴ民主共和国（旧ザイール）に暮らすピグミー系の狩猟採集民エフェの例を挙げて，民俗知と科学知の性質の違いを以下のように説明している（寺嶋，2002a）．エフェはシロアリとミツバチについて正確で詳細な知識を持ち，それらを価値のある食物として利用しているが，その一方でシロアリとミツバチ，あるいはシロアリとキノコとのあいだに「変態」という因果関係を想定している．時期が来ると，シロアリがミツバチに変態したり，キノコになってしまうというのだ（Ichikawa & Terashima, 1996）．

　寺嶋はこのおとぎ話のようなエフェの語りについて，民俗知は人と自然との交渉を物資レベルから精神レベルまで拡張したものであり自然界とのやりとりをより豊かにしていると述べながら，エスノサイエンスが単一的な視点を持つ近代科学とは異なり，精神世界も含めた複数のレベルから成ることを指摘している（寺嶋，2002a）．近代科学からみると，一見不整合にみえるような「変態」のような現象も取り込み，複眼的で豊かな精神世界が表出しているのが民俗知なのである．

　ほかにも Berkes（1993）や大村（2002）は，民俗知を質的（内容的），直感的，全体論的，倫理的なものなどとして説明し，これに対して科学知を量的，理性的，還元主義的，没価値的なものとして述べている．多くの人類学者が指摘するように，両者のあいだには埋めがたい差異が広がっており，両者は優劣を比較できるようなものではないことがわかる．両者の類似した部分だけを取出し同じ土俵の上にのせ比較するのは，民俗知の価値を損ない理解を妨げてしまいかねない，非常に乱暴な理解の仕方なのである．優劣をはかるという発想そのものが西洋近代的で進化論的な物の見方であることに，私たちは自覚的になる必要があるだろう．20 世紀初頭の人類学者のように，エスノサイエンス

や民俗知を，サイエンスや科学知の代用品と考えるのは間違いなのである．

また，民俗知と科学知を，「民俗と科学」という図式だけでなく，「近代と前近代」，「西欧と非西欧」という二項対立的な見方に落とし込むことにも注意を払う必要がある（秋道，2002；笹岡，2012）．このような二項対立的な見方は，知識を「進化と未進化」，「文明と未開」といった語りや理解の枠組みに押し込み，20世紀以前の民俗知観へ逆行させかねない．民俗知は優劣をつけることができない文化的価値を内包し，「近代科学と対等な世界理解のパラダイム（大村，2002）」として理解され扱われるべきものであることを強調しておきたい．

### 2.1.3　民俗知は生態系の保全に役立つのか

1980年代に民俗知を生態系の保全に活用しようという動きがみられるようになった．このような動きの背景には，保護区の内外に居住する先住民や住民を保護区から排除する形ですすめた結果失敗してきた環境保全への反省，このような環境保全や開発のために土地や資源を奪われ文化を変容させつつあった先住民の人権への配慮，環境破壊を起こした近代文明にかわる環境調和的な生活スタイルや思想への関心などがあったとも考えられる．

ここで注意しないといけないのは，先住民や伝統社会の人々とこのような人々の民俗知がすべて環境調和的であると無批判に賞賛することである．伝統社会のなかには，外部社会からの需要によって動植物を乱獲し，特定の動植物を極端に減少させた例が少なくない．しかしかといって，先住民や伝統社会の人々，そしてこのような人々が持つ民俗知が環境破壊的なのかというとそうではない．環境調和的か環境破壊的かは，このような人々が交易する資源に対する外部からの需要に左右されることが多い．外部社会との関わり方によって生態系に与える影響が異なることをふまえたうえで，先住民や伝統社会の人々は地域の自然環境に精通しており，生態系の保全に役に立つ知識と経験を持っていることは疑いようがないだろう．

ここでは，早くから環境保全において民俗知の活用が検討されてきた北米の例を紹介したい．1980年代，北米ではイヌイットの生業活動は環境管理においてすぐれた役割を果たすことが実証的に明らかにされた（Freeman, 1985）．

このような研究は当時根強く残っていたイヌイットに対する偏見とイヌイットの意向を無視した形で進められた環境開発に異議を申し立てるための先住民運動の理論的基盤を提供し，イヌイットが国家や地方自治体の行政組織と対等な立場で野生生物管理や開発の全プロセスに参加する共同管理を後押しすることとなった（大村，2002）．

イヌイットの民俗知は，「伝統的な生態学的知識（traditional ecological knowledge：TEK）」などと呼ばれ，「科学的な生態学的知識（scientific ecological knowledge：SEK）」とともに自然資源を持続的に利用していくための重要なツールとして考えられるようになった．北米ではサケ（井上，2003；近藤，2016），ホッキョククジラやシロイルカ（大村，2003）の共同管理が行われている．

しかしながら，先住民が獲得した共同管理という制度にも構造的な問題があった（近藤，2016；Nadasdy，2003；大村，2003）．共同管理は近代科学をベースに行われるので，意思決定の際に正統性を持つのは近代科学となり，民俗知は科学知の下に位置付けられる．また数量化を重視する近代科学の様式に合わせて，先住民の民俗知や経験は分別され，近代科学の枠組みからはみ出す民俗知は捨象されることになる．共同管理において，民俗知は科学知に従属する形になっており，両者が対等な関係にあるとは言いにくいのである．

近藤が報告しているアラスカ先住民と州政府の共同管理の実態を紹介したい（近藤，2016）．この報告では，アラスカ先住民が民俗知を用いてサケ調査に貢献していることやサケ調査が先住民の収入源となっていること，潜在的な対立関係にあったステークホルダーで情報の共有がなされたことが述べられる一方で，共同管理の現場では神話に関する民俗知は捨象され生態学的な事実のみが残されたことやサケ減少に関する先住民の見解が取り上げられなかったことが問題視されている．そのうえで，近藤は「より問題となるのは，そのときどきの自然科学研究者の常識に適合しないとみなされた『現地情報』が科学的知識生産のパラダイムを超える形で新しい知識生産に結びつかないことだ」と述べている（近藤，2016）．近代科学を基盤とした環境管理において民俗知の取捨選択は避けることができないプロセスかもしれないが，少なくとも民俗知がもつ文化的な豊かさに対する理解と尊重，一見常識とは異なるようにみえる現

地情報に対する柔軟な姿勢を科学者が持つことによってはじめて，両者を統合した新しい知識が生まれる可能性が広がるのではないだろうか．

## 2.2 狩猟採集民バカ

### 2.2.1 アフリカの熱帯雨林とピグミー系の狩猟採集民

アフリカの熱帯雨林は，総面積が1億7000万haに及び，ゴリラやチンパンジーなどの絶滅危惧種をふくむ多くの固有種が生息している．しかし，この豊かな森は伐採によって野生動物の減少に直面し，1990年代後半から中部アフリカ諸国の政府と国際自然保護団体によって国立公園の設定と森林保全プロジェクトが行われるようになった．過去数十年のあいだに国際的な関心を集めるようになった中部アフリカであるが，ここにはもともとピグミー系狩猟採集民が暮らしていた．ピグミー系狩猟採集民とは総称であり，バカのほかにもアカやムブティ，エフェ，バギエリなど合計で約10の民族集団が含まれている（図2.1）．ピグミー系狩猟採集民は，身体的な特徴のほかに森に強く依存した生活，宗教的実践ともいえる歌と踊り，集団のなかにヘッドを作らない平等主義，近隣に暮らす農耕民とのあいだに築いている相互依存関係など文化的社会的特徴を共有している．いつからピグミー系狩猟採集民がこの地に暮らして

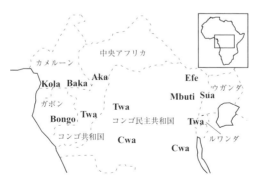

図2.1 中央アフリカにおけるピグミー系狩猟採集民の分布
Bahuchet (1993) をもとに作成．

いたかは議論の余地があるが，少なくとも今から4400年以上前には，現在のコンゴ民主共和国の東北部森林地帯に先祖が住んでいたと考えられている．その証拠に，紀元前2400年ごろのエジプト古王朝の記録では，「ナイルの源の樹の国」に住む「神の踊り子」として記されている (Turnbull, 1961).

ピグミー系狩猟採集民はこれまでも政府や商人などの外部社会から影響を受けて生活や文化を変容させてきたが，2000年以降外部社会からの強い影響を受けてこれまでにない変化の波を経験するようになった．森林伐採や森林保全プロジェクトが活発化し，森林との深い関わりによって築きあげてきた生活と文化を維持するのが難しくなってきているのである．コンゴ盆地では，現在25の国立公園を含む31の保護区が作られている．このような国立公園や保護区の設置により，中部アフリカではピグミー系狩猟採集民や農耕民など12万人以上がすでに土地を奪われ，いずれは17万人以上が影響を受けるようになるともいわれている (Schmidt-Soltau, 2005).

### 2.2.2 調査地の概要

筆者がこれまで調査対象としてきたバカはコンゴ盆地の北西地域に居住しており，人口は約40,000人といわれている．居住域はカメルーン，コンゴ共和国，中央アフリカ共和国，ガボンの国境沿いにわたる．数百年以上前，中央アフリカ共和国で暮らしていた際に接触を持っていたと考えられる農耕民ングバカと類似した言語を話す．この言語はニジェール・コルドファン語族アダマワ・ウバンギアン語派に属している (Greenberg, 1966)．バカは，他のピグミー系狩猟採集民と同様に森林で移動をベースにした生活を送ってきたといわれるが，1950年代におこなわれた定住化政策の影響を受けて，本格的に幹線道路沿いに居住するようになった (Althabe, 1965)．それ以降，カメルーン政府やNGOによって，バカを対象にした農業及び学校教育の普及活動，選挙参加の促進のためのプロジェクトが続けられている．地域によってはこのようなプロジェクトの影響を強く受けて生活を大きく変容させている集団もあるが，多くの集団が程度の差こそあれ森との強い関わりを維持している．

筆者が調査対象としてきたバカは，カメルーン東部州ブンバ・ンゴコ県マレア・アンシアン (Malea Ancien) 村に居住している (図2.2)．調査時の人口

## 2.2 狩猟採集民バカ

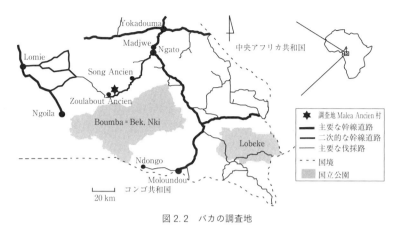

図 2.2 バカの調査地
"GIS database WWF South East Jengi Forest Project, August 2002" を改変.

は 118 人（男性 56 人，女性 62 人）であった（2004 年現在）．村の近くにはブンバ川の支流であるカメレ川が流れている．標高は約 600 メートル，周囲に山はみられない．調査地の植生は常緑樹林と半落葉樹林が混合しており，森林内にはバカが利用するキャンプや近隣に暮らす農耕民の焼畑とその跡地がある．

学校教育については，2003 年 11 月から 12 月半ばまで初等教育が初めて行われた．教師の不足のために 2018 年 9 月まで授業は再開されなかったが，これ以降授業が行われている（2019 年 3 月現在）．2001 年に伐採路が開通し，CFE という伐採会社が 2001 年 3〜5 月まで，別の会社である SIBAF が 2001 年 11 月〜2002 年 9 月まで活動を行なった．しばらく伐採は行われていなかったが 2012 年以降，小規模な伐採が行われるようになっている（2019 年 3 月現在）．バカは伐採の対象となる樹木に労働者を案内するために，一時的に雇用の機会を得ることがあった．

調査地周辺において森林保全プロジェクトは，伐採路が開通した 2001 年から行われるようになった．2004 年に Bek 川のそばに，プロジェクトを推進している WWF（World Wide Fund for Nature：世界自然保護基金）の基地が完成した．WWF のオフィスのある Yokadouma から基地まで，WWF の車が行き来するようになり，調査村にプロジェクトの普及員や森林保護官が訪れるようになった．2006 年からは，調査村のバカが利用する森林内で，観光狩猟会

社が営業を始めるようになった．2001年代以降から調査村の周辺では，伐採会社，自然保護団体，観光狩猟会社が活動を開始するようになり，バカはこれまでほとんど接触することがなかった外部社会と関わるようになっている．

## 2.3 バカの民俗知

### 2.3.1 バカの植物知識の概要

バカの民俗知について，バカの高齢女性A（推定年齢55〜60歳）の植物知識を概観し，民俗知がどのような特徴を持ったものであるのか，またそれが何を意味するのか考えたい．

#### A. 植物名

Aは分析対象とした653種類のうち92%にあたる598種類に対して581の名前（異名を除く）を与えていた．バカは調査村周辺でみられる大半の植物に名前をつけ，それらを細かく名前で区別していることがわかった．これは熱帯雨林において長い居住史をもつ他の狩猟採集民や農耕民と同じ水準である（Berlin, 1992；Christensen, 2002；木村，1998；Koizumi & Momose, 2007；Rival, 2009など）．

ではバカの命名法にはどのような特徴があるのだろうか．人間が植物を認識するとき，似た植物があればそれを形態や生息地で区分しようとする．そのため，植物は基本的な名前に加え，それを修飾するために植物の形態や生息地などの特徴があとから加えられる．

たとえばバカの場合，*fondo na njene*（*Marantochloa purpurea*（Ridl.）Milne-Redh.）という植物名がある．*fondo*という基本的な名前に，「〜の」を示す*na*,「赤」を示す*njene*という語から成り立っている．修飾部分の*na*は修飾語を加える際に文法的に必要とされる助詞である．前者を一次名,「〜の（*na*）」をいれて後者を二次名とし，この命名法を二名法とすると，二名法は生物の学名に表面的には類似する．

自然と深い関わりをもつ伝統社会で，このような階層的な植物名を多用している例がよくみられるが（Berlin, 1992；Christensen, 2002；木村，1998；

表 2.1　植物の命名

|  | バカ | プナン |
| --- | --- | --- |
| 分析対象 | 653 種類 | 752〜764 種 |
| 名前のある植物 | 598 種類（92%） | 749〜761 種（99%） |
| 植物名 | 581 | 691 |
| 　一次名 | 545 | 435 |
| 　　うち二次名を形成するもの | 42 | 173 |
| 　　うち包括名としても個別名としても機能するもの | 20 | 15 |
| 　二次名 | 58 | 401 |
| 　　うち三次名を形成するもの | 0 | 12 |
| 　　うち包括名としても個別名としても機能するもの | 0 | 3 |
| 　三次名 | 0 | 22 |

服部・小泉（2016）より.

注）　ある植物に対するもっとも詳しい名前において分析した．同じ植物に対して複数の呼び名（異名）がある場合，このうちの一つを分析の対象とした．

Koizumi & Momose, 2007 など），バカの場合は非常に限定的である．筆者がこれまでバカと植物知識の比較研究を行った東南アジアの狩猟採集民プナンは 401 の二次名（752〜764 種）を持つのに対し，バカは 58（653 種類）しかなく，その差は 7 倍近くになっている（表 2.1）．

では名前の意味についてみてみたい．一次名 546（異名を含む）のうち 109（20%）において，それぞれの名前の構成要素のうち少なくとも一部で意味が解釈でき，意味がとれた構成要素数は 206 であった（表 2.2）．構成要素は，利用法に関するものがもっとも多く 72 で全体の 35% であった．利用法のなかでは薬に関する構成要素が 67 と大半を占めていた．これは，*ma na*〜「〜の薬」という形になっており，「〜」には「お腹」，「目の充血」，「母乳の病」，「妊娠」，「歩行」，「子ども」など，体の部位や身体の状態などが入る．この形の一次名は 40 記録された．

バカの名前には利用法に関するものが多く，とくに薬に関する名前が多いことがわかったが，他の民族と比べると，意味が取れる植物名が少ない．たとえば，プナンの場合は，異名も含めて，一次名約 450 のうち 165（37%）において，353 の構成要素の意味がとれた（表 2.2）．ボンガンドゥの場合は，819 の方名のうち語幹名（一次名に相当）の由来が明らかになったのは 419（51%）[1]であった（木村，1998）．バカの植物名は意味が解釈できないものが

## 第 2 章　民俗知と科学知

表 2.2　植物の一次名の意味構成要素

| | バカ | | プナン | |
|---|---|---|---|---|
| | 具体例 | 登場回数 | 具体例 | 登場回数 |
| 植物の上位カテゴリー[a] | ツル, 木 | 9(4%) | 木, ツル, 草, ショウガの仲間, シダ, キノコ | 137(39%) |
| 利用法[b] | 薬の適用対象（頭痛, 腫れもの, 腹痛, 咳, 皮膚など）, ヤム各種, ハチミツ, 調味料, 紐, 弓など | 72(35%) | 火傷, 薬, 柱, 食物名, 肩紐, 屋根を葺く葉 | 6(2%) |
| 動物 | ゾウ, チンパンジー, オオセンザンコウ, カニ, カワイノシシ, サル, オスゴリラ, ヒョウ, 魚, 鳥, バッタなど | 43(21%) | テナガザル, イヌ, シベット, センザンコウ, リス, コウモリ, キジ, ヘビ, スッポン, カエル, 魚類, カニ, チョウ, ハエ, アリなど | 46(13%) |
| 別の植物名[c] | 植物名 16 種類 | 16(8%) | 植物名 18 種類 | 19(5%) |
| 体の部位 | 骨, 脇腹, 足, 肛門, 首, 耳, 目, 女性器, 足の皿, 胸 | 14(7%) | 喉, 耳, 爪, 足, 太腿, 歯, 肝, 男性器, 脈, 血 | 16(5%) |
| 人 | 叔父, 夫, 母, 人 | 17(8%) | 人名 3 種類, 喪名 2 種類, プレイボーイ, 年寄り, 民族名 | 11(3%) |
| 植物の性質[d] | 不燃, 苦い, かゆい, 水のある, 赤い | 7(3%) | 弱い, 高い, 低い, 赤, 黒, 白, 縞模様, なめらか, 湿った, ツル性 | 16(5%) |
| 植物の部位 | 葉, 棘, 果実 | 6(3%) | 果実, 葉, 枝, 分枝部分 | 11(3%) |
| 生育地 | 樹間のあいた森, 畑, 村 | 3(1%) | 分水嶺, 山, 低山, 小川, 滝, 石の川原, 湿地, 崩壊地, 焼畑跡, 川名 | 13(4%) |
| 精霊 | — | 0(0%) | 精霊や幽霊 7 種類 | 7(2%) |
| その他 | 妊娠, 歩行, 動物の個体名, 叫び声, 季節名, 小便, 私, 逃げろ, 名前, どこで, 大便する, 嵐, 火など | 19(9%) | 人間石（精霊の怒りに触れ人間が石に変えられたもの）, 魚毒, 座る, ぼんやり見る, 刺す, 洗う, 遊ぶ, 妊娠, ゲップ, 散らばる, 蘇る, 獲物がない, 二番煎じ, 朝, 夜, 星, 雨, 煤, 斧など | 71(20%) |
| 合計 | | 206(100%) | | 353(100%) |

服部・小泉（2016）より
注）　異名を含めて分析したが, 短縮形をとる一次名については完全な形のみを分析の対象とした.
a)　同じ表現を場合によって「植物の上位カテゴリー」もしくは「植物の性質」に分類した. たとえば, プナン語の lake は植物の上位カテゴリー（ツル植物に相当）を表わす場合と植物の性質（ツル性）を表わす場合があり, 一次名中での位置づけに応じてこれを判断した.
b)　「利用法」にはその植物の利用法に関する表現を含めた. 利用法と解釈しうる表現でも, その植物の利用法でない場合は「その他」に含めた.
c)　「別の植物名」には植物名のみを含め, 特定植物の特定部位を表す語（たとえば日本語ならドングリなど）は「その他」に含めた.
d)　「植物の性質」には客観的な表現のみを含め, 植物の性質を他のものに例えた比喩的な表現は元の語義によって分類した.

## 2.3 バカの民俗知

表 2.3 利用法ごとにみたバカの植物知識

| 利用区分 | | | 具体例・注 | バカ 種類数 | バカ 件数 |
|---|---|---|---|---|---|
| 食用 | | | | *91* | *108* |
| | 食料 | | | | 91 | 105 |
| | | 果物・種子 | | *45* | *46* |
| | | 新芽・緑葉・茎 | | 19 | 19 |
| | | 根や地下茎 | | 14 | 14 |
| | | その他 | 花, 樹皮, | 5 | 5 |
| | 飲料水・酒 | | 樹液 | 9 | 9 |
| | 調味料 | | 種子, 樹皮 | 15 | 15 |
| 建材・道具 | | | | *228* | *559* |
| | 生業具 | | 狩猟具(槍, クロスボー, 弓, 矢, 罠, 笛), 漁労具(かいだし具, 釣竿), 採集具(木登り綱, 蜂よけ, 吊りおろし具, スポンジ), その他(山刀, 小刀, 斧) | 93 | 124 |
| | 調理具 | | 杵, 木臼, まな板, すりこぎ, 着火補助具, おたま, たわし, うちわ, ピーラー, すりおろし器, 皿(葉), コップ(葉), クッキングシート(葉), 鍋(葉), 小籠 | 42 | 87 |
| | 建材 | | 草ぶき住居の骨組み, 屋根, 扉 | 19 | 25 |
| | 運搬具 | | 背負い籠, 背負い具, 木箱, ロープ | 60 | 82 |
| | 装身具 | | アクセサリー, 踊りの衣装, 衣服, ベルト, ピアスの穴あけ | 58 | 78 |
| | 娯楽品 | | 太鼓, 弦楽器, 笛, マラカス, おもちゃ | 26 | 26 |
| | 美容・衛生 | | 化粧品, 香, 石鹸, ティッシュ, ハエ叩き | 33 | 34 |
| | 家具 | | ベッド, マット, 乾燥台 | 21 | 27 |
| | 掃除具 | | 箒, チリトリ | 22 | 33 |
| | その他 | | 抱っこひも, たばこ巻紙, パイプ, 接着剤, やすり, 松明, ロート, 傘, おしゃぶり | 25 | 43 |
| 薬用 | | | | *308* | *396* |
| | 胃腸 | | 下痢, 便秘, 腹痛, 食欲不振 | 66 | 68 |
| | 子供 | | 子ども特有の病気, 発達・育児 | 50 | 59 |
| | 皮膚 | | 擦り傷, 切り傷, 火傷, 皮膚病, 痒み, 虫刺されなど | 28 | 29 |
| | 強壮健康 | | 肉体補強, 悪寒, 発熱 | 39 | 40 |
| | 腫れもの | | 脇腹, 足, 頭など体各部の腫れ | 38 | 39 |
| | 動物 | | 特定の動物を食べた時にもらう病気 | 32 | 34 |
| | 呼吸器 | | 咳, 鼻, のどの痛み | 25 | 26 |
| | 妊娠・出産 | | 母子健康, 陣痛促進, 後陣痛 | 23 | 25 |
| | 頭 | | 頭痛 | 18 | 19 |
| | その他 | | 耳, 歯(虫歯), 眼, 心臓, 腕力, 生理痛, 男性の性病, いびき, しゃっくり, めまい | 50 | 57 |
| 儀礼・呪術 | | | | *78* | *95* |
| | 生業・労働 | | 狩猟・採集・漁労・農耕・農耕民から食料獲得の成功, マット編みの成功 | 69 | 75 |
| | 対人関係 | | 惚れ薬, 浮気防止, 嫌な人に会わない | 13 | 13 |
| | その他 | | ゴリラよけ, 霊よけ, 雨をやませる, 豊胸, 刺青 | 7 | 7 |
| その他の直接的利用 | | | | *13* | *13* |
| | 毒 | | 魚毒, 矢毒 | 4 | 4 |
| | 染料 | | | 2 | 2 |
| | 猟犬の管理 | | 興奮させる, 鼻と耳を鋭敏にする | 4 | 4 |
| | 刺激物 | | | 2 | 2 |
| | 虫除け類 | | 蚊よけ | 1 | 1 |
| 間接的利用 | | | | *40* | *40* |
| | 食用虫がつく | | | 19 | 19 |
| | 交易 | | | 21 | 21 |
| 口頭伝承 | | | | *18* | *18* |
| | 民話 | | 民話に登場 | 7 | 7 |
| | その他 | | 災厄をもたらす, 呪術師の木 | 11 | 11 |
| | | | 合計 | 480 | 1229 |

服部・小泉(2016)を改変.

注) バカは, 一つの植物を複数の方法で利用することがある. たとえば, 同じ植物が食料, 建材・道具, 薬用として利用されたり, 建材・道具のなかでも生業具, 家具, 建材として利用されたりする. 斜体で示した数値は, 食用, 建材・道具, 薬用などの区分(大区分)ごとに集計している. 種類数については, ひとつの大区分のなかでより詳しい用途による区分(小区分)において一度数えた場合, 別の小区分で同じ植物が利用されたとしても重複して数えない. 件数は, 異なる小区分で利用されていた植物であっても重複して数える.

多く，名前の記号的側面がより強い．

　このことは何を意味しているのだろうか．バカの言語環境から考えたい．バカの植物名語彙には，現在話しているウバンギアン系の語彙だけでなく，バンツー系の語彙，これら両者とは異なる独自の語彙も含まれることが明らかとなっている（Letouzey, 1976）．熱帯アフリカは居住地の移動を繰り返してきた民族が多く，移動先で異なる言語系統の民族と出会い，新たな言語を取り込む．バカはウバンギアン系の言語を話す民族と接触する以前，バンツー系の言語を話す民族と接触を持っていた可能性が高い．バカは積極的に他民族の植物名を取り込むかたちで植物名を変化させてきたのではないだろうか．そのなかで，二次名が放棄され，植物名の本来の意味も失われていったと考えられる（服部・小泉，2016）．借用が起こった場合，それが借用した側の認識に内在化されるとは限らない．つまり，植物名において二次名の少なさと意味が取れる語彙の少なさは，バカの移動史と農耕民との関係史が関係していると考えられるのだ．バカの植物名には，地域の移動史や他民族との社会関係が反映しているのである．

## B. 利用法

　Aに653種類の植物について利用法を尋ねたところ，Aは約74％にあたる480種類を利用すると答え，1,229件の知識について述べた（表2.3）．91種類（108件）が食用に，228種類（559件）が建材・道具類の材料に，308種類（396件）が薬用に，78種類（95件）が儀礼・呪術に利用されるという．ほかにも，魚毒や矢毒，染料，交易品，食用虫の採集に利用されたり，民話などの口頭伝承に登場する．薪については記録しなかったのであるが，薪まで入れると，知識の件数はさらに増えるだろう．

　利用法の例をみると（表2.3），バカにとって植物がいかに多様な用途を持っているかがわかる．バカは植物の特性をよく知っており，用途に応じて植物を選び利用している．たとえば，建材と道具類をみてみよう．ドーム型の草ぶき住居の建材や家具，狩猟や採集といった生業に関わる道具や獲得した林産物を運ぶ運搬具，木臼やまな板，皿などの調理具，住居やキャンプを掃除するた

---

1) 同じ語幹名（一次名に相当）を接尾形容辞（二次名の修飾語）の違いやあるなしで重複して数えている（木村私信）．

めの箒とチリトリ，太鼓や弦楽器などの楽器，化粧品や香，石鹸といった美容と衛生に関するもの，アクセサリーや踊りの衣装などの装身具など，生活と文化的実践のあらゆる場面で植物を利用していることがわかる．

　次に，薬についてもみたい．胃腸，子どもの病，皮膚，強壮健康，腫もの，動物の病，呼吸器，妊娠・出産など，こちらも多岐にわたる種類がある．これらの薬の大半は，私たち先進国に暮らすものにもなじみのあるものであり，常備薬として家に保管している類のものである．しかし，例外もある．動物からもらった病に処方する薬である．バカは動物が病をもたらすと考えており，狩猟や摂食によって，また見るだけでもこのような病にかかってしまうという．幼い子どもの場合，本人は食べなくても両親が食べることによってかかるという．病の内容は，動物の外見や行動といった特徴と関連しており，たとえばヒョウを食べると，体中にヒョウのような発疹があらわれ，アカスイギュウを食べると，アカスイギュウのように糞をぼとぼと落とすようになる，つまり皮膚病になったり，下痢をしたりするようになるというのである．病にならないように避けられる動物は，年齢や性別，経験などによって異なっている．バカの薬には，このような病に処方するものが含まれているのである．

　学校教育によって近代的な知識を習得してきた読者には，バカが豊富な知識を持っていることはすばらしい，でもバカがもつ疾病観は近代的でないといって，笑う人がいるかもしれない．しかしながら，疾病観はバカの病気に対する恐怖や不安を吸収し（Aunger, 1992；Ichikawa, 1987a），自分が人生や社会でどの位置にいるのかを示すシンボルにもなっているのである（寺嶋，1996）．2節で述べたように，民俗知はたんに実用性に富んだだけのものではなく，豊かな文化的意味を内包したものとなっているのである．

　狩猟や採集など生業を成功させる儀礼薬や，人間関係への願望をかなえる惚れ薬や浮気防止の呪薬，森で凶暴なゴリラに遭わない呪薬，雨をやませる呪薬もまた，豊かな文化的意味をもつ民俗知である．

　さらに，バカの植物知識はどのような特徴があるのか，自然と深く関わりながら暮らしている伝統社会の人々と比較してみたい．筆者がバカと詳細な比較を行ったプナンは，1000件近くの知識を有しており（服部・小泉，2016），知識数に大きな違いはない．利用区分ごとにみた知識の件数を比較すると，バ

カはプナンに比べて薬用において件数で約 6 倍，儀礼・呪術では件数で 19 倍の知識を持っていることが明らかとなった．バカやプナンとアフリカの熱帯雨林に暮らすピグミー系の狩猟採集民と比較すると（Ichikawa, 1987b table 6；Tanno, 1981），バカだけがこのような知識を多く持っている．しかし，アフリカの熱帯雨林に暮らす農耕民ボンガンドゥ（木村 1998）やニンドゥ（Yamada, 1999），東南アジアの農耕民クラビット（Christensen, 2002）もバカと同様このような知識を多く持っている．薬や儀礼・呪術に関する知識について，バカは農耕民に類似しているということがわかった．

　このような特徴はどのように生まれたのだろうか．狩猟採集民と農耕民の定住度から考えたい．狩猟採集民は森林内のキャンプの移動を中心とする生活を送るが，農耕民は集落に滞在することが多い．移動生活は定住生活に比べて感染症のリスクを軽減し，病気を遠ざけている可能性がある（Voeks & Sercombe, 2000）．そのため，狩猟採集民は薬の知識を農耕民ほど多く持たないと考えられるのである．

　では，狩猟採集民のバカはなぜ薬の知識を多く持っているのだろうか．それは，バカの生活様式の変化とあわせて考えられる．バカのあいだでは半世紀ほど前から定住化が進み，集落に滞在する時間が増えている．季節的に森のキャンプを利用することはあるが，集落で自ら農耕を行ったり農耕民の畑を手伝うことが多い．集落では，伐採会社や自然保護団体，商人など外部社会の人々，ヤギやニワトリなどの家畜と接触することもあり，森でキャンプ生活をしてきたころとは違い，感染症のリスクが高まっていると考えられる．集落では，病気になった際に治療を受けられるような近代的な医療機関はないため，自分たちで病と対峙するしかない．生活様式の変化や医療環境がバカの薬に関する知識を生み出す要因の一つとなっていると考えられるのである．一つと述べたのは，バカの薬の多さにはそれを生み出す文化の論理が働いている可能性があるためである．このような論理を無視して，生活様式と医療環境という観点のみから，薬という民俗知を理解することはできない．この文化の論理については検討の課題であるが，いずれにせよ，民俗知は生活様式の変化や医療環境に影響をうけることは指摘しておきたい．

## 2.3.2 植物知識の多様性

　前節ではAの知識を例に挙げながら，おもにバカの民俗知について論じてきたが，じつはこのようなやり方には問題がある．読者は前節で述べられた知識について，民族内や居住集団のなかで共有されているという暗黙の了解をもとに読まれたことだろう．民俗知というと，特定の民族内および居住集団で内容が共有されていると想定されやすいが，はたしてこのような理解は正しいのだろうか．民族内の変異についていうと，コンゴ民主共和国（旧ザイール）のイトゥリの森のピグミー系狩猟採集民エフェとムブティのそれぞれ2集団で植物知識の相違が報告されている（市川，1996；Ichikawa & Terashima, 1996；寺嶋，2002b）．このような研究をみると，すべての知識が民族内で共有されていると考えるのは難しそうである．

　では居住集団内で知識は共有されるのだろうか．知識には年齢や性別，経験などの属性が含まれており，民俗知を無条件に居住集団のなかで共有されたものとして扱うことには注意を払う必要がある．民俗知は，世代差や性差，個人差があってしかるべきなのである．本節では，居住集団でみられるこのような知識の多様性について述べたい．

　知っている植物名数の世代差をみるために，バカの男女合計47名（推定年齢5歳から60歳）に90種類の植物について名前を挙げてもらい，その件数を年齢と性別ごとにみた（図2.3）．答えられた数の中で最高の82件を頂点とすると，5から10歳頃までは植物名を35〜50％程度知っており，20歳頃には80％ほどを知っている．その後30歳頃には90％ほどを知るようになっている．つまり，バカは男女ともに30歳頃までに植物名の大半を得ており，それ以降も男性は知識をゆるやかに増加させ，女性では知識の増加に個人差があらわれるようになる．

　多くの伝統社会では近代化による生活変容によって，女性や子どもなど特定の世代において知識の減少や変容が報告されているが，バカの場合，このような兆候はまだみられていない．大きな社会変容も知識の減少も経験していないバカの社会では，男女ともに30歳頃までに多くの植物名を知るようになっており，それまでは知識数に年齢差があることがわかった．利用法に関する知識

## 第 2 章 民俗知と科学知

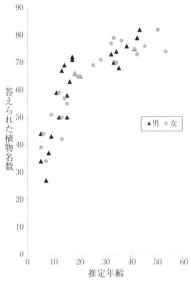

図 2.3 推定年齢からみた答えられた植物名数
バカの男女 47 名に 90 種の植物について聞き取った結果である．

表 2.4 インフォーマントの植物知識の数（利用植物数）

|  | 女性 | | 男性 | | 全員 | |
| --- | --- | --- | --- | --- | --- | --- |
|  | 平均 | 標準偏差 | 平均 | 標準偏差 | 平均 | 標準偏差 |
| 植物名 | 76.4 | 2.4 | 77.2 | 3.3 | 76.8 | 2.7 |
| 誤同定 | 1.8 | 2.5 | 0.4 | 0.5 | 1.1 | 1.9 |
| 食用 | 21.4(18.4) | 1.1( 1.1) | 22.0(19.0) | 1.4(1.4) | 21.7(18.7) | 1.3( 1.3) |
| 建材・物質文化 | 143.2(53.8) | 7.0( 2.6) | 150.0(48.4) | 4.5(2.1) | 146.6(51.1) | 6.6( 3.6) |
| 薬 | 61.6(53.0) | 20.3(15.9) | 59.8(52.4) | 5.4(5.9) | 60.7(53.0) | 14.1(11.3) |
| 合　　計 | 226.2 | 27.1 | 231.8 | 10.9 | 229.0 | 19.7 |

服部（2008）を改変．
注）括弧のついてない数字は植物知識の数（部位や用途が異なれば別に数える）であり，括弧の中の数字は利用されている植物そのものの数である．

数についていうと，食用植物に関する知識は大きな世代差がないが，道具類や薬に関する知識は年齢とともに増加する傾向にある（服部，未発表データ）．
　次に同世代のバカの植物知識に注目したい．ここでは，知識数とともに知識の共有度についてもみたい．成人後期のバカの男女各 5 名（推定年齢 35〜45

## 2.3 バカの民俗知

表 2.5 植物名と利用法別にみた知識の共有度の平均と標準偏差

|  | 女／女 | 男／男 | 女／男 | 全ペア |
|---|---|---|---|---|
| 植物名 | 0.82±0.06 | 0.89±0.04 | 0.85±0.06 | 0.85±0.06 |
| 食用 | 0.95±0.04 | 0.96±0.05 | 0.95±0.05 | 0.95±0.05 |
| 建材・物質文化 | 0.91±0.03 | 0.94±0.03 | 0.89±0.04 | 0.91±0.04 |
| 薬 | 0.30±0.09 | 0.25±0.07 | 0.29±0.08 | 0.29±0.08 |

服部（2008）を改変．

注） 女性同士のすべての組み合わせ20組，男性同士のすべての組み合わせ20組，女性と男性のすべての組み合わせ50組，計90組のペアを作り知識の共有度を算出し，共有度の平均と標準偏差を出した．

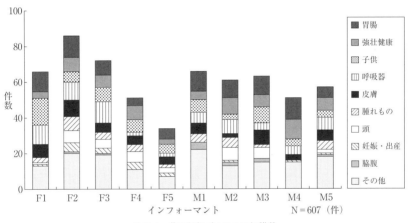

図 2.4 薬の種類ごとにみた知識数
服部（2008）より．

歳）を対象に，90種類の植物名と利用法について聞き取り，知識の比較を行った（服部，2008）．その結果，10名は，植物名，食用や建材・物質文化の材料になる植物について，同じ程度の知識数を持っていることがわかった（表2.4）．あえていうなら，建材・物質文化の材料となる植物について，男性の方が女性よりやや多くの知識を持っている程度の差があったくらいである．これらの知識については，個人間での共有度も高い（表2.5）．しかし，薬の知識についてみると，女性のあいだで知識数の個人差が大きい（表2.4）．個人間の知識の共有度は0.12〜0.48（0.29±0.08）と低く，多くの知識は個人間で共有されていないのである．

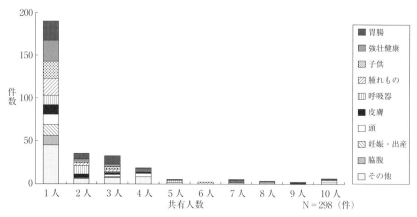

図 2.5 知識の共有人数ごとにみた薬の種類とその数

成人後期のバカ 10 名を対象に 90 種類の植物について聞き取りを行ったところ，298 種類の薬が確認された．この図は薬の種類数を対象にしており，それぞれのインフォーマントが挙げた薬の知識の合計ではない．実際に答えられた数は，棒グラフで示された値にそれぞれの共有人数をかけなくてはいけない．服部（2008）より．

ではインフォーマントがどのような薬の知識をそれぞれ持っているのかみてみたい．薬の種類ごとに知識数をみると（図 2.4），ここにも個人差があることがわかる．たとえば，M1 は M2 より皮膚の薬をよく知っているが，M2 は M1 より頭の薬についてよく知っている．また，F3 は F2 より呼吸器に関する薬の知識が多く，F2 は F3 より皮膚の薬の知識が多い．このように，インフォーマントがもつ薬の内容は人それぞれに異なっているのだ．次に，それぞれの知識はどのくらいの人数のインフォーマントに共有されているのかみたい．90 種類の植物について 10 名から聞き取った結果，誰からも薬として利用されない種は存在せず合計で 607 件，298 種類の薬の知識を聞き取ることができた．全員で共有されている知識は 6 件しかなく，他の誰とも共有されていない薬の知識は，10 名が答えた知識の全件数のうち 190 件（約 30％）にものぼる（図 2.5）．

薬の知識はインフォーマントで共有されているものが少なく，個人間においても多くの知識が共有されているわけではなかった．バカはこのような自分の薬を「私の薬（*ma a le*）」と呼ぶ．バカは自分や家族が病気になった際，みずから薬用植物を処方する自家治療の専門家である．個人差に富む薬に関する知

識は，インフォーマント本人や家族の病歴が反映されたものとなっているのではないだろうか．民俗知には，自らの経験をもとに作り出され人それぞれに異なる知識が含まれているのである．

## 2.3.3 知識の創造性と状況依存性

これまでは筆者が行ってきた研究に依拠して民俗知の特徴について検討をしてきたが，ここではまずエピソードを紹介し，民俗知の創造性や状況依存性についてさらに話を進めてきたい．成人前期の男性B（推定年齢18～20歳）に薬用植物に関する聞き取りを行った時のことである．この男性は聞き取りの対象とした植物40種類すべてについて用途を答えた．バカのあいだで薬の知識は年齢とともに増加し，とくに育児経験が知識の増加に影響を与えていることを考えると（服部，2008），成人前期という世代に属しており子どもがいないにもかかわらずBが多くの知識を答えたことに私は驚いた．得られたデータの確認のために同様の調査を数日後に行ったところ，1度目と2度目に答えた内容が一致した割合が知識の4割に満たなかった（服部，未発表データ）．前節でとりあげた個人差の分析対象とした成人後期のバカの場合，85～100%の一致がみられたことを考えると，Bの一致度がいかに低いかわかる．

Bの一致度の低さについて，他のインフォーマントのようにはBが記憶を呼び出せなかったのか，それとも知らないものを知っているかのように語っているのだろうかと筆者は頭を悩ませた．信用できないインフォーマントだと思い始めていた矢先，自分が日本の学校教育でテストを受けてきたように，バカの調査を行っていることに気が付いた．テストには解答があり，正解は決まっている．私たちは解答を傷つけないように取り出し，用紙の上に書き込む．この作業は学校教育で繰り返し行われる訓練によって可能になり，慣習化されていく．解答は知的権威に決められ，普遍性を持つものが多い．学校教育で形成されるこのような近代的な知のあり方と，バカの民俗知のあり方は異なっており，1回目と2回目の調査の一致率が低いからといって，それが間違った知識であると判断はできないし，Bがいい加減であるともいえないのである．

実際にBは，バカの社会のなかで，薬の知識をよく知る人物と評されている．さらに付け加えると，歌物語の名手である．ギターを弾きながら，創造性

にとんだ民話を語り，子どもたちだけでなく若者や大人たちも魅了している．
このようなことから，一致度の低さはBの創造性の表れとも考えることができる．実際に，聞き取りの際彼はじっと対象植物を眺めて，何かを思いついたかのように薬の知識を語ることがたびたびあった．民俗知にはこのような創造的な側面が含まれており，植物と利用法が固定され正解とされるようなものではなく，自由に発想され生み出されるという側面もあるのだ．

聞き取りでは，インフォーマントの頭の中から知識がそっくりそのまま取り出されるわけではなく，インフォーマントや家族の体調（精神状態も含む），予定，示される植物の状態，生息する場所，天気，調査者の聞き取り方，インフォーマントとの関係，報酬などが回答に影響を与えることも忘れてはならない．民俗知は，関係者や状況に依存する形であらわれるのである．筆者はこのエピソードによって，自分の中にしみついている近代的な知のとらえ方と，このような枠組みではとらえることのできない民俗知の性質について痛感した．

## 2.4 バカの民俗知はどのように語られてきたか

### 2.4.1 カメルーンの森の現在

カメルーン東南部では1970年代から伐採事業が始まり，伐採地区は年毎に拡大した（図2.6）．2004年の時点で国立公園や共有林，住民が居住する道路沿いの区画を除いた森林の大半が伐採対象地となり，フランスやベルギーなどの伐採会社が操業を行うようになった．森に開かれた伐採路を利用し野生動物の密猟者や交易人が森林地帯を訪れるようになり，需要の高いレッドダイカーやゾウの減少が危惧された．観光狩猟会社は，1980年代から操業を開始し，2002年には観光狩猟用に割りふられた狩猟区の大半が貸し出された（図2.7）．近年では鉱物採掘者が加わりステークホルダーがさらに多様化している．

自然保護団体は80年代後半にこの地域にやってきた．この地ではじめての本格的な生態系の調査を行ったのは，IUCN（The International Union for the Conservation of Nature and Natural Resources；国際自然保護連合）である．その後，WCS（Wildlife Conservation Society）やWWFが動物相の調査を行

## 2.4 バカの民俗知はどのように語られてきたか

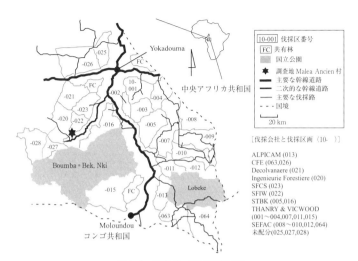

図 2.6　東部州の森林管理区画
"GIS database WWF South East Jengi Forest Project, August 2002" を改変.

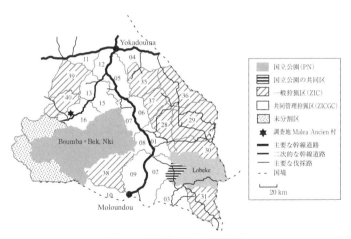

図 2.7　東部州における狩猟区画
"GIS database WWF South East Jengi Forest Project, August 2002" を改変.

い，絶滅危惧種の生息密度が高く生態学的に重要な 3 地区（Lobeke, Boumba-Bek, Nki）を特定した．1998 年にこれらの地区の国立公園化と周辺エリアの持続的管理をめざしたジェンギ（Jengi）プロジェクトを開始した．ジェンギは，バカの儀礼に登場する最も強力な精霊の名前である．プロジェクトは，

合計70万haに達する3つの国立公園を含む270万haのエリアに及んでおり，カメルーンの国土の12.5％を占めている．このエリアには50の行政村があり，住民6万人が暮らしているといわれている．おもに狩猟採集民バカと焼畑農耕民である．

　ジェンギプロジェクトでは，保全戦略として共同管理（co-management）や順応的管理（adaptive management）を掲げているが，政策決定に住民が関わることはなく，トップダウン式の方法でプロジェクトが進められている．プロジェクトを推進しているカメルーン政府や自然保護団体と住民の力関係は前者が圧倒的に強く，後者の主張や権利が考慮されることはほとんどない．リップサービスとして，プロジェクト名にバカの精霊名が採用されているだけである．

　実際に，国立公園や狩猟区の設定はバカによる森林資源の利用を無視したものとなっている．調査村のバカは，狩猟が許可されていない一般狩猟区内のキャンプを利用し *molongo* を実施する．*molongo* とは，集落から離れた森林に移動し，狩猟や採集，漁撈を行ない，林産物に依存した生活を送るというものである．バカが利用するエリアは年ごとによって変わる．バカによると，年によっては一般狩猟区だけでなく国立公園に狩猟や採集に出かけることもあるという．他の地域のバカの活動域も一般狩猟区や国立公園まで広がっており，プロジェクトで狩猟が許可されている共同管理狩猟区内におさまらないことが明らかとなっている（Njounan Tegomo *et al.*, 2012）．また森林法では，禁猟期や猟具，狩猟動物の売買の禁止などが定められており，狩猟活動の実態と大きくかけ離れたものとなっているのである（服部，2004；2008）．狩猟活動の取り締まりが厳しくなりつつあり，森林保護官に捕まり投獄されるバカがあらわれており，バカと保護当局には対立が生じつつある（服部，2017）．

　バカが対立関係にあるのは保全プロジェクトの推進者だけではない．調査地の近くの一般狩猟区では2006年から観光狩猟会社が営業を始めた．この時期から2008年にかけてこの会社のオーナーであるトルコ人とバカの間で土地や動物資源をめぐる対立がみられるようになった．オーナーは暴力的な発言を繰り返しており，オーナーによる暴力を恐れたバカはこの会社がキャンプを設営している地域で行う予定であった *molongo* をあきらめるという事態も起こっている．森林伐採や森林保全，観光狩猟によって，バカは生活基盤である森を

失い，文化を維持するのが困難な状況になっているのである．

## 2.4.2　先住民運動と参加型マッピング

　外部社会からの強い圧力によって困難な状況におかれているバカに対して，2000 年代前半から国際社会からの関心が集まりつつある．政治的経済的に周辺化されている先住民に対する関心が国際社会で高まっていることは冒頭で述べたが，国連は 1993 年を「世界の先住民の国際年」とし，その後さまざまなプロジェクトを行っている．中部アフリカにおいても国連や世界銀行による先住民を対象にした開発プロジェクトや NGO による先住民の支援活動が行われるようになった．

　イギリスの NGO である Forest Peoples Programme は，カメルーン南部に居住するピグミー系の狩猟採集民バギエリが石油パイプラインの開発と Campo Ma'an 国立公園の設置によって土地を奪われつつあったことに目をつけた．GPS を用いてバギエリとともに慣習的利用域の地図を作り，これをもとに企業や政府，自然保護団体などと交渉し土地を奪い返したのである（Nelson, 2007）．慣習的利用域の地図をもとに交渉をおこなう戦略は，その後カメルーン東南部，コンゴ共和国，ガボン，中央アフリカ，ウガンダなどにおいてとられている．同じくイギリスの NGO の Rainforest Foundation もまた，カメルーン，コンゴ共和国，コンゴ民主共和国，中央アフリカ，ガボンにおいて地図作りとピグミー系狩猟採集民の法的権利の確立を行っている．バギエリの事例のように土地の返還はまだ行われていないが，地図をもとに交渉が行われている．

　慣習的利用域の地図は，バカが GPS を用いて生存や文化実践のために重要な地点を記録するという方法で作成される．GPS はアイコンがすべてイラストになっており，槍を持った人間や草ぶきの住居，精霊，樹木などが描かれている（Lewis, 2012）．それぞれの地点に行き，イラストを選んでいくと，地点情報が GPS のなかに記録される．文字を読めないバカにも扱うことができるように特別に開発された．バカが森林のなかでこれまで狩猟や採集，儀礼のために利用してきたキャンプ，墓地，聖なる場所，樹木や小道などに関する情報が入力されていく．このような民俗知をもとに作成される地図をもとに，違法伐採やバカの活動を規制する森林保全プロジェクトの推進者，観光狩猟会社と

第 2 章　民俗知と科学知

交渉がなされるようになっているのである．

　このようにアフリカの熱帯雨林では，ピグミー系狩猟採集民の民俗知が森林に対する権利を獲得するために用いられるようになっており，バカの民俗知はこれまでにないほど政治的なものとなりつつある．

## 2.4.3　非木材林産物（NTFP）の開発

　バカの民俗知は経済的な意味合いも深めている．近年，アフリカの熱帯雨林において材木に代わる輸出品として注目を浴びているのが，植物性の非木材林産物（NTFP：non-timber forest products）である（Clark & Sunderland, 2004；Hoare, 2007）．この地域でも，これまで NGO によって非木材林産物の調査が行われてきた（Jell 1998；Makanzi et al., 1998；Schmidt, 1998）．非木材林産物は，地域経済を潤すだけではなく，学校教育の普及や納税義務のために，現金を必要とするようになりつつあるバカにとっても，獣肉に代わる新たな収入源となる可能性を秘めたものである．2018 年より筆者を含む日本人研究者とカメルーン人研究者が，非木材林産物の開発を通してバカなど地域住民の生活向上と生物多様性の保全を行うプロジェクトを実施している（PROJET COMÉCA ホームページ https://sites.google.com/view/projet-comeca/）．

　バカが商人といつ頃から取引を行なってきたのかは明らかではないが，調査村に暮らす老齢のバカによると，今から 50 年ほど前，バカは乾季を中心に年に数回ほど訪れていた商人と植物性の林産物を取引していたという．当時は，*godjo na ngo*（*Carapa procera* D. C., センダン科），*ndombi*（*Vitex thyrsifolia* Baker, クマツヅラ科），「森のコーヒー」という意味の *kofi a bele*（*Tricalysia pallens* Hiern, アカネ科）が，交換されていたという（表 2.6）．現在これらの果実は取引されておらず，*tondo a sua*（*Aframomum letestuanum* Gagnepain, ショウガ科），*pekie*（*Irvingia gabonensis*（Aubry-Lecomte ex O'Rorke）Baill., イルビンギア科），*mingenye*（*Scorodophleus zenkeri* Harms, マメ科）がおもな取引対象となっており，現金収入の 4 割を占めている（服部，2004：2008）．

　このような 13 種類の交易品のほかにも，現在取引されていないものの，森林にはさまざまな有用植物がある．バカの有用植物のなかには，食用や薬用として潜在的な市場価値を持っていると考えられるものがあり，バカの知識は非

## 2.4 バカの民俗知はどのように語られてきたか

表2.6　商人と取引される野生植物

| 方名<br>(バカ語) | 学　名 | 科　名 | 取引部位 | 利用法 | 取引の<br>有無[*1] | 価格<br>(FCFA)[*2] | 備　考 |
|---|---|---|---|---|---|---|---|
| gobo | *Ricinodendron heudelotii* (Baill.) Pierre ex Heckel | トウダイグサ科 | 種子 | 油脂調味料 | ● | 500/kg | |
| pekie | *Irvingia gabonensis* (Aubry-Lecomte ex O'Rorke) Baill. | イルビンギア科 | 仁 | 油脂調味料 | ● | 500/kg | |
| mingenye | *Scorodophleus zenkeri* Harms | マメ科 | 種子 | 不明 | ● | 500/kg | |
| godjo na ngo | *Carapa procera* D.C. | センダン科 | 種子 | 不明 | | 不明 | かつての交易品 |
| pokombolo | *Piper guineense* Schum & Thonn | コショウ科 | 果実 | 調味料 | ● | 500/kg | |
| kofi a bele | *Tricalysia pallens* Hiern | アカネ科 | 果実 | 嗜好品 | | 不明 | かつての交易品 |
| mabe | *Baillonella toxisperma* Baill. | アカテツ科 | 仁から採取された油 | 油 | ● | 1000/l | |
| mobakoso | *Xylopia phloiodora* Mildbr. | アカテツ科 | 果実 | 不明 | ● | 500/kg | 果実が dambo と呼ばれる |
| ligo | *Cola acuminata* (P. Beauv.) Schott & Endl. | アオギリ科 | 仁 | ナルコティクス | | 20/個 | |
| golo | *Cola* sp. | アオギリ科 | 仁 | ナルコティクス | | 不明 | |
| ndombi | *Vitex thyrsifolia* Baker | クマツヅラ科 | 果実 | 調味料 | | 不明 | かつての交易品 |
| njii | *Aframomum letestuanum* Gagnepain | ショウガ科 | 果実 | 調味料 | ● | 500/kg | 果実が *tondo a sua* と呼ばれる |

服部 (2012) より.
[*1] 調査期間中 (2001年7月〜2002年3月, 2003年11月〜2004年7月) に取引が観察されたものを示している.
[*2] 価格は収穫状況に応じて変化する.

木材林産物の開発のための手がかりになるだろう.

　たとえば，バカが油脂調味料として利用している *kana* (*Panda oleosa* Pierre, パンダ科) や間食として利用している果実 *mose* (*Nauclea pobeguinii* (Pobéguin ex Pellegr.) Petit., アカネ科) はたいへん美味であり，先進国に輸入されれば評判になるのではないかと思われる．子どもたちが好んで食べる *Ngbi* (*Dioscoreophyllum cumminsii* (Stapf) Diels) の果実は非常に甘く (図2.8)，砂糖に代わる甘味料として健康食となりえないだろうか．また，バカが集団内で共有し頻繁に利用している薬用植物はすぐれた薬効成分を持つことが期待できるかもしれない．安定した現金収入を非木材林産物の取引から得ることができるようになれば，バカは地域によっては深刻になっている獣肉交易のブームに巻き込ま

## 第 2 章　民俗知と科学知

図 2.8　おやつの ngbi を持つバカの少年　著者撮影．

れることなく，持続的な森林利用を行うことができるのではないだろうか．非木材林産物に関する民俗知は収入源につながる可能性だけでなく，森林保全に寄与する可能性を秘めたものと考えられる．

# おわりに

　これまでに，エスノサイエンスや保全の分野において民俗知がどのように扱われてきたかを概観し，カメルーンの狩猟採集民バカの植物知識の概要と民俗知が置かれている状況について述べてきた．民俗知すべてを同一民族内で共有されているものと考えるのは無理がある．民俗知は，移動史やそれにともなう社会関係，生活様式の変化や医療環境，個人的な経験が反映したものとなっており，創造性や状況依存性をあわせもったものである．

　近年カメルーンの東南部では政治的に周辺化されつつあるバカの森林に対する先住権を示すために，先住民の支援団体の主導により民俗知を用いた地図作成が行われている．また非木材林産物の開発のために，バカの豊富な民俗知が注目を浴びつつある．バカの民俗知はこれまでにないような政治的経済的な意味合いを持つようになっている．森林伐採と森林保全のはざまでこれまで生活の場であった森林をうばわれ，地域において社会的政治的に周縁化されつつあるなかで，先住民の支援団体のサポートを受けながら，バカが自らの生活を守る手段として民俗知をもとに地図作りを行う重要性は否めない．しかし，個人

差をはらみバカを取り巻く環境に応じて変化しうるバカの民俗知を固定的にとらえ一般化することの危険性についてはつねに注意を払う必要がある．

たとえば，地図の上に落とされた一部のバカの民俗知だけが文化的に重要なものとして視覚化されるなかで，多くのバカの民俗知が見落とされることになってしまわないだろうか．地図のなかで固定された民俗知は，民族内ではもちろんのこと，居住集団内で異なる可能性があることは先にも述べた．また，バカの民俗知はこれまで移動史や社会関係，生活様式の変化に応じて変化し，今後も変化していく可能性のあるものである．民俗知の地図化が，今後これまでに述べてきたバカの知のあり方に加え，土地に対する所有意識を伴わなかった森林観，移動生活，地域社会でバカよりも優位に立ち資源や経済的利益を独占しようとする近隣農耕民との関係に与える影響を忘れてはいけない．農耕民もまたバカと同じ森林を利用し独自の民俗知を持った人々である．先住民の権利をめぐる政治において，農耕民の民俗知が黙殺されることの危険性についても述べておきたい．

このような指摘はマッピングだけに向けられるものではない．インフォーマントから情報を得てノートに書き留め，それらを分類し，民俗知として扱う研究者も民俗知を固定化する可能性をはらんでおり，扱いには十分注意をする必要があるだろう．民俗知は多面的なサイコロのように，ふり方によって異なる面があらわれ，すべての面を網羅しないことには全体像を把握することができない．そして全体像を把握するまでに安易な一般化を行うことは避けるべきものなのである．このことは，開発や環境保全，先住民の人権保護，研究において，先住民や伝統社会に暮らす人々と関わり民俗知をあつかうすべての者が留意しなければならないことである．

民俗知の固定化と一般化の危険性とともに，資源開発や生態系の保全に貢献することが期待されている民俗知の文化的重要性について最後に述べておきたい．民俗知は，先住民や伝統社会に暮らす人々のすぐれた認知能力や持続的な環境利用が評価されることによって，現代社会において存在感を増してきた．このような方法によって，政治的に周縁化されてきた人々は自らの権利や土地に対する交渉権を獲得し（獲得しようとし）ているが，民俗知を有益性のみに偏重してとらえるのは反対である．民俗知は，自然と深く関わりながら暮らし

てきた人々の生活を支え，精神世界と深く結びつきながら多様な文化的価値を担ってきた．民俗知は，開発や環境保全において政治的，経済的に重要である以前に，民族にとって生存のためにそして文化的にかけがえのないものなのである．

## 引用文献

秋道智彌（2002）紛争の海――水産資源管理の人類学（秋道智彌・岸上伸啓 編），pp. 9-38，人文書院．

Althabe, G. (1965) Changements sociaux chez les Pygmées Baka de l'Est-Cameroun, *Cahiers d'Etudes Africaines*, **5**, 561-592.

Aunger, R. (1992) The nutritional consequences of rejecting food in the Ituri forest of Zaire, *Human Ecol.*, **20**, 263-291.

Bahuchet (1993) Dans la Forêt d'Afrique Centrale: Les Pygmées Aka et Baka. (Histoire d'une civilization forestière I), SELAF, Paris.

Berkes, F. (1993) Traditional Ecological Knowledge in perspective. In: *Traditional Ecological Knowledge: Concepts and Cases* (ed. Julian, T. Inglis), pp. 1-10, International Program on Traditional Ecological Knowledge, International Development Research Center, Canadian Museum of Nature.

Berlin, B. (1992) *Ethnobiological Classification: Principles of Categorization of Plants and Animals in Traditional Societies*. pp. 354, Princeton University Press.

Christensen, H. (2002) *Ethnobotany of the Iban & the Kelabit*. pp. 384, Nepcon; University of Aarhus; Forest Department Sarawak.

Clark, L. E. & Sunderland T. C. H. (2004) *The Key Non-Timber Forest Products of Central Africa: State of Knowledge*. Technical Paper No. 122, pp. 199, USAID.
http://pdf.usaid.gov/pdf_docs/pnada851.pdf (Page last updated: August 4, 2017)

Conklin, H. C. (1954) The Relation of Hanunóo Culture to the Plant World, pp. 942, Ph.D. dissertation, Yale University.

フレイザー J. G. 著，吉川 信 訳（2003）初版 金枝篇（上），pp. 558，筑摩書房．

Freeman, M. M. R. (1985) Appeal to Tradition: Different Perspectives on Arctic Wildlife Management. In: *Native Power: The Quest for Autonomy and Nationhood of Indigenous Peoples* (eds. Brosted, J. *et al.*), pp. 265-281, Bergen: Universitetsforlaget.

Greenberg, J. H. (1966) *The Languages of Africa*, pp. 180, Indiana University.

服部志帆（2004）自然保護計画と狩猟採集民の生活：カメルーン東部州熱帯林におけるバカ・ピグミーの例から．エコソフィア，**13**，113-127．

服部志帆（2008）狩猟採集民バカの植物名と利用法に関する知識の個人差．アフリカ研究，**71**, 21-40．

服部志帆（2012）森と人の共存への挑戦――カメルーンの熱帯雨林保護と狩猟採集民の生活・文化の両立に関する研究，pp. 259，松香堂書店．

# 引用文献

服部志帆（2014）エスノサイエンス．アフリカ学事典（日本アフリカ学会 編），pp. 540–543, 昭和堂．

服部志帆・小泉 都（2016）熱帯雨林における狩猟採集民の植物知識――アフリカのバカとボルネオのプナンの比較――．アジア・アフリカ地域研究, 16, 1 37.

服部志帆（2017）国立公園の普及と中部アフリカの狩猟採集民．狩猟採集民からみた地球環境史 自然・隣人・文明との共生（池谷和信 編），pp. 240–253, 東京大学出版会．

Hoare, A. L. (2007) *The Use of Non-Timber Forest Products in the Congo Basin: Constraints and Opportunities.* pp. 56, The Rainforest Foundation.
http://www.rainforestfoundationuk.org/media.ashx/theuseofnon-timberincongobasinoldbrand2007.pdf (Page last updated: August 4, 2017)

Ichikawa, M. (1987a) Food restrictions of the Mbuti Pygmies. *African Study Monographs Suppl.*, **6**, 97–121.

Ichikawa, M. (1987b) Preliminary report on the ethnobotany of the Suiei Dorobo in northern Kenya. *African Study Monographs Suppl.*, **7**, 1–52.

市川光雄（1996）文化の変異と社会統合――イトゥリの森の植物利用．続自然社会の人類学（田中二郎・掛谷 誠 ほか編），pp. 410–437, アカデミア出版．

Ichikawa, M. and Terashima H. (1996) Cultural diversity in the use of plants by Mbuti hunter-gatherers in northeastern Zaire: an ethnobotanical approach. In: *Cultural Diversity among Twentieth-Century Foragers: An African Perspective* (ed. Kent, S.), pp. 276–293, Cambridge University Press.

井上敏明（2003）内陸アラスカ先住民社会におけるサケ資源の利用と管理の諸問題．国立民族学博物館調査報告, **46**, 131–160.

Jell, B. (1998) *Utilisation des produits secondaires par les Baka et les Bangando dans la région de Lobéké au Sud-Est Cameroun*, pp. 61, GTZ Cameroon.

木村大治（1998）女性としての植物――ボンガンドの植物名における欠性対立．エコソフィア, **2**, 115–128.

Koizumi, M. and Momose K. (2007) Penan Benalui Wild-Plant Use, Classification, and Nomenclature. *Curr. Anthropol.*, **48**, 454–459.

近藤祉秋（2016）アラスカ・サケ減少問題における知識生産の民族誌――研究者はいかに野生生物管理に関わるべきか――年報人類学研究, **6**, 78–103.

Letouzey, R. (1976) *Contribution de la Botanique au Problème d'une Eventuelle Langue Pygmèe*, pp. 148, SELAF.

レヴィ゠ストロース, C. 著，大橋保夫 訳（1976）野生の思考，pp. 408, みすず書房．

Lewis, J. (2012) Technological Leap-frogging in the Congo Basin Pygmies and Global Positioning Systems in Central Africa: What Has Happened and Where Is It Going? *African Study Monographs Suppl.*, **43**, 15–44.

Makanzi, C., Davenport, T. *et al.* (1998) *Non-Timber Forest products (NTFPs) in Lobeke Forest South East Cameroon.* WWF Cameroon.

Nadasdy, P. (2003) *Hunters and Bureaucrats: Power, Knowledge, and Aboriginal-State Relations in the Southwest Yukon*, pp. 328, UBC Press.

## 第 2 章　民俗知と科学知

Nelson, J. (2007) An Overview of community mapping with FPP in Cameroon. pp. 12, Forest Peoples Programmes. http://www.iapad.org/wp-content/uploads/2015/07/cameroon_community_mapping_july07_eng.pdf (Page last updated: August 4, 2017)

Njounan, T. O., Louis, D. *et al.* (2012) Mapping of Resource Use Area by the Baka Pygmies inside and around Boumba-Bek National Park in Southeast Cameroon with Special Reference to Baka's Customary Rights. *African Study Monographs Suppl.*, 43, 45–59.

大村敬一（2002）「伝統的な生態学的知識」という名の神話を超えて――交差点としての民族誌の提言――．国立民族学博物館調査報告，27, 25–120.

大村敬一（2003）カナダ極北圏におけるヌナブト野生生物管理委員会の挑戦――二つの科学の統合から協力へ．海洋資源の利用と管理に関する人類学的研究．国立民族学博物館調査報告，46, 73–100.

Rival, L. (2009) Towards an Understanding of the Huaorani Ways of Knowing and Naming Plants. In: *Mobility and Migration in Indigenous Amazonia: Contemporary Ethnoecological Perspectives* (ed. N. Alexiades), pp. 47–68, Berghahn Books.

笹岡正俊（2012）資源保全の環境人類学――インドネシア山村の野生動物利用・管理の民族誌，pp. 370, コモンズ

Schmidt, J. (1998) *Influence des Acteurs Externes sur Les Baka dans la Region Lobeke*. GTZ Cameroon.

Schmidt-Soltau, K. (2003) Conservation-related Resettlement in Central Africa: Environmental and Social Risks, *Dev. Change*, 34, 525–551.

重田眞義（1998）アフリカ農業研究の視点――アフリカ在来農業科学の解釈を目指して．アフリカ農業の諸問題（高村泰樹 編），pp. 261–285, 京都大学学術出版会．

Tanno, T. (1981) Plant Utilization of the Mbuti Pygmies: With Special Reference to their Material Culture and Use of Wild Vegetable Food, *African Study Monographs*, 1, 1–53.

タイラー，E. B. 著，比屋根安定 訳（1962）原始文化：神話・哲学・宗教・言語・芸能・風習に関する研究，pp. 1–268, 誠信書房．

寺嶋秀明（1996）にぎやかな食卓――イトゥリの森の民にみる動物と食物規制．続自然社会の人類学，pp. 373–408, アカディミア出版会．

寺嶋秀明（2002a）フィールドの科学としてのエスノ・サイエンス――序にかえて．エスノ・サイエンス（寺嶋秀明・篠原 徹 編），pp. 3–12, 京都大学学術出版会．

寺嶋秀明（2002b）イトゥリの森の薬用植物利用．エスノ・サイエンス（寺嶋秀明・篠原 徹 編），pp. 13–70, 京都大学学術出版会．

Turnbull, M. Colin (1961) *The Forest People*. pp. 295, Simon and Schuster.

Voeks, R. & Sercombe, P. (2000) The Scope of hunter-gatherer ethnomedicine. *Soc. Sci. Med.*, 51, 679–690.

Yamada, T. (1999) A Report on the Ethnobotany of the Nyindu in the Eastern Part of the Former Zaire. *African Study Monographs*, 20, 1–72.

# 第3章 森林環境問題と住民の森林観
## なぜプナンは森林を守るのか

小泉 都

## はじめに

　環境問題は客観的には捉えきれない．ある環境の変化を好ましくないとする判断は本質的に主観によるものだからだ．さらに，変化が実在するのか，その変化を引き起こしたのが人間活動なのかどうかは科学的に答えられそうなものだが，現実には立場によって意見が変わる．かくして，環境問題をめぐって当事者やその周りの人たちの間で激しい論争が起こりがちになる．ここで，好ましくない変化を引き起こしている人間活動があると仮定して話を進めよう．その活動には理由がある．その活動にかかわる人たちにこれを変えてもらうには，意識改革や社会的な圧力などといったものが必要になる．違法行為でもないかぎり，少数の政治的弱者が事態を憂いているだけではなにも変わらない．直接的・間接的に森林と関わる，また森林に関心を寄せる人々の間で問題が認識され，解決に向けた運動が起きなければなければならない．

　本章で取り上げるのは，熱帯林で生活する当事者の人々がどのように森林を利用し，森林を認識し，森林の開発や保全の現場で直面する問題にどう対処しているかである．ここで注意したいのは，地域住民が有する民俗知は一様ではないし，森林保全に対する意見も一枚岩ではないという点である．集団内では，指導的立場にある人物の意向や話し合いにより，集団としての意見が形成されることもある．しかし，つぎには集団間の意見の調整という問題がでてくる．同じ地域に暮らしていても集団によって森林との関わり方が異なり，開発や保

全に対する考え方が大きく異なることもある．そのため，環境問題をともに認識しているとしても，それへの対処の仕方においていかに協調関係を築けるかは別の問題である．

　なぜ，日本に暮らす私たちがそのような問題を知る必要があるのか．森林のそばで暮らす人々がその森林に対する権利を持たないという状況はめずらしくない．しかも，一般に森林に依存して暮らす人々は都市生活者に比べて人口が著しく少ない．しかし，森林地域の住民を支援する人が多ければ，住民たちの声に行政や企業が耳を傾けるかもしれない．ある環境の変化が問題として広く社会的に認知されるということは，それがその地域に直接かかわっている人たちを超えた問題になるということである．人々の民俗知，生活，問題意識が外部の人たちにいかに伝わり，理解されうるのかは，森林の保全と森林での生活の保障に決定的な影響を与えるだろう．

　以上から，本章では，森林問題とくに熱帯林問題を概観したうえで，ボルネオを舞台に住民という当事者が彼らを取り巻く自然環境や社会のなかではぐくんできた民俗知，そして森林環境の認識について論じる．そして本章の後半では，この認識が具体的にどのような社会環境のなかで森林保全につながっているのか（あるいはいないのか）を考える．また世界の注目を集めてきたボルネオのプナンの木材伐採反対運動を事例として取り上げ，運動の背景や運動が成功した要因のひとつとして異なる生活様式をもつ民族との良好な関係を論じたい．

## 3.1　森林環境問題と民俗知

### 3.1.1　森林とくに熱帯林問題

　森林から得られる木材やそのほかの林産物は，物質文化の素材として住民の生活を支え，また交易品として住民，企業，政府などの収入源になると同時に遠く離れたところに暮らす人々の物質文化も支えてきた（シリーズ第4巻）．森林生態系は水を涵養したり，土壌を醸成したり，二酸化炭素を固定したりといった機能によって，地域やひろく地球上の人々の暮らしの基盤をつくってい

## 3.1 森林環境問題と民俗知

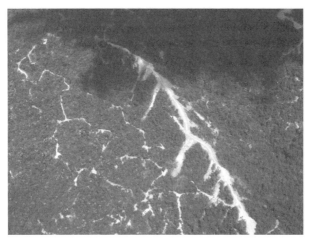

図3.1 伐採道路が張り巡らされた森林地帯
マレーシア・サラワク州北部にて，2008年．著者撮影（以下同）．

る（シリーズ第5〜7巻）．さらに，森林やそこに暮らす生き物たちは，芸術的なインスピレーションや，精神的なやすらぎも人間に与えてくれる．こういったものを森林の生態系サービスとよぶ．

　人間は多くの恵みを森林から得ていると同時に，林産物や土地の利用を通じて森林に大きな影響を与えている．利用の仕方や利用の強度によっては森林の状態が大きく変化して，森林の恵みを受けられなくなってしまう．森林の劣化や消失は古代から問題を引き起こしてきたが，比較的開発が遅れた熱帯地域では植民地時代の19世紀後半に森林減少が懸念されるようになって森林管理制度が成立していった（市川ほか，2010；シリーズ第2巻）．木材資源の枯渇に加え，乾燥地化や土壌侵食などもこのころすでに問題として認識されていた．

　しかし，第二次大戦後に独立した熱帯の途上国は，まったく持続的とはいえないレベルで木材を輸出して森林を荒廃させていった（Vincent, 1992；図3.1）．陸上生態系のなかで熱帯林は湿地とならんで人間の生存を支えるうえで大きな役割を果たしているが（Costanza *et al.*, 1997），1950年代以降に森林が激しく減少している地域は北方林とならんで熱帯林に集中している（Millennium Ecosystem Assessment, 2005, p. 3）．熱帯林の消失は国際的な問題となり，1985年に国連食糧農業機関（FAO）で熱帯林行動計画が採択され，1986年に

国連貿易開発会議（UNCTAD）の決定に基づいて国際熱帯木材機関（ITTO）が設立されたが，持続可能な森林経営は達成されず，またそこには商業伐採によって生活基盤を脅かされている住民への配慮がほとんどなかった（金沢, 2012, pp. 132–136）．

このような状況を経て，1992年に生物多様性条約と気候変動枠組条約が採択された．前者は生物の生育地・生息地を守る，後者は二酸化炭素ストックを維持するという意味で熱帯林の保全につながる．国際社会レベルでの森林保全の目的は生物多様性や遺伝資源の保全，温暖化防止のための二酸化炭素排出削減に集約されたといえる．そして，1980年代とは異なり，地域社会を尊重することが少なくとも建前上は必須となった．生物多様性条約では条文に，気候変動条約でもパリ協定にこれが明記されている．

## 3.1.2　熱帯林問題の原因と背景

熱帯林問題では木材伐採と農地への転換がその劣化や消失の原因としてしばしば挙げられる．実際にも熱帯林劣化の最大の原因は木材伐採で，薪炭利用がこれに続き，山火事や放牧も影響しているという（Hosomura *et al.*, 2012）．熱帯林消失の最大の原因は商業的な農地への転換だが，生業的な農地への転換も大きく，これらにインフラ整備，都市化，鉱業開発が加わる．では，誰がどうしてこれらの活動にかかわっているのだろうか．本章で取り上げるボルネオを念頭に，木材伐採と商業的な農地への転換に注目してみよう．

熱帯の多くの国では森林の大部分が国有や州有などとなっており，政府が民間企業に伐採権（logging concession）を与えることで大規模な商業伐採が進む．政府は企業からロイヤルティなどを徴収して政府収入とできるのはもちろん，ときに政治家が伐採にからむ利権構造を発達させて富を得る（森下, 2013）．森林保全を重視する行政機関や政治家がめずらしいというわけではないが，全体としては短期的な財政収入や個人的利益のために保全より伐採という方向になる．伐採企業は当然利益を生むために木材伐採を行っている．法的に認められている範囲あるいは行政から黙認される範囲で，伐採権が与えられた期間の利益を最大化しようとするだろう．伐採権の期間を超えた安定的な木材供給は，企業の経済的な論理には内在しない．

## 3.1 森林環境問題と民俗知

図 3.2 劣化の進んだ森林地帯に造成されるアブラヤシ・プランテーション
マレーシア・サラワク州北部にて，2008年.

　ボルネオでみられる商業的な農地開発のひとつのパターンは，持続的とはいえない方法で択伐が繰り返されて劣化が進んだ（細い木ばかりになった）森林を皆伐して，その後にアブラヤシ・プランテーションなどを造成するというものである（図 3.2）．大径木を擁する森林が減少するなか，プランテーション経営は企業にとって利益を生み出す新たな仕組みとなる．政府にとっても荒廃した森林が金銭的価値を生み出す場に変わり，歳入を増やせることは好ましい．この開発の舞台は商業伐採によって道路が通り，森林開発が続いてきた場所である．ここでは，インフラの整備が進み，住民の経済力が向上しており，土地の活用を進めるために定着農業を推進する補助事業があるなどの要因から，住民が個人で農園開発を行うことも可能になっている[1]（市川，2013）．農作物は収穫のサイクルが木材に比べ短く，経営上必要な面積が商業伐採に比べれば小さいという点も個人の参入に有利だろう．住民が農園を開く理由は収入源としての期待だけでなく，企業によって自分たちのコントロールが十分に及ばない開発をされてしまう前に，土地をおさえるという側面もある[2]．

---

[1] ボルネオの主要な農業形態は，伝統的には移動式の焼畑稲作であった．1 年から数年の耕作後，雑草の抑制と地力の回復を目的として休閑させ森林が再生してくるのを待つ．比較的広い面積を必要とする農法といえる．一方，樹木作物，除草剤，肥料を利用すれば，休閑を必要としない土地集約的な農業が可能となる．

## 3.1.3 熱帯林問題への対策と関係者の重層性

　熱帯林の劣化や減少をどのような理由で問題にするのかは立場によって異なってくる．国際社会もしくは先進国間では，地球温暖化にかかわる二酸化炭素固定の場の減少，生物多様性の減少とこれに伴う生態系サービスの減少，将来的に人類を利する可能性のある遺伝資源の喪失などが問題になっている．環境保護団体にとっては，生物の生育地・生息地が失われること自体が大きな問題である．より地域的なレベルでは，食料や薬，道具や建築の素材としてきた動植物が減少したり，川の水が汚れたり，土砂災害が起こりやすくなったりということが住民らによって認識されている．

　さて，問題が認識されたところでその対策はどうなるだろうか．熱帯林を有する国にとっては，森林を劣化させたり減少させたりしている経済活動は政府（としばしば政治家）に利益をもたらしている．これに対してなにが温暖化によって引き起こされた被害なのかはそれほど明確ではないし，遺伝資源は潜在的に利益をもたらす可能性があるとしても不確実性を伴うものである．不確かなもののために，森林地域における開発にブレーキをかけて経済を失速させたくはないだろう．当事国だけで森林保全の対策をとるのは経済的な観点から難しいということもあり，生物多様性条約や気候変動枠組条約のなかで先進国が熱帯林の保全をサポートする仕組みが模索されている．

　企業の目指すところは明確で，利益を上げることである．ある森林で長期的に伐採を続けられるのなら，長期的な利益つまり持続可能な利用も視野に入るかもしれない．しかし，伐採権が10年間といった短期的なものならば，長期的な計画は立てにくい．森林が劣化しても，別の地域で伐採を行ったり，最後に皆伐してプランテーション開発を行ったりという選択肢がある．ただし，環境保全が義務付けられていれば，もしくは企業イメージひいては売り上げに環境への配慮が大きく影響すれば，保全にも目を向けざるをえない．つまり，行政や消費者次第だといえる．

---

2) 慣習法では原生林を伐採した者が土地の利用権を得ることができ，権利は世襲される．住民はこれを念頭に行動していると考えられる．しかし，サラワク州の法律では1958年までに慣習法に従って利用されていた土地にのみ慣習権が認められうると定めている．このため，実際には慣習法のやり方で土地への法律上の権利を得ることはできない．3.3.4も参照．

環境系団体の目的はもちろん保全である．企業とは逆に企業や個人の経済活動における利益は本来の目的ではない．しかし，環境の保全だけを訴えてもなかなかうまくいかない現実がある．保全を円滑に進めるために，企業や住民と協力していこう，保全に反しない範囲での経済活動を考慮にいれていこうという流れになっている．

これに対して住民にとっての利害は複雑である．商業伐採や農園開発は住民が利用してきた多くの森林資源を減少させる．一方で，開発は雇用の機会を創出する．道路などのインフラもある程度は整備される．企業から補償金がでたり，政府プロジェクトが実施されたりすることもある．住民にとっての森林と環境問題については次節以降に詳しく論じる．

### 3.1.4　住民と民俗知の位置づけ

住民は環境問題が起きている場所と経済的，精神的に直接結びついているにもかかわらず，法的な権利をもたず政治的にももっとも弱い立場におかれていることが多い．地域によって1970年代ないし2000年代までは開発においても保全においても，住民は蚊帳の外に置かれるのが普通だった．最近はそのような住民の権利を環境保全において尊重し，その民俗知を保全に活用しようという流れになっている（小泉・服部，2010；小泉，2016）．ここで，環境問題において住民や民俗知が注目されるようになった経緯についてまとめておこう．

ひとつには先住民運動からの流れがある．第二次世界大戦後にアメリカの退役先住民たちが権利保障を求める運動を起こしたことが先鞭をつけ，先住民運動がカナダやニュージーランド，オーストラリア，台湾など世界各地へと広がっていった（スチュアート，2009）．環境保全と民俗知との結びつきがもっとも顕著なのは本巻の第2章や第5章でも取り上げられるカナダのイヌイットの運動だろう．1970年代後半から先住民運動の成果のひとつとして開発や保全において先住民が政府と対等な立場で参加する制度が整備され，1990年代にはイヌイットの知識を政策に取り入れる機運が高まった（大村，2009）．イヌイットが極北の環境について精緻な知識をもつことを示した1970年代以来の人類学の調査（大村，2009）は，このような動きとリンクしている．

先住民運動とは独立に，自然に関する民俗知の基礎研究の流れも20世紀の

初期にはじまった．なかでも自然を利用して暮らす人々が自然に対する豊かな知識を有することを示した金字塔的な研究は，フィリピンのハヌノオの植物知識を明らかにした Conklin（1955）によるものである．また，1970 年代から 1980 年代にかけて，世界の民族が生物をどう分節して名づけているのかという認識人類学における民俗生物分類の研究が盛んになった．ひとつの集大成として，Berlin（1992）は文化的な位置づけにかかわらず生物が認識され名づけられていると結論している．つまり，人間は生来的に生物を見分け類似性を認識するということである．人間集団というより有用植物に焦点をあてた調査や研究には長い歴史があるが，とくに 1980 年代後半から，伝統社会の人々が利用したり栽培したりしてきた植物が世界の人々に大きな恩恵をもたらしうるとして民俗知が一般にもてはやされるようになった（コットン，2004, pp. 3–15）．

異なる背景や学問領域における民俗知の研究はそれぞれ完全に独立しているわけではなく，伝統的な生態学的知識（traditional ecological knowledge）や民族植物学（ethnobotany），民族生物学（ethnobiology）などの名称の下，互いに影響し合いながら発展してきたといってよいだろう．こうして，先住民運動の成果として先住民や地域社会が環境保全の当事者であるという認識が広がり，先住民運動や民俗知研究の成果として民俗知の活用は環境保全に有効な手段であるという認識が広がった．少なくとも意識の高い外部者はこのような認識を持っている．

ボルネオでも，ふたつの側面から民俗知が注目されてきた．ひとつは，薬用植物を代表とする一般に知られていないローカルな有用植物を，民俗知を通じて知ろうとするものである．ボルネオを自国の領域に含むインドネシアやマレーシアの研究者が活発に民俗知を記録している．1990 年代から 2000 年代にかけて欧米の研究者による研究もさかんに行われた．たとえば Christensen（2002）による *Ethnobotany of the Iban and Kelabit* がその成果として挙げられる．もうひとつは，民俗知を調べることにより，ある地域の人々の生活にとって重要な動植物や土地利用のあり方を知り，地域に即した環境保全計画をつくろうというものである．その代表例がカヤン・ムンタラン国立公園である（小泉，2016；図 3.3）．ここでは国立公園内の領域ごとに資源利用への制限の濃淡を決めるゾーニングにおいても住民との話し合いを尊重し，住民の利益と

図3.3 住民参加型の国立公園管理計画が策定されたインドネシア・北カリマンタン州カヤン・ムンタラン国立公園
農耕民の女性が通いなれた森林を案内してくれた．クタマン村にて，2009年．

森林の保全の両立を図っている（Briefing Paper No. 5: Kayan Mentarang National Park Participatory Zoning Plan, 2010 ［WWF Indonesia］, http://assets.wwfid.panda.org/downloads/brief_paper5_perencanaan_zonasi_tnkm_eng.pdf）．極北における自然の理解の枠組みから保全の方法論にいたるまで地域の人々の世界観を中心に据えるようなラディカルな取り組みではないが，住民が合法的に国立公園を利用して生活できている．

では，実際の住民は具体的に森林や問題をどう認識して，どう対応しているのだろうか．次節以降ではボルネオを対象にこれを掘り下げたい．

## 3.2　ボルネオ熱帯雨林と住民

### 3.2.1　ボルネオの概略：森林・人・開発・保全

改めてボルネオの概略を説明しておこう．カリマンタンともよばれるボルネオは，赤道をはさんで広がる約74万 km$^2$ の面積をほこる世界で3番目に大きな島である．気候は基本的に年中温暖で降水量も多く，熱帯雨林が広がってい

## 第 3 章　森林環境問題と住民の森林観

る．ボルネオの熱帯雨林は，マングローブ林，泥炭湿地林，淡水湿地林，ケランガス（ヒース）林，混交フタバガキ林，山地林などいくつかのタイプに分けられる（百瀬，2003 参照）．もっとも主要なタイプは混交フタバガキ林である．これはフタバガキ科の樹木が優占する森林であるが，フタバガキ科の特徴として種数が多いことや大木に生長する種が多いことなどが挙げられる．その多くは合板の材料に適しており，商業伐採のおもな対象となってきた．

ボルネオはインドネシア，マレーシア，ブルネイの領土に分けられており，行政区としてはインドネシアの 5 つの州，マレーシアの 2 つの州を含んでいる．全体の人口は約 2 千万人で，ボルネオの先住民に加えて周辺地域からの移住者，中華系，アラブ系などの人々も暮らしている．ボルネオの先住民は稲作を中心とした生業をもつ人々，狩猟採集に頼ってきた人々，おもに漁撈によって生計をたててきた人々などに分類できるが，そのそれぞれに多くの民族がみられる．また現在は，伝統的な生業活動を行わない都市生活者も多い．本章では熱帯雨林ととくに関係が深い稲作農耕民と狩猟採集民を詳しく取り上げる．

一般的な稲作農耕民の生業の中心は焼畑での陸稲栽培である．河川の下流域や高原地域では水稲栽培がこれに加わる．コショウやゴムなどの商品作物の栽培もよくみられる．河川での漁撈を活発に行い，森林での狩猟や林産物採集を行う．とはいえ，森林での活動により長けた狩猟採集民と林産物の交易関係を結んできた集団が少なくない．

狩猟採集民は 20 世紀なかばまで森林内を遊動しながら狩猟採集に頼って暮らしてきたが，現在ではほとんどの人が定住ないしは半定住して稲作などの農業も生業に取り入れている．かつて森林で生活していた時代に主食としていたのは，幹から澱粉を採集できる木性ヤシ（*Eugeissona utilis* Becc., *Arenga undulatifolia* Becc. ほか数種）である．また，過去も現在も果物の季節には，果物を重要な食糧としている．狩猟には犬と槍，吹矢や銃を使う．定住後は米，キャッサバ，バナナなどの栽培植物をよく食べるようになったが，獣肉の重要性は衰えていない．

3.1.2 でも触れたとおり，ボルネオでは木材伐採やプランテーション開発が問題になっている．衛星画像からの推定によると，ボルネオの天然林は 1973 年にはボルネオの面積の 75.7% を占めていたが，2010 年までに同 36% が伐

採をうけた．その一部が非森林化したことなどにより，2010 年の天然林は同 52.8% にまで減少してしまった（Gaveau *et al.*, 2014）．木材伐採の進行は，マレーシアのサラワク州でとくに深刻である．ボルネオで 2010 年までに作られた伐採道路の密度は，ブルネイを 1 とすると，インドネシア領域で 2.1，マレーシアのサバ州で 3.6，マレーシアのサラワク州で 4.9 となっている（Gaveau *et al.*, 2014, table 5 より算出）．未伐採林は，サラワク州の面積のうちのわずか 14.6%（2010 年時点，Gaveau *et al.*, 2014, table 4 より算出）から 20%（2009 年時点，Bryan *et al.*, 2013）と推定されている．

　熱帯林の劣化や減少が現在のように問題となる以前から，ボルネオのなかでも特徴的な生態系を有する地域やとくに多くの動植物が見られる地域は国立公園や保護区に指定されてきた．いくつか例を挙げると，1964 年に設立されたキナバル国立公園はボルネオでもっとも高い山を含み，1974 年に設立されたグヌン・ムル国立公園は石灰岩地域独特の生物相を有し，1975 年に設立されたランビル・ヒルズ国立公園は樹木の種多様性がとくに高く，1937 年に森林自然保護区，1990 年に国立公園に昇格したグヌン・パルン国立公園はオランウータンの生息地となっている．熱帯林問題が深刻化してから国立公園として登録された地域もある．たとえばブロン・タウ国立公園は 2005 年に設立された．こうして一部でも豊かな自然が残されたことには大きな意義があるが，国立公園の一歩外では商業伐採が堂々と続けられてきたことは皮肉でしかない．

　より大きな面積を占める保護区外の自然を保全しようと，低インパクト伐採などによる持続的森林管理を模索する動きもみられる（Imai *et al.*, 2009）．また，持続的森林管理により生産された木材を認証する制度として，国際的な SFC 認証，マレーシア国内向けの MTCC 認証などが整備されている（内藤，2010）．しかし，3.1.3 で説明したように短期的な利益を減らしてまで認証を得る動機が不十分で，ボルネオにおいて認証を受けている伐採区はごく一部にとどまっている．

## 3.2.2　狩猟採集民と森林

　ボルネオの農耕民と狩猟採集民の話に移ろう．熱帯林問題への認識や対応を説明する前に，かれらの生活や森林観を具体的に記述しておく．まず，数十年

## 第3章　森林環境問題と住民の森林観

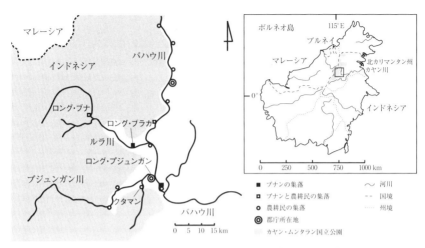

図3.4　インドネシア・北カリマンタン州の調査村と周辺地域

前まで生活のほぼすべてを森林に依存していた狩猟採集民を取り上げる．

　前述のとおり，ボルネオの狩猟採集民は森林を遊動しながら，ヤシの澱粉を主食として暮らしていた．1950年代から1970年代にかけて政府やキリスト教宣教師などの意向を受けて，その多くが定住して農業を取り入れていった．さらに1980年代以降には，狩猟採集生活を続けていた一部の人々も商業伐採の影響でそれまでの生活が成り立たなくなり定住していった．定住しても森林は重要な生活の一部であり，食用の動植物，道具や建材とする植物，薬用植物，販売用の沈香などの林産物を得ている．このような林産物，また林産物販売から得た収入が，生活を支えている．

　狩猟採集民のなかでも，筆者はプナン（Penan）という人たちの生活や民俗知を調査してきた．北カリマンタン州にあるロング・ブラカ村は，地域の中心となるロング・プジュンガン村からボートで約1時間半の場所に位置する（図3.4）．人口約160人のプナンの村である．この村で食事調査を行ったところ，ほぼすべての動物性の食材が村人によって捕らえられた動物や魚だった（Koizumi et al., 2012）．一方，野生の食用植物は，農作物も利用するので選択肢のひとつという位置づけである．野生植物が植物性の副食食材に占める割合は約3割，主食ではわずか4%だった．しかし，農業を行っているとはいえ主

3.2 ボルネオ熱帯雨林と住民

図3.5 肉の分配を待つ子ら
イノシシが捕れると全世帯に肉が分配される．インドネシア・北カリマンタン州ロング・ブラカ村にて，2007年．

食の自給率は推定7割で，残りの3割を購入米に頼っている．そこで必要になるのは現金収入であるが，収入の約半分を林産物販売から得ていた．ほかには農耕民の畑での農作業などの日雇労働，土木工事などの補助金事業や給付金，伐採補償金（ひとつ上の行政区に対する補償金の割当で，ロング・ブラカ村は伐採区域に入っていない）などが収入源となっていた．以上，全体としては生活の半分強を狩猟採集が支えているということになろうか．

　この物質的な依存以上に，かれらと森林の結びつきを感じさせるのが行動規範である．つながりは後述するが，これをもっとも端的に表すのが分配だ．平均すると各世帯で食べられていた動物性食材の半分は他世帯から分配されたものであった（図3.5）．米の収穫には世帯間で大きな差があるのだが，分配が起こるため収穫のよかった世帯がほかよりも長く自給米を食べ続けられるということはない．無断で他人の畑から野菜を採ったり，他人の木になっている果物を採ったりするということも日常的に行われる．購入した食料も人に分けてあっという間になくなるし，テレビもボートも貸し借りされて，はた目には誰の持ち物なのかわからない状態になる（そして，すぐに壊れる）．食料でも物品でも持ち主たちに所有欲がないわけではない．ある日，突然ひとりの男性が

村の家々に向かって強い口調で演説を始めたことがあった．畑に行ってみるとサトウキビが食べ尽されていた，これはどういうことだという怒りの表明である．ほどなくして，泊りがけで狩猟にいった数人が食べてしまったことがわかった．男性は落ち着いて，彼らはとてもお腹が空いていたのだろうと言い，それで終わりだった．かれらがよく言うのは，「分けて，分けて，なくなるまで分ける」ということである．それがプナンだというのだ．

徹底して分けるというのは，なにも取っておけないということである．冷蔵庫のない村で生鮮食品を保存するのはそもそも無理だとしても，主食の蓄えもお金もまったくない状態がめずらしくない．まさにその日暮らしだ．この村の小学校で数年間教えていたジャワ島出身の男性は，「私たちは子どもの将来のために働く，彼らはその日のために働く」とこの状態を表現した．森林のことを教えてくれていた男性と話しているときに驚いたことがあった．彼は誇らしげに語った．日々をぼんやり過ごしてしまう人もいるが，自分は違う，朝起きたら今日はこれとこれをすると決めてそれをやる，と．筆者にとって目標というのは，達成されるかどうかは別として，数か月，数年単位で定めるものだった．短期的な予定にしても，その日にすべきことは前日以前にほぼ決まっている．おそらく，日本人の多くがそういう生活をしているのではないだろうか．これとは対照的に，彼らの暮らしはその日その日で成り立っている．

プナンのその日暮らしは楽ではないが，絶望的でもない．都会に行ったことのある男性が，乞食をみて驚いたと筆者に話してくれたことがあった．プナンの集落で暮らしているかぎり，貧しくても人間らしい生活ができなくなるほど追いつめられることはない．分配があるからだ．分配でありあまる食料やものを得られるわけではないから，多少の窮屈さはある．しかし，飢え死にする心配はない．分配により備えがなくなっても，分配によりなにか得られるのだ．

なにも取っておかなくても生活できる必要条件は，必要になれば速やかにそれを手に入れられるということだろう．この条件がボルネオの森林では満たされていたといえる．澱粉を産出するヤシをはじめとして，豊富な動植物資源を有している（小泉，2017；図3.6）．もちろん森林をよく知り，森林を使う技術があってこその資源である（鮫島・小泉，2008）．同時に，資源は広い森林に分散して存在しているから，効率よくこれを得るためにはキャンプ地の移動

3.2 ボルネオ熱帯雨林と住民

図 3.6 澱粉を含むヤシの幹
幹を打ち砕いてから澱粉を採取する．インドネシア・
北カリマンタン州ロング・ブラカ村にて，2004年．

を繰り返さなければならず，所有物を少なくして身軽になる必要がある．狩猟採集民の暮らしは，森林と仲間への深い信頼に根ざしたその日暮らしといえる．

といっても，ロング・ブラカ村の人たちは定住しており，米などの農作物や貨幣経済にもなじんでいる．その日暮らしの生き方では，村全体が米や現金の不足に陥ることもある．それを林産物による大きなリターンを期待している林産物の仲買人からのつけ買いなどが補っている．しかし，さらに奥地の村へ行くと森林への信頼がよりはっきりみえる．ロング・ブラカ村からボートで川を遡ること数時間，ロング・ブナという村がある（図3.4）．プナンと農耕民が隣りあって暮らしているが，プナンのほうは数か月分の米しかとれていないという．米がなくなったらこんな僻地でどうしているのだろうと心配になった筆者はそのことをきいた．質問された男性は事も無げに，森林のサゴ（ヤシの澱粉）を食べればいいと答えてくれた．森林のサゴに頼るのは稲作に比べて劣った生き方として，農耕民のみならずプナンの間でさえ今では恥ずかしく思われがちである．しかし，これを受け入れれば，人口密度がとくに低い僻地では食べ物に困ることはないのだ．

ボルネオのプナン以外の狩猟採集民，マレー半島やアフリカ熱帯雨林地域の狩猟採集民についての文献を読むと，筆者が調査してきたプナンと同じだと感じることが多い（例えば，Kaskija, 2007；Endicott, 1988；Bahuchet, 1990）．そこでは徹底した分配が行われ，財産を築くことが不可能になっている．おそらく，プナンのような生き方は熱帯の狩猟採集民の間ではそれほどめずらしいものではない（Woodburn, 1982 も参照）．狩猟採集民にとって自然は日常生活の舞台であり，恵みを与えてくれる存在である．自然のあり方をそのまま受け入れてその恵みを享受してきたからこそ，狩猟採集民たちの生き方は似通っているのだろう．

### 3.2.3 農耕民と森林

一方，ボルネオに限っても農耕民の社会のあり方や森林とのつき合い方は多様性に富む．同じ集落内でも人によって森林との距離感は異なる．だから，つぎに示す民話を一般化するわけにはいかないが，農耕民にとっての農業と森林の関係を象徴しているものとして紹介したい．これはイバン（Iban）という焼畑稲作民の民話で，ここに登場するクムンティンというのは路傍で年中ピンクの花と黒紫の果実をならせているノボタン科の低木 *Melastoma malabathricum* L. である．

「昔はコンカポンという鳥が森の植物に命じて多くの果実を頻繁にならせていた．ところが，ある日，クムンティンが，これからは私が王だと主張した．つねに花と実をならせるのは，クムンティンとそれに仕える路傍の植物だけだ，森の植物はあまり実をならせてはいけない，と命じ，以後森では数年に一度しか実がならなくなった．また，イネもクムンティンに気に入られている植物なので，クムンティンが王になってからはできがよくなった．」（百瀬, 2003, p. 147）

焼畑稲作民は森林を切り開いて稲を植える．森林の一部を，人間の食料生産に特化した場所に転換するのだ．しかし，森林が不要というわけではない．森林は焼畑のサイクルの重要な一部である．原生林をひらくか，焼畑跡に再生した森林が成熟するのを待ってこれをひらくことで，雑草の繁茂が抑えられ，土壌にミネラルも供給できる（横山, 2017；図 3.7）．

3.2 ボルネオ熱帯雨林と住民

図 3.7 焼畑地と森林
焼畑は森林の再生力を利用した農法である．インドネシア・北カリマンタン州クタマン村にて，2009 年．

　また，農作業に支障をきたさない範囲であるが，農耕民といえども森林をよく利用する．ただ，森林をどの程度利用するのかは個人により，どんな利用を得意とするのかも人によって異なる．狩猟が好きな人もいれば，薬用植物に詳しい人もいる．村レベルにおいて集合としての知識が豊富なことは，Christensen（2002）による稲作民のイバンとクラビット（Kelabit）の有用植物に関する民俗知の研究によく表れている．

　ときに販売用の林産物採集のために遠出することもあるが，農耕民は狩猟採集民ほど頻繁に広く森林を歩き回ることはないようだ．村から離れた森林で狩猟をしようというときには狩猟採集民に案内を頼んだりする．また農作業や賃金労働でほぼ生活が成り立つ農耕民にとって，森林は楽しみや刺激をもたらす場という側面がつよい（百瀬，2003, p. 138–140；佐久間，2014）．北カリマンタン州のクタマンという村で，農耕民ウマ・アリム（Uma Alim）の女性たちが農閑期に森林を流れる小川での魚毒漁に繰り出すのに同行したことがある（図 3.4；3.8）．魚毒となる植物を川の岩にのせて叩き，そこからでてくる魚毒で動きが弱った魚を下流へ向かって探していく．たくさん捕れたら売りにいく算段もあったが，売るほどたくさんは捕れず，かといって誰も困っているよ

図 3.8　魚毒漁の準備をするウマ・アリムの女性たち
インドネシア・北カリマンタン州クタマン村にて，2009 年．

うには見えなかった．一方，森林は体に合わないと感じたり，怖いと感じたりする人もいるようだ．あるクラビットの女性は田畑の暑さは問題ないが，森林は冷えると言っていた．百瀬（2003, pp. 144–146）によると，イバンにとって原生林はお化けが住む世界である．

以上は現在の話だが，過去の状況は異なっていたようだ．農耕民といえども20世紀半ばまでは主食の米が十分に収穫できず，イモ類に加え，野生や半栽培のヤシを利用することがめずらしくなかった（Barton, 2012）．稲作をせずに一時的に狩猟採集をして森林で暮らすこともあったという（佐久間，2015, p. 47）．焼畑は比較的少ない労働投入で成り立つ農法だといわれるが（横山，2017），ヤシ澱粉の採集に比べればやはり多くの労働を要するうえに不安定な食糧生産方法である（Barton, 2012；小泉，2017）．それでも農耕民は稲作を選択し，米と稲作を中心とした社会や儀礼を築いてきた（Freeman, 1955；Christensen, 2002, pp. 128–138；Janowski, 2003, pp. 45–48）．これは，林産物の軽視や森林に頼りきるのは劣った生き方という感覚につながる（Strickland, 1986；Colfer, 1991；Janowski, 2003, p. 51）．しかし，実際には農耕民も過去には米の不足を森林のヤシで補い，今でも多くの林産物を利用し，皆とまでは

いかないが森林での活動を楽しんでいる．農耕民の森林や林産物に対する位置づけとこれらの利用の間にはギャップがあるようだ．

### 3.2.4 開発・保全と狩猟採集民・農耕民

　ここまでの内容をまとめよう．ボルネオの狩猟採集民は数十年前まで全面的に森林に依存した生活を送り，これを前提とした行動規範を発達させてきた．その社会のあり方は農業を取り入れた現在でも健在で，森林に対する信頼感も失われていない．農耕民が行ってきた焼畑稲作は森林をそのサイクルに含むうえ，数十年前まで米の収穫が十分でないときは森林から食糧を得ていた．しかし，あくまで稲作を中心として社会を構築しており，森林の重要性は十分に認識してこなかったのではないかと考えられる．

　実際には以上の類型に当てはまらない集団や個人も存在する．とくに現在は，寮生活をしながら学校教育を受けることにより，都市生活者とまったく変わらない感覚や考え方をもつ子どもや若者も増えてきている．だから，住民が熱帯林問題をどう捉えているのかは，もはや狩猟採集民，農耕民というふたつの括りで論じることは適切とはいえない．それでも，それぞれの社会のあり方から生まれるある種のパターンは認められる．これに留意して話を進めよう．

　ここまで狩猟採集民や農耕民にとっての森林の重要性を指摘してきたが，森林がなくなったり著しく劣化したりした地域の村が消滅するようなことは起こっていない．新しい生活の手段が生まれるからだ．企業による木材伐採が入るのと引き換えに伐採キャンプでの雇用が生まれる．さらに，伐採道路の建設によって都市へのアクセスが確実によくなるうえに，都市も発展してきている．都市で仕事をしつつ休暇に村に帰ったり，村の周りでアブラヤシ園をひらいたり，農村と都市の間を行き来する生き方が可能になる（市川，2013）．しかしながら，開発による恩恵をどの程度受けられるかは，集団間・個人間で大きく異なる．狩猟採集民は学校生活になじめない，金銭的な余裕がないなどの理由から十分に学校教育を受けていないことが多い．当然，就ける仕事も限られてくる．また，森林や隣人に頼る生き方になじんでいる狩猟採集民には，すべてにお金を使う生活は窮屈に感じられるようだ．都市に出ても村へ帰ってくることはめずらしくない．そうなると，村の周りの森林が木材伐採で荒らされるこ

とは損失以外のなにものでもない．

　それでも木材伐採を受け入れる狩猟採集民はめずらしくない．伐採会社と交渉してなるべくよい補償の条件を引き出そうとしたり，開発を推進する政府を支持することで政府プロジェクトを村に呼び込む便宜を図ってもらおうとしたり様々な戦略をとる人たちが存在する．伐採反対と賛成で村のなかの意見が割れることもある．狩猟採集民は家族ごとの事情に応じて昔から離合集散を繰り返してきたのだが，伐採に対する意見の相違から村が分裂したという例がある．これはつぎにみる農耕民とは異なる行動である．

　森林開発から利益を得られる基盤をもつ農耕民たちにとっても，開発は手放しで喜べるようなものではない．森林には石造物など先祖の歴史が残る場所（Mashman, 2017），墓場林，林産物を採集するための保存林（百瀬，2003, pp. 145–146）など農耕民にとって文化的・経済的に重要な場所が点在する．しかし，伐採会社はこういった場所に十分な注意を払わず，伐採で荒らしてしまうことがある．伐採反対運動をしたり，伐採会社と補償をめぐって揉めたりした農耕民の村は多い．村としては伐採を受け入れていても，伐採会社に対する不信感をもらす人たちや，伐採で森林が荒れたことを嘆く人たちもいる．村長にそのことを話さないのかと聞いてみたことがある．（伐採を受け入れる決定を下した）村長にそんなことは言えないというのが彼らの反応であった．一般的な農耕民にとって，村長など高い地位にある人に異議を申し立てるなど考えられないことであるらしい．

　木材伐採が進行するなか，残された森林を守る手段として国立公園化を考える農耕民が存在する．マレーシアのサラワク州中部にあるスンガイ・ムルアン国立公園は，サラワク森林局と地元の村の共同プロジェクトとして2013年に2770 ha が登録された（Gazette No. 4086）．林産物の商業利用は禁止されており，観光化もされていない．自家消費のための村人の活動が許されているだけであるが，筆者が話を聞いた村長は森林が残されることを評価していた．理系の研究チームに同行して，サラワク州北部の村を訪問したことがある．研究者が宿泊・作業するために十分なスペースが確保されており，宴会や手工芸品のお土産で研究者を歓待するのに驚いた．このセッティングをした村の有力者と話をすると，研究成果を元に村の近くにある山を国立公園化できないかと期待して

図3.9 「平和の森」構想に含まれる森林とプナン男性
マレーシア・サラワク州ロング・クパン村にて,2016年.

いることがわかった.このような森林の守りかたは,自分たちの利用にもある程度の制限が加わることと引き換えに商業伐採などの侵入を防ぐ戦略といえる.

ただし,国立公園化は諸刃の剣である.外部者による開発を防げる一方,自分たちの利用も制限されてしまう(第9章参照).3.2.1で触れたカヤン・ムンタラン国立公園のように従来からの住民の資源利用を最大限尊重する管理方法は例外である.一般的には,林産物の商業利用は認められない.つぎに紹介するサラワク州北部の狩猟採集民プナンは商業伐採だけでなく,国立公園化も自分たちに不利益をもたらすと考えている.そして,住民のための森林構想「平和の森」を提唱している(金沢,2015;図3.9).一般的な国立公園が自然の保全を核とするに対し,この構想では先住民の権利が核となっている.

## 3.3 プナンによる伐採反対運動

### 3.3.1 プナンが守り抜いた森林

ボルネオ全体で森林の劣化・消失が進行しているが,3.2.1で説明したとおりマレーシアのサラワク州でもっとも隅々まで木材伐採が入り込んでいる.サ

第 3 章　森林環境問題と住民の森林観

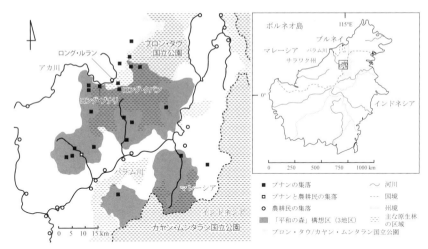

図 3.10　マレーシア・サラワク州の調査村と周辺地域
The Penan Peace Park: Penans self-determining for the benefits of all: Proposal 2012–2016 (http://www.bmf.ch/upload/berichte/2012_penan_peace_park_proposal_english.pdf); Development of Guidelines for Buffer Zone Management for Pulong Tau National Park and Involvement of Local Communities in Management, Sarawak, Malaysia (http://www.mofa.go.jp/mofaj/gaiko/itto/pdfs/48_10.pdf); Telang Usan: Map (http://www.telangusan.blogspot.jp/search/label/map); Bryan *et al.*（2013）を元に作成．

ラワクでは，伐採権発行にからむ利権構造が政治家の重要な収入源だったことなどから政府は木材伐採に非常に積極的で，伐採会社が住民に対し高圧的な態度で強硬に事業を進めることも容認されていた．このような状況のなかでサラワク州北部のプナンは長期にわたり伐採反対運動を続けてきた（金沢，2012）．すべてのプナンが同じように伐採反対運動を行ってきたわけではないが（Brosius, 1997），ここでは政府の意向と対立する難しい道を選んだ人たちに注目する．

　サラワク州で保護区以外にまとまった原生林が残るのは，国境周辺で標高の高い地域を除けば，プロン・タウ国立公園に隣接するバラム川上流の地域に限られる（図 3.10）．ここがまさにプナンが伐採反対運動によって原生林を守り抜いた場所であり，ここを中心にして「平和の森」が構想されている．プナンの伐採反対運動は実はより広い範囲で展開されてきたが，結局伐採が強行された地域もある．なぜここには原生林を残すことができたのか？　この問いに答える前に，まず彼らが伐採に反対してきた理由，これをサポートしてきた

NGO についてみていきたい．

## 3.3.2 プナンが商業伐採に反対する理由

　伐採に反対するプナンはつぎのように語る．「森林にはサゴがとれるヤシがあり，矢毒がとれる木がある．森林の木は鳥や動物たちの住処となり，その果実は動物たちの餌となる．伐採を受けると，ヤシも矢毒の木も鳥も動物もいなくなってしまう．川が汚れて魚もいなくなる．そうしたら私たちの食べ物がなくなり，私たちは飢えて死んでしまう．」

　ただし，食料や生活必需品がなくなるというだけの話だったら，別の方法で生活できればそれでいいという話になる．それはまさにサラワク州政府がプナンに提供しようとしてきた考え方やプロジェクトである．しかし，伐採に反対している地域においてそれを受け入れたプナンはごく一部である．そこには食べ物のロジック以外になにかあるはずである．

　この地域の農耕民の村では若年層を中心に都会へ出てしまう人が増えている．しかし，プナンは比較的村に残っている．それは都会に行ってもよい仕事に就けず，すべてにお金がかかる都会の生活に疲れてしまうからである．自分たちは農耕民や都会の人のようなやり方で豊かになる準備がないと気づいている．また，政府や伐採会社はいろいろ約束しても，実行しなかったという思いが強い．でも，森のことは信じている．原生林とは，必要なものがあったら，そこにそれを探しに行けばそれが見つかるところだとプナンのある男性は語った．プナンの生き方は森林への信頼に根ざしている．政府や伐採会社は裏切るけれど，森林は裏切らない．

　前述のとおり森林と狩猟採集民の強いつながりはボルネオ全体に共通すると筆者はみているが，それにこれほど自覚的なのはサラワク州北部のプナンの特徴である．その背景には，遊動域の国立公園化に伴い定住村を用意されたものの予定されていたほどのサポートを受けられなかったグループがいたこと（Langub, 2003），ボルネオのなかでもサラワク州でとくに徹底して伐採が進行したこと，農業に向かない急峻な地形のために遊動狩猟採集生活がボルネオ内で最後まで残っていた地域を含むこと（小泉，2016），遊動生活をともにしてプナンを支援した外国人がいたこと（金沢，2012, pp. 130–132）などの歴史的

な経緯が働いていると考えられる．このようなプナンに対して，プナンでありながらビジネスで成功した男性は，心構え（mental set）を変えなければいけないと筆者に信条を語った．彼は伐採が盛んになる以前に沿岸部に定住したグループの出身で，ビジネスで成功し，州行政から依頼を受けてプナンの啓蒙活動に携わってきた．彼自身も子どもの頃の経験から森林での生活のよさは知っている．しかし，よりよい生活（都市生活者的な感覚で）を目指して新しい挑戦をしながら自立して生活することをよしとする彼の立場からみれば，一般的なプナンは森林に依存しすぎて停滞していると映るようだった．

### 3.3.3 NGOの役割

　プナンの森林に依存する生活はサラワク州政府の方針と相容れない一方，森林や人権を守ろうとする国内外の活動家やNGOからは支援されてきた（金沢，2012, pp. 126–132）．NGOは社会一般に対する明確なメッセージを発して資金を集め，プナンの伐採反対運動を支えてきたといえる（図3.11）．サラワクの伐採反対運動では，伐採道路を封鎖（ブロケード）して伐採関係の車両の進入を防ぐという抵抗方法がとられてきた．これは道路に簡単な構造物を設置しているだけなので，封鎖地点に常駐して見張りをする必要がある．その間，ほかの仕事ができない．そこで，たとえば食料を購入する資金をNGOが提供してきた．プナンの村々の領域を地図上に示す，伐採の中止を求める裁判を起こすといった活動もサポートしている．

　しかし，プナンとNGOの関係を第三者として観察している他民族の見方は必ずしも肯定的ではない．NGOのリーダーたちがプナンを利用して大きなお金を得ている，伐採反対運動に深く関わっていないプナンの個人がNGO資金の受け皿となって私腹を肥やしているなどとみている．プナンはシンプルに，無償でなにかを与えてくれる相手をよい人という．NGOに対する感情は良好である．なんでも与えてくれる森林を信頼し，分けることを知る仲間を高く評価することの延長であろう．対照的に，農耕民は慎重に損得を考え，相手が自分より得をしていないかに敏感である．プナンだけでなく農耕民も含めて運動を展開しようするNGOの動きもみられるが，簡単には信用されない．

　つぎに論じるように森林保全のためには民族間関係が重要である．NGOが

## 3.3 プナンによる伐採反対運動

図3.11 道路封鎖の闘士のプナン男性と守られた森林
NGOからの支援について話してくれた．マレーシア・サラワク州北部ロング・ブナリ村にて，2017年．

プナンだけを援助することで農耕民の反感を招き，両者の間に亀裂が生じると伐採反対運動の大きな障害となりかねない．NGOのサポートでプナンが村々の領域を地図化したために，これが農耕民の考える村の領域と重複していることが表面化した例がいくつかみられる．日常的なつきあいにまで影響はでていないようだが，こと正式な場となると関係がぎくしゃくする状況が生まれてしまった．

### 3.3.4 民族間関係

プナンが守り抜いた原生林地域には，プナンの約10村と稲作農耕民クラビットの村が点在している．クラビットの村はロング・ルランという．ここでプナンの伐採反対運動が功を奏した要因は，ロング・ルラン村のクラビットとの良好な関係ではなかったかと金沢（2017）は推測している．なぜ農耕民との関係が重要なのかを読者に理解してもらうためには，まず土地に対する法的な権利を説明しておかなければならないだろう．

サラワク州の土地法では1958年より前に先住民の慣習法に基づく土地利用が行われていた場合，その土地に慣習権を認める．慣習法に基づく土地利用と

して明記されているのは，原生林を伐採して開いた土地での居住，果樹の植栽，農業利用，墓地利用などである．農耕民の土地利用を念頭において作られた法律だといえよう．プナンは（農耕民も）狩猟採集の場となってきた森林を自分たちの土地だと考えているが，伐採を伴わない土地利用に慣習権が認められるかは微妙な問題である（市川，2010）．

　ボルネオでは農耕民といえどもしばしば村を移動させ，おもな農業形態である焼畑稲作では耕作放棄地はすみやかに森林に戻る．プナンが利用してきた領域と農耕民が利用してきた領域は重なっている．それゆえ各集団が主張する村の領域はしばしば重なる．もしその土地がかつて焼畑に使われていたなら，農耕民側の権利の主張に有利である．プナンが利用している森林の領域も含めて農耕民の村長が伐採会社と契約を結ぶと，プナンの伐採反対運動にとって極めて不利になる．伐採をめぐりサラワク州政府や伐採会社を相手取ってプナンが起こした裁判において，周辺の農耕民が問題の土地への権利を主張して法廷で争う事態も起こっている．

　以上のような一般的な状況に対して，ロング・ルラン村のクラビットの様子は例外的である．プナンの伐採反対運動を大きく害する行動をとっていない．もっとも，手放しでプナンに賛同してきたわけではない．道路封鎖を続けてきたプナンの男性は，ロング・ルラン村の人からバカだ，クレイジーだと言われていたという．プナンは伐採に反対しているゆえに，伐採を推進する政府と長年対立関係にあり，野党支持である．ロング・ルラン村在住のクラビットの多くは，野党を支持しても実益がないと考えるため政府・与党支持である[3]．伐採自体に反対しているプナンに対して，クラビットはどちらかというと十分な補償を受けられていないことに不満を抱いているようである．そうとはいっても，森林が残っていることをクラビットも肯定的に受け止めている．道路封鎖の闘士は，今では同じ人に，いいことをした，おかげで森林が残ったと感謝さ

---

[3] マレーシアでは政党連合の国民戦線（Barisan National：BN）がその前身となった政党連合の時代も含め，1957年のマレーシア独立以来2018年5月の総選挙まで連邦議会下院与党の地位を維持してきた．サラワク州では地元政党がサラワクBNを構成し，やはり州議会与党の地位を維持してきた．2018年の総選挙でもサラワク州ではサラワクBNが勝利したが，BNが与党の地位から転落したことを受け，BNを離れてサラワク政党連合（Gabungan Parti Sarawak：GPS）を形成することにした．サラワク州で活動する野党には，州議会に議席をもつ民主行動党（Democratic Action Party：DAP），人民公正党（Parti Keadilan Rakyat：PKR）をはじめとする複数政党が存在する．

## 3.3 プナンによる伐採反対運動

れると話していた．

　なぜ，政治的な立場は必ずしもプナンと一致しないにもかかわらず，伐採をめぐって決定的に対立しないのであろうか．ロング・ルラン村は過疎化が進み人口が少ないにもかかわらず，飛行場，診療所，小学校がある．周囲に暮らす多くのプナンの存在によって，公共サービスの拠点として政府に認識されている．プナンの村とひとつの地域を構成することで，地域の存在感がでてくるのだ．そして，クラビットは地域の少数派であることを自覚している．プナンと対立して決別すると，自分たちの存在感がなくなるとわかっている．

　経済的な結びつきも強い．ロング・ルランの村人の主要な収入源は空港での仕事である．村には小さな飛行場がある．定期便は週3便だが，急な場合に備えて毎日数人が待機している．空港にいる間ほかの仕事はできなくなるが，1日10時間空港で待機していれば60リンギット（約1500円）の収入になる．都市部ではともかく，農村部では魅力的な仕事である．これは，食用の野草なら30束分，イノシシや小魚なら6kg分，ラタン籠なら約2個分の価格に相当する．一方のロング・ルラン村周辺のプナンにとっては，クラビットに野草，イノシシ，魚，ラタン製品などを売る，クラビットの水田などで働くというのが主要な収入源になっている．クラビットは主食の米を自給しているが，プナンなど外部の人に稲作の労働力をかなり依存している．狩猟採集も自分たちでもできるのだが，ほかの仕事でこれができなくてもプナンから買うことができる（図3.12）．よい収入源をもつクラビットにとって，林産物の狩猟，採集や加工，農作業を安価に引き受けてくれるプナンは有り難い取引相手である．

　また，筆者がロング・ルラン村に滞在した際に観察したプナンとクラビットの会話すべてにおいて，プナン語が使われていた．会話の内容は事務的な用件から，狩猟の話，政治の話題までさまざまで，よく意見交換できている様子がうかがえた．相手に対する政治的な不満を口にした人たちも含めて，プナンもクラビットも両者の関係は良好だと断言していた．クラビットが自分たちの土地に対する権利を過度に主張することなく，プナンの考えを無視して伐採受け入れを進めることがなかった背景には，クラビットの少数派としての自覚，クラビットとプナンの相利的な経済関係，両者の間の良好なコミュニケーションがあったと考えられる．

図 3.12　プナンから購入した野草を調理する農耕民の女性
マレーシア・サラワク州ロング・ルラン村にて，2017 年．

## おわりに

　本章では，ボルネオの狩猟採集民や農耕民による森林の利用や森林の認識の現況について論じ，またそのような民俗知が森林に対する具体的な行動へとつながる際の社会的な関係や文脈について考察した．ボルネオの狩猟採集民は，農業や賃金労働，農産物や工業製品を取り入れた生活に移行しつつも，森林に全幅の信頼を置いている．なかには，農業や賃金労働を中心とした生活は現状では不可能だと考える人たちも存在する．彼らにとって森林を守ることは生活の基盤を守ることにほかならない．これがまさにサラワク州北部のプナンが伐採反対運動を続けてきた理由である．農耕民は農業や賃金労働に生活の基盤を置きつつも，林産物や楽しみといった恩恵を森林から受けている．森林は森林そのものとしての価値だけでなく，焼畑サイクルの一部という役割や歴史を継承する場としての役割もある．実際の利用に比べて森林には低い位置づけしか与えていないかもしれないが，そういった森林の価値はよくわかっている．

　しかし，森林に対する豊かな民俗知をもち，森林に信頼を置いているからといって，それが即森林保全につながるわけではない．狩猟採集民にしろ，農耕

民にしろ，開発に全面的に賛成するわけではなくとも，これを前提に新たな生活を構築してきた人たちは多い．商業伐採や農園開発で改変された環境をうまく利用して生きるという選択は合理的にみえる．そして，現状で可能な限りにおいて一部の森林を守ることでなんとか文化も守ろうとする．一方で，政府や企業の方針に抗い，いわば人生をかけて森林を守ってきた人々の行動も尊敬に値する．こういった選択の違いが地域的にまとまっていれば大きな問題はないかもしれない．しかし，実際には同じ地域に暮らす個人間や集団間で意見が異なってくる．彼らがおかれている社会的状況はさまざまであるし，それぞれの状況で生きていくための選択肢も多様だからである．

　人間の意見が多様なのは当たり前のことである．とくに生活基盤が異なる相手から，その生活基盤（ここでは森林）に対して同じ目標を共有することは難しい．しかし，政治的弱者の意見では変えることのできない問題もある．そこをどう解決するか．ここで，NGOからの支援や地域の農耕民からの理解を得てきたロング・ルラン村周辺のプナンの例は参考になる．とはいえ，プナンはサラワク州全体においては政治的弱者かもしれないが，地域的には多数派という有利な状況があった．プナンが地域においても少数派であったとしたらどうだっただろう．クラビットがプナンにこれほど配慮していた可能性は低いように思われる．もともと人権意識の高い外部団体からだけでなく，地域のなかで少数派の声に耳を傾けてもらえる状況をどのようにつくりだせるか．今回の事例から交渉相手の少数派としての自覚という要素を取り除いた条件下で可能な戦略はどのようなものだろうか．今回の事例に即して考えるなら，互利的な経済関係の深化と日常的なコミュニケーションの強化ということになろう．争点となっている問題を超えた広い視点に立つ戦略が必要とされるということである．

　本研究はJSPS科研費23500045，15J40145，国際共同研究人材育成推進事業（国際農林水産業研究センター），21世紀COEプログラム（京都大学アジア・アフリカ地域研究研究科）の助成を受けたものである．本章の執筆にあたり，小泉（2016）の一部を修正して再録した．

# 第3章　森林環境問題と住民の森林観

## 引用文献

Bahuchet, S. (1990) Food Sharing Among the Pygmies of Central Africa. *African Study Monographs*, **11**, 27–53.

Barton, H. (2012) The Reversed Fortunes of Sago and Rice, *Oriza sativa*, in the Rainforests of Sarawak, Borneo. *Quat. Int.*, **249**, 96–104.

Berlin, B. (1992) *Ethnobiological Classification: Principles of Categorization of Plants and Animals in Traditional Societies*, pp. 335, Princeton University Press.

Brosius, J. P. (1997) Prior Transcripts, Divergent Paths: Resistance and Acquiescence to Logging in Sarawak, East Malaysia, *Comp. Stud. Soc. Hist.*, **39**, 468–510.

Bryan, J. E., Shearman, P. L. *et al.* (2013) Extreme Differences in Forest Degradation in Borneo: Comparing Practices in Sarawak, Sabah, and Brunei. *PLOS ONE*, **8** (7), e69679.

Christensen, H. (2002) *Ethnobotany of the Iban & the Kelabit*, pp. 384, Forest Department of Sarawak; NEPCon; University of Aarhus.

Colfer, C. J. P. (1991) Indigenous Rice Production and the Subtleties of Cultural Change: An Example from Borneo. *Agric. Human Values*, **8**, 67–84.

Conklin, H. C. (1955) The Relation of Hanunóo Culture to the Plant World. Dissertation, Yale University.

Costanza, R., d'Arge, R. *et al.* (1997) The Value of the World's Ecosystem Services and Natural Capital. *Nature*, **387**, 253–260.

Endicott, K. (1988) Property, Power and Conflict Among the Batek of Malaysia. In: *Hunters and Gatherers, vol. 2, Property, Power and Ideology* (eds. Ingold, T. *et al.*), pp. 110–128, Berg.

Freeman, J. D. (1955) *Iban Agriculture: A Report on the Shifting Cultivation of Hill Rice by the Iban of Sarawak*, pp. 148, reprint, AMS Press.

Gaveau, D. L. A., Sloan, S. *et al.* (2014) Four Decades of Forest Persistence, Clearance and Logging on Borneo. *PLOS ONE*, **9** (7), e101654.

Hosomura, N., Herold, M. *et al.* (2012) An Assessment of Deforestation and Forest Degradation Drivers in Developing Countries. *Envron. Res. Lett.*, **7**, 1–12.

市川昌広（2010）マレーシア・サラワク州の森林開発と管理制度による先住民への影響——永久林と先住慣習地に着目して．東南アジアの人々と森林管理制度——現場からのガバナンス論（市川昌広 ほか編），pp. 25–43，人文書院．

市川昌広・生方史数ほか（2010）森林管理制度の歴史的展開と地域住民．東南アジアの人々と森林管理制度——現場からのガバナンス論（市川昌広 ほか編），pp. 7–22，人文書院．

市川昌広（2013）里のモザイク景観と知のゆくえ——アブラヤシ栽培の拡大と都市化の下で．ボルネオの〈里〉の環境学——変貌する熱帯林と先住民の知（市川昌広 ほか編），pp. 95–126，昭和堂．

Imai, N., Samejima, H. *et al.* (2009) Co-Benefits of Sustainable Forest Management in Biodiversity Conservation and Carbon Sequestration. *PLOS ONE*, **4** (12), e8267.

Janowski, M. (2003) *The Forest, Source of Life: The Kelabit of Sarawak*. Sarawak Museum.

金沢謙太郎（2012）熱帯雨林のポリティカル・エコロジー——先住民・資源・グローバリゼーショ

ン，pp. 278，昭和堂．
金沢謙太郎（2015）平和の森——先住民族プナンのイニシアティブ．社会共通資本としての森（宇沢弘文・関 良基 編），pp. 193-212，東京大学出版会．
金沢謙太郎ほか（2017）熱帯原生林の共生社会論——ボルネオの原生林を守る民族間コミュニケーション．信州大学総合人間科学研究，**11**，19-34．
Kaskija, L. (2007) Stuck at the Bottom: Opportunity Structures and Punan Malinau Identity. In: *Beyond the Green Myth: Borneo's Hunter-Gatherers in Twenty-First Century* (eds. Sercombe, P. G. & Sellato, B.), pp. 135-159, NIAS Press.
小泉 都・服部志帆（2010）生物多様性条約の現状における問題点と可能性——ボルネオ島の狩猟採集民の生活・文化の現実から．熱帯アジアの人々と森林管理制度——現場からのガバナンス論（市川昌広 ほか編），pp. 222-242，人文書院．
Koizumi, M., Levang, P. *et al.* (2012) Hunter-Gatherers' Culture, a Major Hindrance to a Settled Agricultural Life: The Case of the Penan Benalui of East Kalimantan. *For. Trees Livelihoods*, **21**, 1-15.
小泉 都（2016）森林の保全と住民の生活をつなぐ——ボルネオ熱帯雨林と先住民．CIAS Discussion Paper, **59**, 25-35．
小泉 都（2017）人類を支えてきた狩猟採集．東南アジア地域研究入門1 環境（井上 真 編），pp. 71-90，慶應義塾大学出版会．
コットン，C. M. 著，木俣美樹男・石川裕子 訳（2004）民族植物学——原理と応用，八坂書房．
Langub, J. (2003) Penan Response to Change and Development. In: *Borneo in Transition: People, Forests, Conservation, and Development, 2nd ed.* (eds. Padock, C. & Peluso, N. L.), pp. 131-150, Oxford University Press.
Mashman, V. (2017) Stones and Power in the Kelapang: Indigeneity and Kelabit and Ngurek Narratives. In: *Borneo Studies in History, Society and Culture* (eds. King, V. *et al.*), pp. 405-425, Springer.
Millennium Ecosystem Assessment (2005) *Ecosystems and Human Well-being: Synthesis*. Island Press.
百瀬邦泰（2003）熱帯雨林を観る．pp. 214，講談社．
森下明子（2013）サラワクの森林開発をめぐる利権構造．ボルネオの〈里〉の環境学——変貌する熱帯林と先住民の知（市川昌広 ほか編），pp. 187-220，昭和堂．
内藤大輔（2010）マレーシアにおける森林認証制度の導入過程と先住民への対応——FSC・MTCC認証の比較から．東南アジアの人々と森林管理制度——現場からのガバナンス論（市川昌広 ほか編），pp. 151-167，人文書院．
大村敬一（2009）イヌイトは何になろうとしているのか？——カナダ・ヌナブト準州のIQ問題にみる先住民の未来．「先住民」とはだれか（窪田幸子・野林厚志 編），pp. 155-178，世界思想社．
佐久間香子（2014）「生」を満たす活動としての狩猟——ボルネオ内陸部における現在の「森の民」に関する一考察．地理学論集，**89**，45-55．
佐久間香子（2015）中央ボルネオにおける内陸交易拠点の歴史的形成と変化．学位論文，京都大学．
鮫島弘光・小泉 都（2008）ボルネオ熱帯雨林を利用するための知識と技——サゴ澱粉とオオミツバチの蜂蜜・蜂の子・蜜蠟採集．東南アジアの森に何が起こっているか——熱帯雨林とモンスーン

## 第 3 章　森林環境問題と住民の森林観

　　林からの報告（秋道智彌・市川昌広 編），pp. 127-149，人文書院．
スチュアート　ヘンリ（2009）先住民の歴史と現状．「先住民」とはだれか（窪田幸子・野林厚志 編），pp. 16-37，世界思想社．
Strickland, S. S. (1986) Long Term Development of Kejaman Subsistence: An Ecological Study. *Sarawak Mus. J.*, **36**, 117-171.
Vincent, J. R. (1992) The Tropical Timber Trade and Sustainable Development. *Science*, **256**, 1651-1655.
Woodburn, J. (1982) Egalitarian Societies. *Man* (N. S.), **17**, 431-451.
横山 智（2017）新たな価値付けが求められる焼畑．東南アジア地域研究入門 1　環境（井上 真 編），pp. 91-112，慶應義塾大学出版会．

# 第4章 熱帯林ガバナンスの「進展」と民俗知

笹岡正俊

## はじめに

　熱帯林および熱帯の土地は，木材企業や紙パルプ企業にとっては，合板原料や紙パルプ原料など木材生産の場であり，そうした木材生産を通じて世界の木材需要を満たし，雇用の場を提供し，さらには，生産に伴うインフラ整備や納税を通じて国の経済発展を支えるといった経済的価値の実現を可能にする重要な生産基盤である．一方，環境NGOや研究者や熱帯林減少に関心のある市民など，熱帯林を生物多様性の宝庫として，また，気候変動対策上重要な炭素蓄積の場として見ている人びとにとっては，熱帯林は何よりもまず，高い保全的価値を持った守られるべき生態系である．他方，熱帯林から得られるさまざまな資源を直接利用している地域の人びと（森林居住者）にとっては，グローバルレベル，あるいはナショナルレベルの経済的価値よりも，また，生物多様性保全や気候変動緩和といったグローバルな環境保全上の価値よりも，自分たちと子孫の暮らしを支える価値のほうが重要である．このように，熱帯林は，様々な主体によって多様な価値が見出されている．そして，これらの価値はしばしば両立困難であることが多い．

　ある環境をめぐって，しばしば相対立する多様な価値が存在するなかで，さまざまな利害関係者（ステークホルダー）——その環境がどうであるか，また，その環境をどのように使うかによって影響を受ける人びと——が，話し合いをし，一定の合意をえながら，「望ましい」管理にむけて協働することが求めら

れるようになってきている．こうした多様なステークホルダーの協働のプロセスは，一般に「環境ガバナンス」と呼ばれている（脇田，2009）．

「環境ガバナンス」という用語が広く用いられるようになったのは，立法や行政といった手段を通じて政府が権力を行使する統治のあり方に代わるものとして，政府および政府以外のさまざまな主体が協働で環境をめぐる問題への対処や持続可能な発展を図る新たな統治のあり方に注目が高まってきた1990年代から2000年代以降のことである．

「環境ガバナンス」については，さまざまな論者がさまざまに定義をしているが（Armitage *et al.*, 2012），本章では，「環境に対して何らかの利害を持つさまざまな関係者（地域住民，私企業，NGO，政府組織など）が，公式・非公式の制度を活用しながら，なんらかの目標――生物多様性の保全，環境利用の持続可能性の向上，環境利用における社会的公正性の確保，あるいは，環境・資源をめぐる対立の解消など――にむけて協働していくプロセス」といった意味で用いる（笹岡，2017）．なお，この章では「熱帯林ガバナンス」という言葉を使うが，それは上記の定義における「環境」を「熱帯林」に置き換えたものと理解していただきたい．

近年，保全の文脈においても，開発の文脈においても，熱帯林ガバナンスの理念が共有され，ガバナンスを駆動するためのしくみが一定程度整備されてきている．かつて熱帯諸国では政府や私企業が，保護地域管理に代表される自然保護や紙パルプ原料生産などのための土地開発を強権的に進めたために，地域の人びとを資源利用から締め出したり，急速に天然林が消失したりした．そのことを踏まえると，こうした熱帯林ガバナンスの「進展」それ自体は歓迎すべきことであろう．

しかし，環境ガバナンスの制度的外観の整備が進みつつも，ガバナンスの帰結によって最も直接的で深刻な影響を受ける地域の生活者が実質的には意思決定プロセスに参加できていないことを懸念する声もある（笹岡，2012b）．また，環境ガバナンスにおいては「多様なステークホルダーの協議を通じて方針を決めていく」ことが前提となっており，意思決定の場には，環境に対する価値づけ，政治的な力などの点で異なるさまざまな主体が参画する．そこでは，他者に対して伝達することが難しいある種の知が，より伝達可能性が高く，正

はじめに

図4.1 本章で取り上げるセラム島A村とジャンビ州L村の位置

当なものとして広く社会に受けいれられやすい知によって隅に追いやられ，無効化されるという，佐藤仁が「知の階級性」（佐藤, 2009）と表現した問題も存在する．

以上を踏まえたうえで，本章では熱帯林ガバナンスの実際のプロセスが，森とともに生きてきた人びとの暮らしと民俗知にどのような影響を与えるか，あるいは与える可能性があるかを，筆者がこれまでフィールドワークを行ってきたインドネシアの二つの地域の事例——保護地域に隣接しつつも，アクセスの悪い「辺境」に位置しているため人びとが比較的自律的に森を利用しているインドネシア東部セラム島の内陸山地部の村と，紙パルプ原料生産のための植林事業によって森の利用そのものが消失してしまったスマトラ島ジャンビ州テボ県の村の事例——をもとに描く（図4.1）．そして，ガバナンスの「進展」により用意された「協議の」場の性格と，ガバナンスにおいて効力を失ってしまう知について考察する．最後に，文化的他者への伝達可能性が低い知を多く含む民俗知の復権に社会科学分野のフィールドワーカーがどうかかわることができるのかについて若干の展望を述べる．

なお，本章で用いる「民俗知」という言葉は，これまで「在来知（indigenous knowledge）」と表現されてきた知識とおおむね同様の意味で用いる．すなわち，民俗知とは，ある地域に暮らす人びとの長年の経験や試行錯誤によっ

て試され，発展させられてきた知識である．民俗知は，多くの場合，特定の土地と結びついた固有性を有し，人びとの生活に根差したものであり，口頭や模倣によって伝えられ，文字で記録されることがあまりない．民俗知は，日々の生活における実践の結果として生み出され，維持されるものであり，理論的というよりは経験的な知識であり，決して固定的ではなく，時として失われたり，失われていたものが再発見されたりするなどダイナミックに変化する知識である（笹岡，2012a）．

ところでHoude（2007）は，伝統的な生態学的知識（TEK）を「ある人間集団の経験や伝統から得られた環境についてのあらゆる知識」とひろく定義したうえで，その広範な文献レヴューを行い，TEKには次の6つの様相があることを見出している．すなわち，(1) 観察により得られる知識，(2) 地域の自然資源の持続的な利用を保証する戦略にかかわる知識，(3) 過去と現在の土地利用についての知識，(4) 倫理と価値，(5) 文化とアイデンティティ，そして (6) それらを根底で支える世界観である．筆者もHoudeと同様，「民俗知」を，事実についての経験的認識や自然資源利用のための実践的知識だけでなく，倫理観や価値・信念体系をも含むものとしてとらえる．Houdeが指摘するように，上記の (1) や (2) や (3) は，民俗知を生み出し，発展させてきた地域の人びと以外の者（他者）が比較的理解しやすいものだが，(4) や (5) や (6) ——例えば，アタッチメント（attachment）などと表現される，自然との情緒的つながりや，身体に刻み込まれた自然に対して抱く固有の価値——は他者による理解が難しい知である．

## 4.1　熱帯林ガバナンスの「進展」

熱帯林の保全と開発をめぐるガバナンスの仕組みは，主に，生物多様性の保全（国立公園などの保護地域の管理はその主要な手段）をいかに効果的かつ社会的に公正な形で行っていくかという文脈と，プランテーション企業（アブラヤシ農園，紙パルプ原料生産用の植林企業など）による生産活動をいかに環境的にも社会的にも問題のないものにしていくかという文脈のなかで進展してきた．本節では，後述する事例とのかかわりが深い，「保護地域の協働管理（collaborative management)」と,「紙・パルプ企業の自主的取り組み(voluntary approach)」に着目して,熱帯林ガバナンスの「進展」のプロセスを概観する.

## 4.1.1 保護地域の協働管理

インドネシアを含め多くの熱帯諸国において,熱帯林は植民地支配期に宗主国の財産として有効利用するため,中央集権的で一元的な法体系の下で管理されることになった.そうした「上からの管理」は独立後も続き,国や,国の支援を受けた私企業が主導する形で急速に資源開発が進められた.一方で,豊かな自然が残されている地域は保護地域に指定され,住民の土地・資源利用が規制された.しかし,住民を排除する自然保護は,生物資源に強く依存して暮らす人びとが多数存在する地域の実情に即しておらず,人びとから法令の無視などの抵抗に遭い,実効性の乏しいものであった(笹岡,2012b).

こうした強権的・排他的な保護地域管理の弊害が強く認識されるようになってくる1980年代半ば以降,地域住民の福祉向上を促進しながら生物資源の保全(希少種の保護や生物多様性の保全)を図る「統合的保全開発プロジェクト(integrated conservation and development projects:ICDPs)」や,生物資源利用のコントロールの権限と責任を地域住民に委譲することを目指した「コミュニティ基盤型保全(community-based conservation:CBC)」といった,いわゆる「参加型保全」の取り組みが行われてきた(笹岡,2012b).

参加型保全では,保護地域内・周辺の生物資源に依存する地域の資源利用者集団(村などの地域コミュニティ)に保全の権限を委譲することが期待された.しかし,地域コミュニティは,必ずしも,同じ利害関心や規範を共有した人びとから構成されているわけではない.また,市場や国家による政策などの影響を受けて,ローカルな資源利用・管理の在り方も常に変動している.したがって,地域コミュニティに権限・責任を委譲しさえすれば,自動的に保全が成功するというわけではない(菅,2008).また,例えば,熱帯林から遠く離れた場所に暮らす都市住民が,熱帯林に生息する希少野生生物の保護に強い関心を抱くことがあるように,地域の資源は,そこに居住し,それを直接利用している人びとにとってのみ重要なのではなく,より幅広い公共性をもつ(井上,2004).

以上を背景に，現在では，保護地域内の生物資源と何らかの利害関係を持つ多様なステークホルダーが，資源管理にかかわる権限，責任，便益を共有する協働管理の考え方が世界的にも広く支持されるようになってきている．

　協働管理の考え方は，インドネシアの保護地域管理法制にも，かなり限定的ではあるが取り入れられている．保護地域の協働管理について具体的な規則を定めた法規は，「保全地域の協力手続きに関する 2014 年第 85 号林業大臣規則（P.85/Menhut-II/2014）」である（旧規則は「保全地域の協働管理に関する 2004 年第 19 号林業大臣規則（P.19/Menhut-II/2004）」）．この規則によると，保全地域の機能の強化と生物多様性保全のための「協働」として想定されているのは，さまざまなステークホルダー（政府組織，企業，国際機関，NGO，地域住民，教育組織など）による，組織強化，種の保存，生態系再生，自然ツーリズムの発展，住民のエンパワーメントなどの取り組みである．ステークホルダーがそうした活動を行うためには，大臣，総局長，保護地域管理担当機関の長（国立公園の場合は国立公園管理局長）に提案書を提出し，承認を得ねばならない．なお，「協働」プログラムの期間は 5 年以内と定められており，延長も可能だが，その場合は，保護地域管理担当機関によって作成された成果評価書を添えて，延長申請書を提出しなくてはならない．

　保護地域管理の主要な手法であるゾーニングのプロセスにおいても，少なくとも制度上は「協働」が謳われている．ゾーニングについて定めた大臣規則（P.76/MENLHK-SETJEN/2015）によると，インドネシアの国立公園では，厳正に保護される「コアゾーン」，主に観光目的に利用される「利用ゾーン」，野生動物の生息地の整備や個体数増加を図る活動が行われるとともに，制限された自然ツーリズムを行うことが可能な「ウィルダネスゾーン」，そして，地域住民の慣習的な資源利用が認められる「伝統ゾーン」や破壊された生態系の修復が行われる「自然再生ゾーン」などからなる「その他のゾーン」に区分され，それぞれの管理目的・方法に基づいて管理されることになっている．ゾーニングの際には，自然・社会環境に関する様々なデータを集め，それをもとにゾーニング案を作成し，その案について地域住民，NGO，研究機関を含む関係者との「協議」を行うことになっている．

## 4.1.2 紙・パルプ企業の「自主的取り組み」

「企業の社会的責任（CSR）」という考え方が広く社会に浸透した1990年代以降，環境保全や人権擁護といった公共的課題の解決のために私企業が重要な役割を担うことが強く期待され，また実際にそうした役割を担う状況が生まれてきている．こうした現象は，「政府なき統治」（Borzel and Risse, 2010）や「プライベート・ガバナンス」（Smith & Fischelein, 2010）などと呼ばれている（佐藤，2017）．インドネシアの紙・パルプ産業でも同様の動きが2010年代初頭よりみられるようになった．ここで簡単に，その経緯を見ておこう．

インドネシアの紙・パルプ産業を牽引してきた企業の一つにアジアパルプアンドペーパー社（Asia Pulp & Paper 社，以下 A 社）がある．スマトラ島を生産拠点とするアジア最大の総合製紙メーカーである A 社は，紙パルプ，アグリビジネスを手掛ける巨大企業グループ，シナールマスグループ（Sinarmas Group：SMG）の主力企業である．A 社が生産する紙，ティッシュペーパー，梱包用紙などの紙製品は世界約120カ国で消費され，インドネシアでの紙生産量は年間900万トンに上る（鈴木，2016）．A 社に原料を供給する植林企業（サプライヤーと呼ばれる）には，いくつかの植林企業を経営するSMG傘下の企業，シナールマスフォレストリー（Sinarmas Forestry：SMF）と，SMGのグループ企業（出資・人事・取引等を通じて経営に重要な影響を与えることができる会社）ではない，いわゆる「独立系サプライヤー」がある．これら A 社のサプライヤーの産業造林事業許可（コンセッション）交付地の面積は約260万 ha に上る（Koalisi Anti Mafia Hutan *et al.*, 2016）．なお，産業造林事業許可の交付が可能なのはインドネシアの国有林地のなかの「生産林」——林産物生産に供される土地——に対してである．

表4.1に示される通り，産業造林事業許可面積の多い企業10社のうち少なくとも5社がAPPのサプライヤーである．産業造林事業許可（IUPHHK-HTI）交付地面積はインドネシア全体で979万 ha（2012年11月時点）であるから（藤原ほか，2015），A 社のサプライヤー（その大部分がSMGの関連会社）は，全体の約27パーセントの土地を占めていることになる．このように，インドネシアにおいては，産業造林に用いられる生産林は，少数の企業に

## 第 4 章　熱帯林ガバナンスの「進展」と民俗知

表 4.1　産業造林事業許可面積の多い企業 10 社（2012 年 11 月現在）

| 順位 | 企業名 | 事業地 | 交付年 | 事業許可面積(ha) | SMG/APP との関係* |
|---|---|---|---|---|---|
| 1 | PT Riau Andalan Pulp & Paper | リアウ州 | 2009 年 | 350,165 | |
| 2 | PT Arara Abadi | リアウ州 | 1996 年 | 299,975 | SMF が直接経営を行っている企業 |
| 3 | PT Finnantara Intiga | 西カリマンタン州 | 1996 年 | 299,700 | SMF が直接経営を行っている企業 |
| 4 | PT Musi Hutan Persada | 南スマトラ州 | 1996 年 | 296,400 | |
| 5 | PT Wirakarya Sakti | ジャンビ州 | 2004 年 | 293,812 | SMF が直接経営を行っている企業 |
| 6 | PT Hutan Rindang Banua | 南カリマンタン州 | 2006 年 | 268,585 | |
| 7 | PT Bumi Mekar Hijau | 南スマトラ州 | 2004 年 | 250,370 | APP の独立系サプライヤー |
| 8 | PT Merauke Rayon Jaya | パプア州 | 2008 年 | 206,800 | |
| 9 | PT Adindo Hutani Lestari | 東カリマンタン州 | 2003 年 | 201,821 | |
| 10 | PT Bumi Andalas Permai | 南スマトラ州 | 2004 年 | 192,700 | APP の独立系サプライヤー |

藤原ほか（2015）をもとに作成．
* 確認できたもののみを明記．SMF（Sinarmas Forestry）は，インドネシアの財閥であるシナルマス・グループ（Sinarmas Group）のパルプ原料生産のための植林を担っている会社．「SMF が直接経営を行っている企業」については SMF のホームページ（http://www.sinarmasforestry.com/about_us.asp?menu=1）を，APP の独立系サプライヤーについては Wright（2017），Koalisi Anti Mafia Hutan et al.（2016），および，APP（2013）を参照した．

よって囲い込まれているのである．

　A 社は，スマトラでの操業開始（1984 年）から，2008 年までに 100 万 ha 以上の天然林の伐採（1985～2007 年のリアウ・ジャンビ両州の全森林消失面積は 580 万 ha）により得られた原料を用いて紙製品を製造したといわれている（WWF, 2009a）．こうした天然林の破壊による生物多様性消失や二酸化炭素排出，そして，広域にわたる住民との土地紛争を引き起こしてきたことから，A 社に対しては，環境 NGO や人権団体などから強い批判が寄せられてきた（笹岡, 2017）．

　A 社はこうした批判に部分的ではあるが対応しようと試みてきた（Dieterich and Auld, 2015）．例えば，A 社と SMG は，2003 年に，WWF インドネシアと合意書を交わし，A 社のサプライヤーの事業地内の「保全価値の高い森（high conservation value forests：HCVFs）」[1]の保護を試みたり（WWF, 2004），

## 4.1 熱帯林ガバナンスの「進展」

レインフォレストアライアンス（Rainforest Alliance）が立ち上げた認証制度，「スマートウッドプログラム」の認証取得を2005年に試みたりした（Rainforest Alliance, 2007）．しかし，A社とそのサプライヤーはHCVFsを十分に保護できず，また，保全のための改善要求にも応じなかったことから，これらのパートナーシップはいずれも失敗に終わった．このようななか，世論の圧力を受けて，世界で最も厳しい国際森林認証制度を運営する「森林管理協議会（Forest Stewardship Council：FSC）は，2007年10月にA社との関係断絶を宣言した（WWF, 2007）[2]．

これに対抗する形で，A社は（厳密にはA社の子会社のパルプ工場経営会社）は，認証基準がFSCよりも緩いと言われているPEFC（Programme for the Endorsement of Forest Certification Schemes）のCoC認証（加工・流通過程管理認証）[3]を取得した．また，2009年にはジャンビ州で操業を行うA社のサプライヤーでSMFのグループ企業でもあるウィラカルヤサクティ社（以下，W社）がインドネシアエコラベル協会（Lembaga Ekolabel Indonesia：LEI）の認証を取得した（Dieterich and Auld, 2015）．スマトラ島で活動するいくつかの環境NGOの連合体であるアイズオンザフォレスト（Eyes on the Forests）は，これらの認証の信頼性を問題視しており，A社による一連の認証取得をグリーンウォッシュ（環境に配慮していることを装い，消費者をミスリードする企業行動）だとして批判した（Eyes on the Forest, 2011；WWF, 2009b）．

以上述べてきた経緯を踏まえて，国際環境NGOのグリーンピースは，A社が天然林を伐採して希少野生動物の生息地を奪い，泥炭地開発で大量の二酸化

---

1) 「保全価値の高い森（HCVFs）」は，生物多様性保全上の高い価値，広大な森，希少で脅威にさらされている生態系を含む森，非常に重要な生態系サービス，地域コミュニティにとって社会経済的な価値，もしくは，文化的慣行やアイデンティティにとって重要な空間を有している森のことを指す（Jennings *et al.*, 2003）．
2) FSCでは，「FSCのミッションとは相反する森林破壊を行いながら，一部の限られた森林のみで適切な管理を行い，FSC認証とそれに伴う社会的評価を利用することを防ぐため」に，伝統的権利及び人権の侵害や違法伐採などFSCが許容できない活動を行っていると認められる組織に対しては，関係断絶を申し渡すことが定められている（FSC Japan https://jp.fsc.org/jp-jp/2-new/2-5）．
3) 森林認証には，主に，社会的，経済的，環境的に適切な管理がなされているかどうかを審査・認証する森林管理認証（FM認証）と，認証された森林から産出された林産物が，最終製品にいたるサプライチェーン（供給連鎖）の全段階で識別可能であるように管理されて，環境に配慮した木材製品として製造・流通されていることを保証する加工・流通過程管理認証（CoC認証）とがある．なお，FSC認証とPEFC認証の違いについては川上（2016）を参照のこと．

# 第 4 章　熱帯林ガバナンスの「進展」と民俗知

表 4.2　A 社の「森林保護方針（Forest Conservation Policy）」の主要方針

| | |
|---|---|
| 方針 1 | 保全価値の高い森林（HCVF）と炭素蓄積量の多い森林（HCS）<br>・A 社とそのサプライヤーは，2013 年 2 月 1 日より，独立した HCVF および HCS 評価を通じて特定された，森林に覆われていない地域においてのみ開発活動を行う<br>・HCVF および HCS 地域は今後も保護される<br>・これらのコミットメント（約束）に従っていないことが判明したサプライヤーからの買い入れをやめ，そうしたサプライヤーとの契約を撤回する<br>・これらの誓約（の順守状況）はザフォレストトラスト（The Forest Trust：TFT）がモニタリングを行う<br>・独立した第三者による FCP 実施状況の検証を歓迎する |
| 方針 2 | 泥炭地の管理<br>・インドネシア政府の低炭素開発目標と温室効果ガスの排出削減目標を支持する<br>・森林に覆われた泥炭地の保護を保証する<br>・泥炭地での温室効果ガスの排出の削減，回避のため，最善慣行管理（best practice management）を行う |
| 方針 3 | 社会やコミュニティの関与（engagement）<br>・社会的紛争の回避・解決に向け，以下の原則を実行<br>　―先住民や地域コミュニティの「情報を与えられた上での自由意思に基づく事前の合意（free, prior and informed consent：FPIC）」<br>　―苦情への責任ある対応<br>　―責任ある紛争解決<br>　―地域，国内，国際的なステークホルダーとの建設的で開かれた対話<br>　―コミュニティ開発プログラムの推進（empowering community development programs）<br>　―人権尊重<br>　―すべての法，および，国際的に受け入れられている認証の原則と基準の順守<br>・新規のプランテーションが提案された場所では，慣習地に対する権利の承認を含め，先住民や地域コミュニティの権利を尊重する<br>・ステークホルダーとの協議を通じて，FPIC 実施のための将来の方策を発展させる<br>・FPIC と紛争解決のための実施要項（protcol）と手順（procedure）が国際的な最善慣行（best practice）に一致したものになることを保証するため，NGO や他のステークホルダーと協議を行う |
| 方針 4 | 第三者のサプライヤー（third party suppliers）<br>・世界中から原料調達をしているが，こうした調達が責任ある森林管理を支持するよう対策を講じている |

APP ホームページ（https://asiapulppaper.com/sites/default/files/app_forest_conservation_policy_final_english.pdf）より．
＊　この森林保護方針は，1）A 社およびインドネシア国内のすべての A 社のサプライヤー，2）中国を含め，A 社のあらゆるパルプ工場で利用される原料，3）将来のあらゆる事業展開に適用される，と公約されている．

炭素を排出しているとして，2010年ごろからA社製品を使わないよう呼びかける世界的な市場キャンペーンを開始した．これを受けて，バービー人形を販売する世界的玩具メーカー，マテル（Mattel）など，多くの企業がA社との取引を停止するに至った（Dieterich and Auld, 2015）．こうした製品ボイコットという強い市場圧力を受け，A社は，2013年2月，表4.2に示す4項目からなる「森林保全方針（forest conservation policy：FCP）」を公約した．

　A社を厳しく批判してきた環境NGOや人権団体の多くはA社によるこの自主的取り組みを歓迎した．グリーンピースも，当面はキャンペーンを停止することを決め，FCPを進めるなかでA社と議論を行っていくとした（Greenpeace, 2013）．

　FCPは独立した第三者によるFCP実施状況の検証を歓迎するとしている．FCPの履行状況の継続的なモニタリングは企業の「責任ある」生産・流通を支援する国際的な団体，TFT（The Forest Trust）が行うことになった．これとは別に，A社が所期の目標をどの程度達成できたのかの評価をレインフォレストアライアンスが，2015年にいくつかのNGOの協力を得て行っている（The Rainforest Alliance, 2015）[4]．

　また，A社はFCPの履行状況に関するグリーバンス（苦情）に対応するための手続きを定めている．これは，紛争当事者である住民やNGOなどが，A社やA社傘下のサプライヤーがFCPの原則を守っていない事実を確認した場合，それをA社に報告でき，A社は寄せられたグリーバンスの妥当性を，第三者を交えた検証チームを組織し，検証しなくてはならない，という制度である．

　また，FCP「方針3」において，A社は「国際的に受け入れられている認証の原則と基準の順守」を謳っている．このことが示すように，企業の自主的な取り組みにおいて，企業は国際資源管理認証という制度を無視できなくなっている．なお，森林分野の認証制度には，FSCのほかに，そのライバルともいえるPEFCやLEIといった認証制度があることは先に述べた通りである．

---

[4] 2015年に出された評価書（2014年8月までの履行状況が評価の対象）は，天然林伐採の停止やグローバルサプライチェーンの評価手法の開発などいくつかの点でA社は約束を履行したが，農民との紛争の解決にはほとんど前進がみられなかったとしている（The Rainforest Alliance, 2015）．

このように，A 社の自主的取り組みを軸に，原料生産・製品製造企業，政府組織，地域住民，原料生産地で生じている問題を告発する NGO，消費国市民といったアクターだけではなく，企業の取り組みの監視・評価，グリーバンスの検証，紛争の調停，森林認証の信頼性を検証するための第三者組織による独自調査など，さまざまな活動にかかわる多様な個人・組織（ローカル NGO，国際 NGO，企業，研究者など）を担い手として，紙原料生産地の環境・社会問題の解決を目指す熱帯林ガバナンスのしくみが整ってきている．

## 4.2　森とともに生きてきた人びとの暮らしと民俗知の現在

これまで，保護地域の協働管理と紙パルプ企業の自主行動計画に焦点を当て，熱帯林ガバナンスが自然保護と開発の二つの文脈のなかでどのように進展してきたのかを見てきた．本節では，こうしたガバナンスの進展が，森とともに生きてきた地域の人びとの暮らしと民俗知にどのような影響を与えているのか，また，今後与える可能性があるのかを見ていく．ここで取り上げるのは，保護地域に隣接するインドネシア東部セラム島内陸山地部の A 村と，紙パルプ原料生産のための植林開発が進んだスマトラ島ジャンビ州テボ県の L 村の事例である．

### 4.2.1　国立公園に隣接するセラム島 A 村の事例

インドネシア東部セラム島の中央部に，島の面積の約 10% を占めるマヌセラ国立公園がある．島中央部の内陸山地部には，マヌセラ国立公園内の資源に強く依存して生計を営む山地民が暮らす村々が点在している．筆者が長年調査を行ってきた A 村（Amani oho 村）もその一つである．

A 村は人口約 360 人（約 60 世帯，2014 年当時）の山村で，住民は，サゴヤシ（*Metroxylon* spp.）栽培，タロイモなどの根栽類の移動耕作，狩猟，多様な林産物の採取などによって生計を営んでいる．A 村住民を含め，マヌセラ国立公園に隣接するセラム島の内陸山村では，ほとんどたんぱく質が含まれない，サゴでんぷんが主食であること，そして，ローカルマーケットへのアクセスが悪く市場で肉や魚を調達することが難しいことから，樹上性の有袋類クスクス

## 4.2 森とともに生きてきた人びとの暮らしと民俗知の現在

(*Spilocuscus maculates, Phalanger orientalis*) やティモールシカ (*Cervus timorensis*) やセレベスイノシシ (*Sus celebensis*) などの狩猟資源は欠かせない．特にクスクスは摂取量や捕獲頻度の点からみて重要である．少し古いデータになるが，筆者がかつてA村で行った食事調査の結果によると，住民が得ている動物性たんぱく質のうち，49％がクスクスにより占められていた（笹岡，2008）．

クスクスの猟が行われる森の大部分は，マヌセラ国立公園に含まれている．国の法律では，公園内での狩猟は一切禁止されている．また，クスクスは保護動物に指定されているため，公園外であっても捕獲は違法である．しかし，現時点[5]では，違法行為は厳密に取り締まられていないため，住民は猟を続けることができている．

A村では，猟場としての森は，小川や崖や山道などを標識として，少なくとも250以上に区分されており，それぞれの森林区に名前が付けられ，「森の持ち主（kaitahu kua）」——その森が帰属すると観念され，利用権の一時的な付与，相続，移譲などの権限を持った特定の個人・集団——が存在している（図4.2）．なお，このように一応，森の保有者は決まっているが，その権利は絶対的・排他的なものではなく，保有者以外の者も，保有者に許可を得れば猟が可能であり，実際に森は保有者の枠を超えて非排他的に利用されている（笹岡，2011）．

先述の「森の持ち主」が個人であることは少なく，多くは父系出自集団やその下位集団が森を保有しており，そうした保有集団のなかには，「森の歴史を預かる人」がいる．彼らと話をしていると，森の権利の相続・移転の来歴，最後にだれが利用し，いつ，その森に禁制（後述）をかけたか，誰がそれを管理しているか（森の利用を禁じる禁制をいつ解くかを誰が最終的に決めるか）といった話に加えて，その森に住んでいるとされる精霊の名前，そして精霊や祖霊と人とのやり取りに関するさまざまなできごとにいたるまで，実に詳細な話を聞くことができる．区分された一つひとつの森は，そうした膨大な知識と結びついた場所である（笹岡，2011）．

---

[5] ここで記述しているA村の森林管理をめぐる記述は，筆者がA村で本格的な調査を開始した2003年2月から，最後にA村を訪問した2014年3月までの状況についてのものである．

第4章 熱帯林ガバナンスの「進展」と民俗知

☆ 猟が行われている森　　　　　　■ 村が保有・管理する森　　　　　── 道
●　猟が行われてない森　　　　　　-·-·- 村の領地の境界　　　　　　　　～ 川
○　20年以上猟が行われていない森　　　（……境界のはっきりしない箇所）　▲ 山
✝　教会が保有するダマール(p.106参照)採取林　── 国立公園の境界

図4.2　細かく区分された森
オランダ植民地政府が製作した地図 (Schtskaart van Ceram BladVIII, Topografische Inrichting, Batavia, 1922) を用いて村の領域およびその周辺地域の山や川の位置を書き記した大きな紙を用意し，住民とともに「猟場としての森」のおおよその位置を記入した．

　猟に出ている者は，1〜2の森林区に集中的に罠を仕掛け，数日間に一度罠を見まわる．クスクスは，多くの場合，ラタン（籐）で作られたくくり罠で捕獲されている（図4.3）．クスクスは夜，枝をつたって樹から樹へと移動する．山地民は森を歩きながら，クスクスの食痕，糞，小便の匂い，そして樹幹部の枝や葉の形状などを手がかりに，クスクスの通り道がどの辺りにあるかを見極め，その通り道に罠をしかける．このようにして，罠を仕掛けた後は，短い場合には1〜2ヶ月，長い場合は1〜2年のあいだ同じ森で猟を続け，罠に獲物がかからなくなったら，罠をすべて取り外し，後述するセリカイタフ（seli kai-

## 4.2 森とともに生きてきた人びとの暮らしと民俗知の現在

図 4.3　クスクスをとらえるための罠
罠は白線の囲みのなかにある．クスクスが好んで樹液をなめにくるソラオト（学名不明）と呼ばれる樹木のそばに設置されている．ソラオトは山地民によって保育されている（2012 年 9 月撮影，A 村）．著者撮影（以下同）．

tahu）と呼ばれる禁制をかける．

　A 村の住民にとって森は祖霊や精霊が行き交う場である．森の動物を育て，護っている霊的存在として，シカとイノシシにはシラタナ（sira tana），クスクスにはアワ（awa）と呼ばれる精霊がいる．森の一つひとつにその森のシラタナとアワが存在すると考えられている．また，それぞれの森にはその森を代々保有・利用してきた祖先の霊，ムトゥアイラ（mutuaila）がいると考えられている．

　先述のセリカイタフをかけるには，まずその森にしかけてあった全ての罠を取り外し，二本の木を交差させて地面に突き刺すなどして，ムトゥアイラや精霊を招き，そこに一時的に宿らせる「依代」を立てる．そしてその根元に，供物としてタバコを供え，ムトゥアイラ，そしてシラタナやアワなどの精霊の名を唱える．そして，土地の言葉で，その森にセリカイタフをかけることを告げ，この森で猟を行う者に獲物を与えないように祈るとともに，猟を行うためにこの森に入った者に対して何らかの災厄を与えるよう祈るのである．

　このようにして禁制のかけられた森で猟をすると，祖霊や精霊の超自然的な力によって，災厄を被ったり，猟に失敗したりすると信じられており，禁制を

かけた者も含めて誰も猟をおこなうことができない．その後，しばらくしたら，森にはいり，糞や食痕や足跡などから動物が増えてきているかどうかを判断し，増えてきているようであれば，禁制を解いて罠猟を再開する．このように，山地民は，狩猟動物の行動や森の境界の位置や保有者に関する知識，罠の設置場所として適した場所や森の資源量を見分ける技能，森を行き交う超自然的存在への信仰といった民俗知をもとに，猟場としての森を管理しているのである．

紙幅の関係で詳述できないが，A 村の「超自然的強制」（笹岡，2011）――精霊や祖霊などの超自然的存在が，人びとの行為を監視し，規範に違反した者に対して何らかの制裁を与える（と信じられている）ことによって，人びとの行為に一定の秩序が生み出されているようなしくみ――に基づく資源管理は，捕獲競争とそれに伴う狩猟圧の上昇，さらには狩猟資源をめぐる紛争を回避する役割を持っていると考えられた．また，こうした資源管理のあり方は，超自然的な存在が，人びとの行為を監視したり，ルールの違反者に制裁を与えたりする（と信じられている）ため，ルールの強制過程で生じかねない住民間の軋轢を回避するはたらきをも持っており，「もめごと」を強く忌避するこの地域の社会文化的文脈に即した一面を持っていると考えられた（詳しくは Sasaoka & Laumonier, 2012 を参照）．

これらの点を鑑みると，A 村の住民が実践している在地の森林資源管理は，それなりに，理にかなったものに見える．しかし，フォーマルな公園管理のなかではほぼ無視同然の扱いを受けている．そのことは，2011 年に作成され，2013 年 4 月に森林保護・自然保全局長により承認されたゾーニング・マップに端的に表れている（図 4.4）．

A 村をはじめ，国立公園内の森林資源にとりわけ強く依存する山地民の村がマヌセラ盆地に点在している．しかし，彼らが利用する森の大部分は最も人間の利用が厳しく制限されるコアゾーンに指定され，それを囲い込む形でウィルダネスゾーンが指定されている．「伝統的ゾーン」は内陸山地部には全く設定されていない．

当時，国立公園のゾーニングは「国立公園のゾーニング指針に関する 2006 年第 56 号林業大臣規則（P.56/Menhut-II/2006）」に基づいて行われていた．「指針」では，国立公園のゾーン整備は，生態・社会・経済・文化的側面に配

## 4.2 森とともに生きてきた人びとの暮らしと民俗知の現在

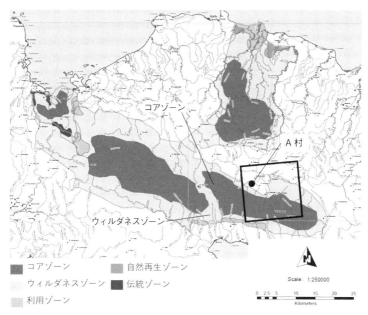

図 4.4 マヌセラ国立公園のゾーニングマップ
Balai Taman Nasional Manusela (2011) をもとに作成．図中の四角で囲まれた部分は，図 4.2 の地図で示した範囲を示す．ただし囲みの底辺が図 4.2 では地図の上部にあたる．

慮して地域の潜在能力と機能を基礎に行われること，また，ゾーニングの際には，公園管理局，地方政府，NGO，住民などからなる作業チームを結成し，自然・社会環境に関する様々なデータを集め，それをもとにゾーニング案を作成し，それについて関係者との協議を行うことが明記されている．このように，少なくとも規則の上では，協働管理の考え方を取り入れたゾーニングを標榜していた．しかし，実際には，2013 年に制定されたゾーニング過程においては，A 村住民が自らの意見を述べ，それを計画に反映させるような機会はなかった．

現行規則ではゾーニング案が不適切であると判断されるならば，修正を求めることが一応は可能となっている．しかし，環境林業省が 2016 年に出した「ゾーニングマニュアル」では，修正を求めるとしても，「野生動植物の保護のために住民の利益に便宜を図ることが叶わないことがある」といったことや，「自然資源と生態系の保全を犠牲にすることがないように，当初の案から大き

く逸脱するものであってはならない」といったことが書かれており（KLHK, 2016），地域の人びとがゾーニングのあり方を決める過程で行使できる影響力は制限されたものになるであろうことが予想される．

　A村住民が，一定の条件のもとで，これまで通りに猟を行い，民俗知に基づいた森林資源管理を自ら行うことができるような協働管理を実現するためには，乗り越えなければならないハードルがあまりにも多い．まず，彼らの慣習地を国立公園の指定から外すか，現在のゾーニングを大きく改変し，内陸部の公園内の土地の大部分を「伝統ゾーン」に指定しなおす必要がある[6]．ただし，これらは先述のゾーニングマニュアルの記述から判断して，どちらも実現可能性が低い．仮に「伝統ゾーン」が設定されたとしても，その後，山地民が協働管理の提案書を用意し，それを公園管理局に提出し，承認を受けなければならない．沿岸部まで徒歩で一泊二日から二泊三日かかる遠隔地に暮らすA村住民にとって，提案書を用意し公園管理局に届けるだけでも大変の労苦を伴う．

　またこれまで通り「クスクスを捕り，猟場を自ら管理する暮らし」が維持できるよう求める提案書を仮に彼らが提出できたとしても，人びとの超自然観に支えられた資源管理に，公園管理局のスタッフから，どれほどの信頼と賛同が寄せられるのかは現状では疑わしい．2012年8月，筆者はマヌセラ国立公園管理局長を前に，A村の在地の森林管理についての研究成果をプレゼンテーションした上で，国立公園内の土地の一部の管理の権限を一定の条件の下で山地民に委譲することの可能性について聞いた．それに対する回答は「そうした管理がいつまで続くかわからない」，「今の管理の方法で，本当に野生動物を持続的に利用できる（クスクスが減ってきていない）ことを示す十分なデータがない」，「その村で行われていることを他の村が行えるとは限らない」といった否定的なものであった．

　では次に，紙パルプ原料生産のための植林事業によって森の利用そのものが消失してしまったスマトラ島ジャンビ州テボ県のL村の事例をみてみることにしよう．

---

[6] 保護動物であるクスクスの猟は国立公園外であっても現行法（PP No. 7 Tahun 1999）では違法であるから，山地民が猟を行い自ら狩猟資源を管理する協働管理の仕組みを作るには，それを認める法改正も必要である．

## 4.2.2　産業造林地に囲まれたジャンビ州 L 村の事例[7]

　スマトラ島は，紙パルプ原料生産用の植林が早くに行われた地域である．スマトラ島のなかでも，ジャンビ州は，隣接するリアウ州や南スマトラ州とともに，A 社（4.1.2 紙・パルプ企業の「自主的取り組み」を参照）のサプライヤーが大規模に植林事業を行ってきた地域である．ジャンビ州では A 社のサプライヤーである W 社（SMF が直接経営する植林企業のひとつ）が 2004 年に東京都の 1.3 倍に相当する約 29 万 4 千 ha の事業許可を得ている（藤原ほか，2015）．

　ジャンビ州に限ったことではないが，紙パルプ原料生産のための植林では，植林企業と住民との紛争が絶えない．テボ県の L 村（人口約 1 万 1 千人，2016 年）も W 社と土地をめぐって争ってきた村である．

　W 社は 2006 年に道路を作るという名目でルブックマンダルサ村（以下，L 村）の土地にやってきた．確かに道路を建設したが，それを終えると，道路の両側に植林用地を造成し，アカシア（*Acacia mangium* など）を（一部地域でユーカリ *Eucalyptus* sp. を）植えていった．植林地に替えられた土地は，もともと，L 村住民の一部が，陸稲を主作物とする焼畑を行ったり，ゴムやアブラヤシ（*Elaeis guineensis*）を栽培したり，二次林で林産物採取を行ったり，将来，ゴムやアブラヤシなどの換金作物を植えるために整地を行うなどして管理していた土地であった．

　植林企業に土地を奪われた L 村の住民たちは，アカシアの苗木を夜間に引き抜いて，そこにバナナやキャッサバなどを植えて抵抗を続けたが，取り戻せた農地はわずかであった．植林地が拡大していくなか，住民たちは 2007 年 12 月，植林事業を実力で阻止するため，W 社の重機を焼き討ちした．

　2008 年には，W 社と土地をめぐって争っている同州の 5 つの県の農民が共同戦線を張り，州知事庁舎にデモを行うなど土地返還を求める運動を強化した．その後，州知事が和解案を提示し，農民側はこれを受け入れたが，和解案の項

---

[7]　筆者はこれまで 3 度現地を訪問している（村への滞在期間：2014 年 8 月 17 日〜19 日，2015 年 9 月 20 日〜22 日，2017 年 12 月 3 日〜15 日）．特に出所を明記していない箇所の記述は，そのときに現地でおこなった聞き取りの結果に基づいている．

第4章　熱帯林ガバナンスの「進展」と民俗知

目の一つである,「住民林業」の実施がなかなか実行に移されなかったことによって，2010年3月，農民側は和解案を破棄し，W社への植林事業許可の撤回を林業省（当時）に要求した．同じ年の7月には，ジャンビ州の林業局やジャンビ州議会庁舎に1ヵ月にわたり座り込み，紛争の早期解決を求める運動をつづけた．

　その後，州政府，企業，住民とのあいだで紛争解決のための話し合いが重ねられたが，みるべき成果がないまま2013年を迎えた．この年，グリーンピースが主導した世界的なボイコット運動を背景にA社がFCPを宣言したのは先に述べたとおりである．この自主的な誓約によってA社のサプライヤーは自社の事業地で起きている土地紛争の「解決」のために抑圧的なアプローチをとること（強制的に住民を追い出すなど）ができなくなった．こうしたなか，L村のなかでも特に多くの農地を失った住民とこの地域に移住してきてまもない土地を持たない新規移住民の計約50家族が，2013年9月，アカシアの収穫を終えたばかりの約500 haの土地に入り，陸稲，トウモロコシ，キャッサバ，野菜を植え，その間に，ゴムやアブラヤシの苗を植えた．こうしてできたのが，ブキットリンティン入植地である．なお，ここに農地を開いた人たちは，もともとL村にいくつかある農民組合のメンバーであったが，2014年に一つの農民組合（以下，S農民組合）にまとまった．以後，土地返還を求める人びとの運動はこのS農民組合が担っていくことになる．

　その後，S農民組合とW社およびA社とのあいだで土地紛争解決に向けた話し合いが何度か行われた．そして，2014年9月，双方で交わした書簡により，W社，住民，政府との合意ができるまで，農民は新たに植林地を農地に変えないこと，他方，W社は，農民がすでに農地（ゴムとアブラヤシ園）を造成している土地では，そこで農業を続けることを許可することが確認された．

　このような合意が築き上げられていたにもかかわらず，W社が警備業務を委託していたマンガラチプタプルサダ社（PT Manggala Cipta Persada，以下M社）の警備員たちは，住民に「嫌がらせ」（例えば，沐浴をしようとする女性たちを覗いたり，川への自由な通行を規制したり，軍隊式の訓練を住民の見えるところで行うなど）を続けた．さらに，2015年2月には，S農民組合の青年リーダーの一人であったI青年が，警備員によって殺害される事件が起き

た[8]．この事件は，既述したA社の「森林保全方針（FCP）」の重大な違反と受け止められ，メディアでも大きく取り上げられた．この事件後，A社は警備業務の遂行の過程で生じた暴力を強く非難した[9]．また，W社はM社との契約を破棄し，今後の紛争解決を平和的に行うことを宣言した．この青年殺害事件以後，W社はB集落住民に対して抑圧的なアプローチをとっていない．

その後，何度か紛争解決のための話し合いが行われた．2015年12月にW社で開かれた会合では，S農民組合からW社に対して，「（W社の）セキュリティは農民組合の許可なく入植地をうろつかないこと」，「治安部隊（警察や軍）を連れて農民を脅さないこと」，「住民の居住地を通過する際には，W社の車はスピードを緩めること」などの16の要求が出され，W社とのあいだにいくつかの合意が生まれた．

その後，2016年の乾季に植林地で大規模な森林火災が起き，アカシアが焼失した約100 haの土地に住民たちは新たに農地を拡大した．これ以上農地を拡大しない約束になっていたが，それを反故にしたのは，先述の合意事項の多くが実行に移されなかったことや，その後，予定されていた話し合いがキャンセルされたからだと農民組合長は述べていた．

2017年12月の時点では約600 haの土地に約270家族の住民が農地を開いていた．彼ら彼女らの多くは，集落を行ったり来たりする生活だが，約80世帯はすでに入植地に居を構えて暮らしていた．S農民組合が権利を主張するW社の事業地内の土地は1500 haに上る．住民たちの願いは，この土地（うち約900 haはアカシアがまだ植えられている土地）をコンセッション・エリア（事業許可発給対象地）から除外し，自分たちの土地として正式に返還させることである．どの土地をどちらに帰属させるか——すべて土地をコンセッションから外して住民のものとするのか，一部の土地はコンセッションから除外しないで，分収造林の用地（企業と住民との間で収益を分けあう林業用地）として活用するのか——について未だ決着していない．2017年12月時点では，W社とS農民組合双方が協働で，住民が権利を主張する土地と，企業の事業

---

8) この事件についてはWALHI *et al.* (2015)，および，Kiezebrink & Drop (2017) に詳しい．
9) APPホームページ https://asiapulppaper.com/news-media/press-releases/update-incident-wira karya-sakti-wks-jambi (2018年3月5日最終アクセス)．

第 4 章 熱帯林ガバナンスの「進展」と民俗知

図 4.5 ブキットリンティン入植地の遠景
中央にある森はアカシア植林地（2017 年 12 月撮影，L 村）．

を続ける土地の境界確定作業を行うことが計画されていた．

　W 社による植林は，L 村の暮らしを，少なくとも次の二つの点で大きく変えた．一つは，かつて行われていた林産物の利用がほぼ不可能になったことである．植林が行われる 2007 年から 2008 年まで，ブキットリンティン入植地周辺地域は，ジェルナン（*Daemonorops* spp., キリンケツ属のツル性ヤシの実からとれる赤い粉末状の物質で，染料や薬として用いられるもの），ラタン（*Calamus* spp., セゴ，タマティ，バトゥなど 6 種），ダマール（フタバガキ科の樹木の樹脂），ハチミツなどの商品林産物を採取していたリンボ（rimbo）と呼ばれる老齢天然林やブルカルトゥオ（belukar tuo）と呼ばれる二次林があった．L 村では 80 年代から品種改良されたゴムの苗木を植栽するものが増えた．また，90 年代半ば以降，メダンからこの地域に移住してきたジャワ人がアブラヤシの苗を持ってきたことで，アブラヤシ園を作るものも増えた．これらの商品作物の導入によって，以前と比べると林産物収入への依存度は相対的に徐々に低下していったと考えられるが，W 社が操業を始めるまで，林産物収入が重要な収入源の一つであったと述べた村人は少なくなかった．またこうした商品林産物だけではなく，これらの森は，自家消費用の建材，民具材料，薬草，獣肉，果実などが採取される場として重要であった．しかし植林により，

河川のほとりのわずかな土地を除いてそれらの森はすべて伐採された（図4.5）．

　林産物採取が可能な共有林があればさまざまな恩恵に与ることができることを認識しつつも，2013年の入植時，住民たちはそうした森を作ることを考えていなかった．いや，考えられなかったというのが正しい．住民たちは，W社がアカシアを植える前に，競うように，アブラヤシやゴムを植えた．通常，住民たちの土地に対する権利は，人間が植え，保育したことが明確なアブラヤシやゴムなどの永年性作物の存在によって，植林企業から認められる．それらが存在しない共有林は，土地利用の存在を明確に示す証拠が示しにくく，やがては植林企業に土地を取られるリスクが高い．入植後に住民たちが永年性商品作物の植栽を急いだのは，現金収入源を確保することのほかに，以上のような背景があったからである．現在，入植地には林産物採取が可能なまとまった森林は存在しない．村の北側に位置するブキットティガブルー国立公園内でごく一部の住民が，ジェルナン，ダマール，マメジカ（*Tragulus* spp.）などの獣肉を採取しているのみで，多くの住民はかつてのような林産物採取を行ってはいない．

　また，林産物ではないが，W社が進出して以降，川から姿を消した魚がいるという．住民にとって川魚は今でも重要な食物資源である．かつてこのあたりに森が残っていたころ，ジェルナンやラタンを探しに森に泊まり込みで入る際には，川に刺綱を張った．大量に魚が取れた場合は干し魚にして保存したという．

　W社は植林地造成時，そこにあった天然木をパルプ原木として利用した．原木採取の際には，特殊な機械で利用可能な幹の部分だけが採取される．枝葉や樹皮の一部は伐採現場に放置されたり，森のなかの谷に廃棄されたりする．それらが腐食し，河川に流れ出ることで，また重機から漏れた油が流れ出ることで，川の水はコーヒーのように真っ黒になるという．これはアカシアの収穫時も同じであった．入植地を流れるいくつかの川はジャンビ州を西から東に流れるバタンハリ川の支流である．10月末から12月末にかけて，雨季で増水した川をプンゴ（学名不明）やパラウ（学名不明）などの魚はバタンハリ川まで下り，産卵する．生まれた稚魚は，5月から6月にかけて，川を遡上する．し

かし，W 社の操業による川の汚染により，「弱い魚」の稚魚は川を上ることができなくなったという．聞き取りで確認できただけでも，W 社がこの地域に進出した 2008 年から 2009 年以降，少なくとも 9 種の魚，1 種の川エビが取れなくなったという．筆者が話を聞いた村びとは，こうした事態を「豊かさが破壊された」，「財産を奪われた」と表現した．

　もう一つは，コメ（陸稲）自給が成り立たなくなったことである．L 村を含めテボ県の村々はかつてコメの一大生産地だった．しかし，焼畑に用いることのできる土地のほとんどは，植林企業に取られ，アカシアの植林地に変えられてしまった．さらに，事業地内での森林火災防止の責任を強化する内容を含んだ大統領令（Inpres no. 11/2015）が出されたことを背景に，2015 年より，W 社による火入れの取り締まりが厳しくなった．職員は頻繁に入植地を見回り，火入れを行わないよう住民に呼びかけた．煮炊きをするのに薪を燃やして煙が出ただけでも，W 社の社員が火元を確認するために飛んできたという．

　多くの住民が，W 社の「要請」に答えて，火入れを行わなくなった．それにより，2016 年の陸稲の収穫量は大幅に減少した．その原因として，土中の雑草の根や種が燃やされなかったことで，雑草が急速に繁茂し，稲の生育が妨げられたことと，刈り払われた草木を数か所に集めて放置せざるをえなかったため（燃やせないので），そこがネズミの巣になり，多くの稲穂がネズミの食害にあったことを住民たちは挙げた．

　2016 年の不作を契機に，陸稲の栽培をやめた者もいた．陸稲の栽培面積はここ数年で減少してきている．そして，かつて売るほど作っていた米を，現在は買っている世帯が多くなってきている．筆者は約 30 世帯に聞き取りを行ったが，そのすべてが火入れを禁止することに反対していた．そして，条件が許せば，陸稲栽培を続けてゆきたいと述べていた．米が手元にあると「安心だからだ」という．

## 4.3 統治のための新たな装置

### 4.3.1 方向づけられた「協議」

　既述の通り，近年，保護地域における保全の文脈においても，紙パルプ原料の「責任ある生産」の文脈においても，多様なステークホルダーの協働，すなわち，共通の目標にむかって力を合わせて物事を進めるためのガバナンスのしくみが整備されてきた．その背後には，保全や開発のありかたについては，さまざまな関係者が協議を行いながら，進むべき方向を決めていくのが良い，という価値観が前提としてある．

　保護地域の保全をどのようにすすめていくのか，あるいは，紙パルプ原料生産地の土地をどう利用し，管理していくのかについて，セラム島のA村とジャンビのL村の事例でも，地域の生活者が話し合いに加わることを可能にする制度は用意されていた．しかしながら，どちらの事例においても，話し合いを通じて決められる事柄には一定の制約がみられた．熱帯林ガバナンスの「進展」により協議の場は用意された．しかし，そこでの「協議」は，向かうべき方向が，意図的なものであれ非意図的なものであれ，一定の方向にすでに方向づけられているように見える．

　セラム島の事例では，国立公園のゾーニングは，公園内の森林資源に強く依存するA村住民のあずかり知らぬところで行われていた．国立公園の協働管理について定めた現行規則では，ゾーニングに対して不満がある場合は修正を求めることができることに一応はなっている．しかし，先に述べた通り環境林業省がゾーン確定の手順についてまとめた「ゾーニングマニュアル」では，動植物保護や生態系保全こそが実現すべき第一義的な価値であることが示されていた．また，「協働」のための活動の範囲も，生態系再生や自然ツーリズムの発展など，行政が用意したカテゴリーに制限されていた．また，これまで通りの森林資源（狩猟資源）利用を可能にするには，現行法の改正という大きなハードルも存在していた．

　「マヌセラ国立公園戦略計画（2015〜2019）」によると，公園管理局は同公

園を中央マルク地方最大の観光名所にし，自然ツーリズムの発展に力を注ぐとしている．同計画では，公園内の生物資源に強く依存している山地民の存在については一切触れられていない（Balai Taman Nasional Manusela, 2015）．観光開発を進めてゆくなかで，公園管理のあり方をめぐってどのような協議が重ねられていくのかはいまだ不明である．

　山地民にとって狩猟や狩猟資源の利用と分配は集団的アイデンティティや「生（life）」の充実と密接に結びついた営為である（笹岡，2008）．こうした資源利用の社会文化的側面は保護を推進するよそ者には見えないことが多い．エコツーリズム開発により代替的収入源を作り出し，得られる現金の量を増やすという意味での生計向上さえ図れば，人びとは公園内の資源の「違法」な利用をやめるだろう，という開発主義の言説も力を持っている（笹岡，2012b）．また，山地民は沿岸住民からしばしば差別されてきた存在であり，政治力は弱い（詳しくは，笹岡（2006）を参照）．こうした状況下では，「かかわり主義」[10]（井上，2004）のような理念が広く共有されていない限り，協議の場に正当な当事者として姿を現すことができないか，たとえそうした場に姿を現しても，影響力を行使できる主体として意思決定に実質的に参加できず，その結果，山地民が資源利用に見い出してきた価値（特によそ者にとって理解することが難しい社会文化的価値）がないがしろにされる可能性がある．

　現時点では，アクセスの悪い内陸山地部では公園管理局による統制がほとんど及んでいない．そのため，A 村住民は公園内で保護動物であるクスクスを捕り，日常的に食べている．しかし，今後，公園管理をめぐる意思決定に影響力のあるステークホルダー（例えば，自然ツーリズムにかかわる業者や環境 NGO など）から，「山地民の猟は獣を減らし，公園のもつ観光資源としての価値を低下させる恐れがある」，「自然ツーリズム開発を進め，経済的便益を提供することで違法な猟をやめさせるよう人びとを導く必要がある」といった意見が出された場合，住民たちの意向に反して規制が強化される可能性がある．

　次にジャンビの事例をみてみよう．FCP 策定後，植林企業と住民との紛争

---

10)　「かかわり主義」とはなるべく多様な関係者を，ガバナンスを動かしてゆく主体としたうえで，資源の利用・管理へのかかわりの深さに応じた発言権・決定権を認めようという理念を指す（井上，2004）．

は，話し合いを通じて解決が図られることになり，L村でも何度か話し合いの場が設けられてきたことはすでに述べたとおりだ．

S農民組合のリーダーたちへのインタビューによると，林産物が採取できる二次林があると確かに便利だが，土地がすでに限られていることから，その復活は難しいと彼らは考えていた．また陸稲の焼畑耕作も，土地が足りないことに加え，火入れが厳しく禁止されていることから，かつてのようにそれを行うことも難しいのだと述べていた（そのため，入植地内の湿地を利用して水田耕作を導入したいと考えていた）．土地をめぐって農民と植林企業が争っているなか，まとまった森を慣習林として残すことや，焼畑用地の休閑地として一定の土地を「遊ばせておく」ことは現実的ではない，と彼らは考えているようであった．

多様な林産物を採取していた広大な森のほとんどがアカシアの植林地にかわり，植林地に囲まれた600 haの土地に約270家族が生計の糧とする農地がひしめきあっていて，さらに，その土地に対する権利が十分に保証されていない．そうした現状において，「ジェルナンやラタンやハチミツの採取が可能な森とともにある暮らし」や「焼畑で陸稲栽培ができ米を自給できる暮らし」は，たとえ人びとが心の奥底で望んでいても，彼ら彼女ら自身によってすでに現実的な選択肢とはみなされていない．植林企業の進出によって広大な森がなくなり，暮らしが劇的に変容したなかで，本来ありえたかもしれない森とともにある生き方を構想することは少なくとも今のところ困難である．その意味において，農民たちに開かれた合意形成は，向かうべき方向がすでに一定の方向に方向づけられたものであるといえる．

### 4.3.2 無効化される知

ジャンビのL村の人たちが経験している暮らしの変化は，熱帯林との多様で濃密なかかわりのなかで営まれる暮らしから，かかわりの薄い暮らしへの変化であった．セラム島のA村の人たちがこれから経験するかもしれない暮らしの変化も同じ方向を向いたものである可能性が高い．こうした変化のなかで，森に依存した暮らしのなかで生み出され，発展させられてきた民俗知の多くは消失する可能性が高い（そのプロセスはL村ではすでに始まっているといっ

てよい)．

　自然環境や社会の変化により，ある種の知が，ある社会から失われていくことは，ありふれたことであり，それ自体は問題ではない．問題なのはそれが必ずしも彼ら彼女らが望んだ結果としてもたらされたものではないという点にある．

　暮らしを不本意に変えられてしまうことには「傷み」（富田，2014：186)[11]を伴う．この「傷み」の感覚は，特定の場所の記憶や情緒的なつながり，特定の資源を利用するなかで身体に刻みこまれた価値，「自分たちはこのように生きるのだ」という「生」に対する考え方などと密接に結びついているものであろう．冒頭で述べたように，筆者は「民俗知」を，単なる事実に関する知識だけではなく，倫理観，価値観，アイデンティティ，そして信念体系を含むものとしてとらえているが，そうした理解に立つと，先述の「傷み」の感覚は民俗知に深く根ざしたものである．

　地域の生活者が抱く上記の「傷み」の感覚，そして，それと表裏一体をなす，森とともにある暮らしに地域の生活者が見出すある種の「豊かさ」や安心といった価値は，その土地の文脈のなかで育まれ，身体に刻みこまれたれたものであり，他者に了解可能な形に，簡潔な言葉でうまく表現しにくいものである．その意味でそうした民俗知は佐藤が意味するところの「暗黙知」（佐藤，2009）といってよい．佐藤は近代科学が称揚する形式知に代わる知を総称して「暗黙知」と呼び，その特徴として，言葉でうまく表現できないことに加えて，統合的な性格をもつこと，身を以て学ぶ知であること，文脈と個別の事柄を重視する志向性を持つことを挙げている（佐藤，2009)[12]．

　熱帯林に対する価値づけの仕方，文化的背景，そして，政治的経済的な力の点で異なるステークホルダーが話し合いを行うとき，異なる文化的背景を有する「他者」に伝達することが難しい暗黙知は，より他者への伝達可能性が高く，

---

11) この「傷み」は身近な自然からその恵みを享受する営みが不本意に振り回されることだけではなく，「生態系サービスの享受の営みにかかわる担い手とその技術や技能，あるいは文化などの社会的媒介自体や，その多様さが継承できなかったこと」を含むものである（富田，2014：186)．
12) 佐藤は暗黙知の一例として公害被害者の「被害」認識を挙げ，それは単に「言葉にできない」という技術的な意味で「暗黙」であるだけでなく，「正当に取り上げてもらえない」という社会的な意味でも「暗黙知化される」側面があると指摘している（佐藤，2009)．

## 4.3 統治のための新たな装置

正当なものとして広く社会に受けいれられやすい「普遍性を備えた知」とそれを志向する言説によって隅に追いやられ，無効化される可能性がある．

ここでいう「普遍性を備えた知」を志向する言説とは本章で取り上げた事例に即して例示するならおおよそ次のようなものである．すなわち，「将来の個体数減少のリスクを避けるために住民の猟を禁止する必要があるが，一方的に禁止を宣言するだけでは「密猟者」の理解はえられないため，エコツーリズム開発などの経済開発による代替的な収入源の創出と環境教育を行うことが必要である」とか，「世界の紙需要に応え，国内の雇用を創出するため，紙パルプ産業の健全な発展は必要である．住民との土地紛争の解消のためには，（少数の植林企業が広大な土地を囲い込んでいるという不平等な土地保有構造の解消ではなく）コンセッション内・周辺の住民との分収造林事業や新たな農業技術の提供が必要だ」といったものである（これらと同様の論調はマヌセラ国立公園管理局やＡ社の言説のなかに確認できる）．

「普遍性を備えた知」は，比較的簡潔な言葉（数値を含む）でわかりやすく，説得的に表現できる．また，政治的・経済的に強い力を持っているアクターが，その力を背景に，さまざまな「客観的」な科学的データを動員し，そうした知を正当化することもある．ひとたび強力なアクターによって，こうした知が持ち出されると，暗黙知を根拠に異論をはさむことは難しい．そうして暗黙知に基づく判断では「否」とされる政策選択が「協議」を通じてなされることになる．こうした政策選択には，それがある人たちに選択的に便益を提供し，別の人たちに受苦を強いるものであっても，「みんなで話し合って決めた」ことを理由に正当性が付与される可能性がある．このことを踏まえると，環境ガバナンスの単なる制度的概観の整備は，パワフルなアクターにとって都合の良い，「統治」[13]のためのあらたな装置になりかねない危険性を孕むものといえよう．

---

13) 佐藤に依拠して，ここでは「統治」という概念を支配的な勢力が自らの視点に基づいて秩序編成を図ること，といった意味で用いている（佐藤, 2009）．

第 4 章　熱帯林ガバナンスの「進展」と民俗知

## おわりに

　佐藤が指摘するように，環境ガバナンスの進展においては，近代科学が称揚する形式知が特権化され，文化的背景の異なる多様なステークホルダーに幅広く正当性を認められにくい暗黙知が無力化される側面がある．今日，暗黙知の無力化を強力に推し進めているのは「効率性」と「技術優位性」の論理であると佐藤は指摘する．確かにある政策選択によって効率性（投入一単位当たりに生み出される便益の量）が高まることを是とする議論，あるいは，採用される技術がより優れていることを是とする議論に異論を挟み込む余地は小さい．こうした普遍的な正当化論理によって暗黙知に基づく判断が無力化されていくことは，形式知の論理からだけでは導かれない，他にもありえたかもしれない「違ったあり方」を構想する機会（形式知によって必然と考えられてきた歴史の道筋とは別の選択肢があった可能性を提示する機会）を，暗に私たちから奪い取る効果をもつ（佐藤，2009）．その意味で暗黙知の無力化は単に暗黙知の保有者だけではなく，今を生きる私たちすべてにかかわる問題でもある．

　佐藤は近代科学が軽視してきた暗黙知や判断の役割を回復するためには，「効率性」や「技術的優位性」といった教義のほかにどのような要素が「違ったあり方」の探求を遮っているのかを検討することや，暗黙知を無力化する議論を批判するためのオルタナティブな知を築くことが必要だと述べている．筆者もこの主張に同意する．

　これに関して，熱帯林をフィールドとしてきた社会科学分野のフィールドワーカーができることは何か．筆者は次のように考える．ガバナンスを担うはずの様々なステークホルダーのなかで，熱帯林に最も強く依存し，ガバナンスの帰結に最も直接的で深刻な影響を受ける地域の人びとの生活世界（彼ら彼女らが意味づけている世界）のなかにまずは可能な限り入り込むこと．そして，彼ら彼女らが熱帯林を含む地域の自然とどのような関係を持ちながら暮らしてきたのか，その過程でどのような「民俗知」を生み出し，発展させてきたのかを丹念に描くこと．その際，「民俗知」のなかでも，文化的他者に言葉で説明することの困難な暗黙知としての性質をもつ知――場所の記憶，自然との情緒的

つながり，身体に刻み込まれた自然に対して抱く固有の価値，「自分たちはこのように生きるのだ」という「生」に対する考え方など——を丁寧に掬い取り，表に出すこと，これらの地道な作業が必要であろう．

その際，近代科学が得意としてきた要素分解型の狭い意味での分析的な手法ではなく，例えば，水俣の漁民たちの世界の「豊かさ」と水俣病患者の痛みを描いた石牟礼道子の文学にみられるような方法（石牟礼，2011）——人びとの話を丁寧に聞き取り，そうした語りのもつ全体性をそこなうことなく，「物語」として提示するようなアプローチ——が重要になってくるものと思われる．

## 引用文献

Armitage, D., Roe, R. & Plummer, R.（2012）Environmental governance and its implications for conservation Practice. *Conserv. Lett.*, **5**, 245–255.

Asia Pulp & Paper（2013）APP wood suppliers location maps. Data shared at a forum group discussion (FGD) in Jakarta on 27 March 2013.

http://auriga.or.id/wp-content/uploads/2017/12/supplier-list-from-2013-FGD.pdf（2019年2月22日最終アクセス）

Asia Pulp & Paper（2017）森林保護方針　4周年報告書（日本語版）．

http://www.app-j.com/topics/1026.html（2018年2月19日最終アクセス）

Balai Taman Nasional Manusela（2011）Peta Zonasi Taman Nasional Manusela, Kabupaten Maluku Tengah, Provinsi Maluku. Balai Taman Nasional Manusela.

Balai Taman Nasional Manusela（2015）Rencana Strategis Balai Taman Nasional manusela Tahun 2015–2019. KLHK.

Borzel, T. A. & Rissue, T.（2010）Governance without State: Can it work? *Regul. Gov.*, **4**, 113–134.

Dieterich, U. & Auld, G.（2015）Moving beyond commitments: creating durable change through the implementation of Asia Pulp and Paper's forest conservation policy. *J. Clean. Prod.*, **107**, pp. 54–63.

Eyes on the Forest（2011）The truth behind APP's greenwash. Eyes on the Forest.

https://www.wwf.or.jp/activities/upfiles/%5BREPORT%5DEoF_TheTruthBehindAPPsGreenwash_201111.pdf.（2018年2月19日最終アクセス）

藤原敬大・サン・アフリ・アワン　ほか（2015）インドネシアの国有林地におけるランドグラブの現状——木材林産物利用事業許可の分析．林業経済研究，**61** 63–74.

Greenpeace（2013）APP's forest conservation policy: Progress review October 2013.

http://m.greenpeace.org/international/Global/international/publications/forests/2013/Indonesia/APP-Forest-Conservation-Policy.pdf（2016年7月22日最終アクセス）

Houde, N.（2007）The six faces of traditional ecological knowledge: Challenges and opportunities for Canadian co-management arrangements. *Ecol. Soc.*, **12**, 34.

第 4 章　熱帯林ガバナンスの「進展」と民俗知

　　　http://www.ecologyandsociety.org/vol12/iss2/art34/（2018 年 3 月 11 日最終アクセス）
井上　真（2004）コモンズの思想を求めて──カリマンタンの森で考える．pp. 162，岩波書店．
石牟礼道子（2011）苦海浄土．池澤夏樹個人編集　世界文学全集　第 3 集，pp. 780，河出書房新社．
Jennings, S., Nussbaum, R., Judd, N., & Evans, T.（2003）The high conservation value forest toolkit, edition 1.
　　　https://www.proforest.net/proforest/en/files/hcvf-toolkit-part-1-final-updated.pdf（2019 年 2 月 22 日最終アクセス）
川上豊幸（2016）森林認証制度を見定め行動する──タスマニア森林保全と企業への働きかけ．国際資源管理認証　エコラベルがつなぐグローバルとローカル（大元鈴子・佐藤 哲・内藤大輔 編），pp. 130-143，東京大学出版会．
Kiezebrink, V., Dorp, M., Puraka, Y. W. G. & Anzas, A.（2017）The two hats of public security actors in Indonesia. SOMO & Inkrispena.
　　　https://www.somo.nl/wp-content/uploads/2017/06/SOMO-report-The-two-hats-of-public-security-actors-Indonesia.pdf（2019 年 2 月 23 日最終アクセス）
KLHK（2016）Petunjuk Teknis：Aplikasi Model Analisa Spasial dlm Pembuatan Peta Arahan Pengelolaan Kawasan Koservasi dan Pengintegrasian Peta Zona/Blok pada Skala 1：50000. Kementerian Lingkungan Hidup dan Kehutanan（KLHK）.
　　　http://ksdae.menlhk.go.id/assets/publikasi/Juknis_Aplikasi_Model-KK1.pdf（2018 年 2 月 19 日最終アクセス）．
Koalisi Anti Mafia Hutan *et al*.（2016）Will Asia Pulp & Paper default on its "zero deforestation" commitment_An assessment of wood supply and plantation risk for PT OKI Pulp & Paper Mills' mega-scale project in South Sumatra, Indonesia.
　　　https://www.ran.org/wp-content/uploads/2018/06/OKI_Mill_Report.pdf（2019 年 2 月 23 日　最終アクセス）
Rainforest Alliance（2007）Rainforest Alliance Public Statement：Termination of Contract to Verify High Conservation Value Forests（HCVF）for APP in Sumatra.
　　　https://www.wwf.or.jp/activities/upfiles/RAstatementAPP.pdf（2019 年 2 月 23 日最終アクセス）
Rainforest Alliance（2015）An Evaluation of Asia Pulp & Paper's Progress to Meet its Forest Conservation Policy（2013）and Additional Public Statements：18 month Progress Evaluation Report.
　　　https://www.rainforest-alliance.org/sites/default/files/uploads/4/150205-Rainforest-Alliance-APP-Evaluation-Report-en.pdf（2019 年 2 月 23 日最終アクセス）
Sasaoka, M. & Laumonier, Y.（2012）Suitability of local resource management practices based on supernatural enforcement mechanisms in the local social-cultural context. *Ecol. Soc.*, **17**, 6.
　　　http://dx.doi.org/10.5751/ES-05124-170406（2018 年 3 月 11 日最終アクセス）
笹岡正俊（2006）ウォーレシア・セラム島山地民のつきあいの作法に学ぶ．躍動するフィールドワーク：研究と実践をつなぐ（井上　真　編），pp. 26-44，世界思想社．
笹岡正俊（2008）「『生』を充実させる営為」としての野生動物利用──インドネシア東部セラム島における狩猟獣利用の社会文化的意味．東南アジア研究，**46**，377-419.

笹岡正俊（2011）『超自然的強制』が支える森林資源管理――インドネシア東部セラム島山地民の事例より．文化人類学，75，483-514．
笹岡正俊（2012a）資源保全の環境人類学――インドネシア山村の野生動物利用・管理の民族誌，コモンズ．
笹岡正俊（2012b）社会的に公正な生物資源保全に求められる「深い地域理解」――「保全におけるシンプリフィケーション」に関する一考察．林業経済，65，1-18．
笹岡正俊（2017）『隠れた物語』を掘り起こすポリティカルエコロジーの視角．東南アジア地域研究入門（井上 真 編），pp. 195-214，慶応大学出版会．
佐藤圭一（2017）日本の気候変動対策におけるプライベート・ガバナンス――経団連「自主行動計画」の作動メカニズム．環境社会学研究，23，83-97．
佐藤 仁（2009）環境問題と知のガバナンス――経験の無力化と暗黙知の回復．環境社会学研究，15，39-53．
Smith, T. M. & Fischlein, M.（2010）Rival Private Governance Networks: Competing to Define the Rules of Sustainability Performance. *Glob. Environ. Change*, 20, 511-522.
菅 豊（2008）コモンズの喜劇――人類学がコモンズ論に果たした役割．コモンズ論の挑戦（井上 真 編），pp. 2-19，新曜社．
鈴木遥（2016）インドネシアにおける紙パルプ企業による森林保全の取り組み――実施過程における企業とNGOの関係．林業経済研究，62，52-62．
富田涼都（2014）自然再生の環境倫理――復元から再生へ．pp. 231，昭和堂．
脇田健一（2009）「環境ガバナンスの社会学」の可能性――環境制御システム論と生活環境主義の狭間から考える．環境社会学研究，15，5-23．
Wright, S.（2017）AP Exclusive: Pulp giant's makeover obscures supplier ties. Financial Post (December 19, 2017).
http://business.financialpost.com/pmn/business-pmn/ap-exclusive-pulp-giants-makeover-obscures-supplier-ties（2018年2月15日最終アクセス）
WALHI *et al.*（2015）Kasus Pembunuhan Terhadap Indra Pelani Warga Desa Lubuk Mandarsah, Kec. Tengah Ilir, Kabupaten Tebo, Propinsi Jambi. pp. 7. 未公刊資料．
WWF（2004）Time is running out for APP.
http://assets.wwfid.panda.org/downloads/time_is_running_out_4_app.pdf（2019年2月23日 最終アクセス）
WWF（2007）Forest stewardship council dissociates with Asia Pulp and Paper.
https://www.wwf.or.jp/activities/upfiles/20080116opt_fsc.pdf（2019年2月22日最終アクセス）
WWF（2009a）APP's forest clearing linked to 12 years of human and tiger deaths in Sumatra.
http://wwf.panda.org/wwf_news/?159162/APPs-forest-clearing-linked-to-12-years-of-human-and-tiger-deaths-in-Sumatra（2019年2月23日最終アクセス）
WWF（2009b）Indonesian NGOs: Even with LEI certification, APP Paper Products Are Unsustainable.
https://www.wwf.or.id/index.cfm?uLangID=1&uNewsID=12980（2019年2月23日最終アクセス）

# 第5章 近代化と知識変容
## カナダ先住民の「知識」をめぐる議論と実践

山口未花子

## はじめに

　カナダ北西部，アラスカの隣に位置するユーコン準州に暮らす先住民カスカの伝統的な活動領域（図5.1）は，北方針葉樹林（boreal forest）に覆われている．この森林のなかで，カスカの人々は狩猟採集を生業としながら自然と関わってきた．筆者がこのカスカの人々を対象に研究をはじめた2005年から数えて，10年以上の月日が流れた．しかし調査を始めたころの様々な出来事，

図5.1　カスカの伝統的活動領域

## はじめに

特に今思い返せば恥ずかしいような失敗は，今でもつい先ほどのことのように鮮明に覚えている．

　2006年の夏にカスカの言語ワークショップへ参加した時のことも，そうした思い出の一つである．現在カスカ社会では，古老より下の年代におけるカスカ語話者が減少しており，何とかして自分たちの言葉を維持しようとする試みとして，自治政府が言語の調査，および学習の機会として定期的に言語ワークショップを開催している．そのワークショップの場ではなるべくカスカ語を使って話をすることになっていた．普段は英語しか使わないため，カスカ語に関してはいくつかの単語を知っているだけだった筆者は，それでも何とか調査の足しにしようと，あわててメモを取り出し聞こえてきた言葉を書き取ろうとした．するとノートに文字をかこうとした瞬間，このワークショップの主催者に，「ノートをとるのは禁止」と強い口調で言われた．突然のことで驚きながらも，主催者に謝ってノートをしまい，そのままワークショップに参加させてもらった．しかし，ただでさえわからないカスカ語交じりの会話は，まったく記憶することができず，せっかくの機会に何も記録することができなかったことへの失望と何故なのかという疑問ですっかり落ち込んでしまった．

　今ならば，この時主催者が言葉を記載することを禁じた理由をはかり知ることができる．一つにはカスカをはじめとするカナダ先住民の「伝統的な知識」に対する高い価値づけというものがある．カナダでは先住民の知識は土地や財産と同様に高い価値をもち，先住民に帰属するものとみなされている．したがって，例えばこうした知識をもとにして薬を作ったり，本を執筆して儲けたりした場合は相応の対価を払う必要がある．しかしなかにはこうした対価を支払わず，ともすれば，先住民の神話を自分の創作物として著作権をにぎってしまうというような事例があり，先住民による批判の対象になっている．カスカの主催者もそうしたことに憤りを感じる一人だった．さらに根源的な問題として，カスカの言葉や言葉によって語られる知識は，文字を持たず口伝えで伝承されてきたものであるということがある．したがってこうした知識は文字に書いて覚えるのではなく，会話や経験を通して身につけるものなのである．

　本巻で取り扱われる「知識」においても，筆者が参照するカスカの知識が，文字をもち，記録することで知識を蓄積してきた私たちの属する世界のものと

# 第 5 章　近代化と知識変容

質的に大きく異なるという点を抑えておく必要があるだろう．そして本章のテーマでもある「近代化」や「知識の変容」の影響を大きく受けるのはこうした先住民的な知識なのである．その一方で私たちが日常に用いる知識の中には，先住民的かつ経験的で世代を経て伝えられてきたような知識もある．こうした点から，先住民的な知識について論じることは私たち日本人が無意識に伝えてきた知識の変容について考えることにもつながるといえる．

## 5.1　北米における先住民の知識に関する議論

本章ではカナダ先住民の事例を中心に論じるが，カナダを含めた北米，とくに北方地域における先住民の知識については様々な先行研究があり，論者によって立場も異なってくる．ここではまず，先住民の知識が先住民自身，あるいは国家や研究者によってどのように名付けられ，範疇化されてきたのか，またこうした知識の特徴について紹介するところから始めよう．

北米では特に極北人類学の分野において伝統的な生態学的知識，すなわちTEK（traditional ecological knowledge）に関する議論が70年代後半から活発になされるようになった（大村，2002a；2002b；近藤，2016；Berkes, 1999）．TEKには様々な定義があるが，先行研究をまとめた大村（2002b）は「伝統的（な）生態学的知識とは，欧米の近代科学の基準における「自然」環境についてだけでなく，「社会」や「超自然」をも含むかたちで先住民に把握されている環境全体に対して，過去何世紀にわたるその環境との相互作用を通して諸先住民族がそれぞれに鍛え上げてきたさまざまな知識と信念と実践の総合的体系の総称であり，欧米の近代科学とは異なっているが，知的所産としては近代科学と対等な世界理解のパラダイムとその具体的な内容のことを意味しているのである」と定義し，近代科学と肩を並べるもう一つのパラダイムであり，レヴィ゠ストロース（Lévi-Strauss）の「具体の科学」に類するものと位置付けている．また，近年ではTEKではなく在来知（indigenous knowledge）やイヌイットの知識（Inuit Qaujimajatuqangit）といった名称も用いられている．

## 5.1.1 どのような知識なのか

こうした知識は，異なる二つの方向性のもとに語られてきた．一方では環境活動家により近代文明に代わるオルタナティブな思想として称賛され（近藤，2016），また他方では動物の減少や過去に起こった絶滅が管理能力のない先住民の乱獲によるものとされてきたのである（大村，2003）．先住民の知識が合理的なものであったか否かについて検討したバーチ（Burch, 1994）は，北方アラスカのイヌピアットとハドソン湾の西岸，あるいはその近くや中央カナダの亜北極圏に暮らしてきたカリブー・イヌイットについて「アラスカのイヌピアットは，自分たちの領土の西部におけるカリブー（*Rangifer tarandus*）とマウンテンシープ（*Ovis dalli dalli*）を絶滅させた．この出来事によって，彼らは北東に移動することを余儀なくされた．そして彼らは一旦目的地に到着すると，再び至るところで同じ事を繰り返した．同様に，異なる理由ではあるけれど，カリブー・イヌイットは自分たちの領域におけるジャコウウシ（*Ovibos moschatus*）を絶滅させた」として，先住民の知識が必ずしも環境を持続的に利用する効果を持たないことがある点を指摘している．ただしこうした絶滅の前に，①ヨーロッパ系カナダ人から銃が持ち込まれるなど新しい技術の導入による捕獲効率の上昇，②もしくは毛皮交易[1]などによってこれまであまり利用されなかった動物を集中的に捕獲するなど，動物種ごとの価値が変化すること，そして，③これまで資源を保全する役割を果たしてきた捕獲に関する禁忌や規範が新しい宗教（キリスト教など）の導入で取り払われること，という3つの条件が，状況を助長したとも述べている（Burch, 1994）．ただしこうした変化は程度の差こそあれ常に起こることでもあり，それに対応して禁忌や規範を作り出し，機能させることができるのか，それが間に合わず資源が枯渇するのかということが，資源の持続利用ができるかどうかの分かれ目になるというの

---

[1] 欧州における毛皮の需要にこたえるため，北米では16世紀初頭から交易によってビーバーなどの毛皮が取引されるようになった．当初は東部のセントローレンス川流域が中心地であったが，特に上質な毛皮は寒冷地で産出されることから，北西部へとその範囲が広がっていった．これに伴いフランスやイギリスなどから猟師や仲買人が北方地域へと移入するきっかけになった．また，ハドソン湾会社など毛皮取引を行う会社が各地に交易所を作り，そこに教会や学校が建設され，集落が形成される拠点にもなった．

がバーチの論点である．

　これとは少し別の角度から北米先住民の生態学的知識に論じた研究もある．カナダ，サスカチュワン州に暮らす先住民チペワイアンについて調査した煎本（1996）は，チペワイアンにおける生態と宗教は明確に分けられるものではなく，狩猟という活動系をとってみても両者は相互に関連しながらひとつの体系をなしているという．例えばチペワイアンは，"カリブーを食べる者"と呼ばれるほどカリブーに依存しているが，カリブーの群れの動向を予測して狩猟を成功させるのはそれほど簡単なことではない．もちろん様々な生態学的，経験的な知識を用いるが，一方で「昔人間に育てられたトナカイの少年がトナカイの群れに戻って毎年人間のもとにトナカイの肉を届けてくれる」という神話を信じている．そしてこの契約を維持するために，人々は儀礼をおこない，狩猟の時にこの少年に語りかける．また，キャンプ地で狩猟者たちを待つ女性や子供，老人たちは，神話の約束を信じて心安らかに無駄な動きをすることなく待ち続けることができる．すなわちこの神話そのものがチペワイアンにとってカリブーに関する TEK であるということができる．「神話は過去の話ではなく現実の生活の中で生きている．すなわち，生態にかんする認識であり説明である神話は，同時にチペワイアンの現実の生態にたいする行動戦略と不可分にむすびついている」（煎本，1996）というように，超自然的な認識や動物との社会関係は TEK において非常に大きな部分を占めているということが理解できる．

## 5.1.2　ドミナント[2)]社会と知識

　「はじめに」でも述べたとおり，アメリカ政府，カナダ政府ともに現在は先住民の知識や知識に基づいた狩猟採集活動が先住民の財産であり権利であると認めている．こうした知識をめぐる議論が顕在化した引き金は，カナダにおける Land Claim に代表されるような，土地の帰属や先住権，狩猟採集権に関する議論が盛んになったことに一因がある．カナダでは，70 年代に入ると，アメリカで起きた公民権運動の影響を受けて先住民が土地に関する権利の回復運

---

2)　カナダやオーストラリアなど，旧イギリスの植民地などでよく用いられる表現に「先進国の中の第四世界としての先住民社会」という表現がある．優位（ドミナント）の者であるヨーロッパ系の移民が実権を握る政府や企業のことをドミナント社会と呼ぶことで，国家の中で先住民集団が置かれた位置がマイノリティとしての性格を持つものとして対比させている．

## 5.1 北米における先住民の知識に関する議論

動である Land Claim に取組むようになった．しかし 1973 年にカルダー判決が下されるまで，カナダ政府側が先住民の主張をまともにとりあげることはなかった．

このカルダー判決は北西海岸インディアンのニシュガによる Land Claim の交渉の過程で生まれた．ニシュガは，1890 年にはファースト・ニシュガ土地委員会を結成して Land Claim への取り組みをはじめ，1915 年にはブリティッシュ・コロンビア部族連合会が結成される．そして，1949 年ニシュガ出身のコールダーが先住民として初の国会議員に選出されると，国に対して積極的な Land Claim 運動が展開されるようになった．しかし当時首相だったトルドー (Trudeau) の同化政策のもと，先住民の主張はことごとく退けられた．転機は 1967 年，北西海岸インディアンの二人の若者が禁猟期に鹿狩りをしたために告訴されたことを知ったニシュガ部族評議会の首長らが，弁護士バージャー (Berger) の事務所を訪れたことにはじまる．彼らは，「インディアンの土地権原がこれまでに一度も消滅されたことがないことを法廷で確立したい．」と考え，1970 年にブリティッシュ・コロンビア州最高裁に訴訟申し立てを行い，これが最終的にカナダ最高裁へ持ち込まれた．そこでだされた 1973 年のいわゆるカルダー判決の結果は，判事 7 人のうち 3 人の支持しかえられずに敗訴が確定した．しかしその内容を見ると，判事のうち 6 人までが土地権原の存在は認めるものであったことから，内容的には勝利を得たと考えられるものであった（バージャー，1992）．

このように，先住民に先住権や土地権が認められる判決が出されたことにより，カナダ全土で Land Claim に関する訴訟が起き，次々と合意を結んでいった．このことによって，必然的に地域の自然資源の保全のプログラムのなかに先住民による継続的な資源利用が組み込まれることとなった．こうしたなかで，一方的な国家主導の管理に反発した先住民は，自分たちの求める領域内での管理に先住民も参加することを主張し始める（大村，2002b）．また，人類学的な調査の蓄積も，先住民による資源の利用が商業やレクリエーションのために行なわれるのではなく，生活やアイデンティティの基盤として，社会・文化・経済的に重要な機能を果すものであることを示していた（大村，2003；Berkes, 1999）．

## 第 5 章　近代化と知識変容

　こうした時流にのって，1975 年に締結されたジェームズ湾・北ケベック協定には，すでにカナダ政府と先住民自治政府との共同資源管理制度が取り入れられている．1980 年代になると，人類学者によって先住民の知識や経験を管理に生かすという共同資源管理（co-management）のシステムについての議論がなされ，現在に繋がる体制の原型が示された（岩崎，2003）．こうした流れを受け，現在ではほとんどの Land Claim の合意には共同資源管理の導入が明文化されるようになった．共同資源管理において重要なのは，TEK と，科学的な生態学的知識（scientific ecological knowledge：SEK）を管理の基礎におくという点である．しかし SEK と TEK は生態系に関する知識という点では共通するが，その方法や解釈などではかなり異なる構造を持つ．例えば大村（2002a）によれば，TEK と SEK はセルトー（1987）の示した戦術と戦略というイデオロギーに基礎づけられているため，対立やすれ違いが生まれる．これらを無理に統合しようとするのではなく，両者を基礎付けるイデオロギーを両立させていくことが必要となるという．そして状況による使い分けや，バランスよく共存させることが提案されている．

　しかし実際の共同資源管理制度に，TEK と SEK を両立させるような明確な規定はなく，実際には二つの知識は「競合しあう敵対的な関係」（大村，2003）に陥るか，SEK を記載することで先住民側に配慮したという行政側の言い訳に使われる（井上，2015；Nadasdy，2003）ような状況である．これについて，大村（2003；2002a）は，二つの知識には本質的な差異があるのに，本来定性的な性質を持つ TEK を定量化することで SEK に翻訳して利用するという方策がとられることが多く，これでは TEK が従属的な立場に立たざるを得ないと指摘する．そしてこの例として，コリングス（Collings，1997）が報告したカナダのホルマンにおけるカリブー群減少をめぐる共同資源管理の事例を紹介している．この事例では，1992 年に起こったカリブー群の減少に関する調査分析が生物学者とイヌイットによって行われた結果，イヌイットはジャコウウシの進出によりカリブーが他地域へ移動したためと結論付けたが，行政官や科学者はこの見解を無視する形でイヌイットの乱獲と判定し，カリブー群回復までの狩猟が禁止されるという結果になった．この他にもそもそも英語で話し会議室で会議するというところからしてドミナント政府や SEK の流儀に

従わされており，先住民らしさが失われてしまうという批判がナダスディ（Nadasdy, 2003）から寄せられている．

　しかし少なくとも，先住民と科学者が政府の意思決定機関に同席することによって，先住民側の主張が制度に反映されるという受け止め方もできる．例えばアラスカのディチナニク人はサケの共同資源管理においてサケの資源量調査における数量化と可視化につとめたとする，近藤（2016）は「彼らが科学者との協働をおこなうことによって，分節化された TEK が「現地情報」として「科学知」に組み込まれることで強固に「事実化」され，サケ作業部会の会合などを通じて，流域全体で受け入れられる知識として（再）定着してきた過程であるとまとめることができる」と TEK の SEK への翻訳ともいえる態度に一定の評価を与えている．少なくともディチナニクの人々はこうした協議を続けることによって下流域のサケ捕獲量を制限する規制をかけることに成功し，手ごたえを感じているという（近藤，2016）．筆者の調査地でも近年 Land Claim を締結した自治政府の管轄地でヘラジカ（*Alces alces*）の捕獲制限が行われるようになり，Land Claim の合意形成がされていない地域に狩猟者が押し寄せるという現象が起きている．自分たちの暮らしてきた土地に外から来た人々が住み着き狩猟をするという現状においては，TEK によって維持されてきたような資源利用の仕組みも危機にさらされている．先住民以外の人々とも共有できるような資源利用のルール作りが必要になるという意味でも，様々なアクターが同じテーブルにつき制度策定に関われるという点に意義が見出せるという指摘には共感するところも多い．

　さらに，TEK と SEK をより平等なものとして運用しようとする動きも出てきている．ヌナヴト野生動物管理委員会が制定したヌナヴト野生生物管理制度もこうした試みの一つである（大村，2003）．委員会は，SEK と TEK がそもそもまったく異なるパラダイムであるという前提に立ち，SEK と TEK それぞれの意見を委員会で吟味し，その時々の事例にもっとも適した知識の活用を考えていく方針を打ち出した．つまり SEK と TEK を統合するのではなく，「協力」策を模索するのである．これには意思決定に時間がかかるなどの弱点はあるが，一方が失敗してももう一つの代替案があるという点で打たれ強いシステムになる可能性がある（大村，2003）．

以上のように，先住民の知識をめぐる問題は，少なくとも北米北方では，ドミナント政府との関係の中で SEK との競合から統合，協力へという形でより存在感を増してきている．

### 5.1.3 森（ブッシュ）の全体性

筆者のこれまでの研究（山口，2014）からカスカの人々もこうした TEK に類する知識が豊富であり，さらに狩猟採集活動との相関関係があることが指摘されている．カスカの人々は伝統的に狩猟採集民であり，移動生活を送るために荷物は極力少なくする必要があった．しかし最低限の道具さえあれば，そして頭の中に知識があれば，その場で必要な道具を作り出したり，地図やコンパスがなくても体に染みついたナビゲーション能力によって迷うことなく移動することができる．このように，カスカにとって知識は目に見えない財産であるともいえる．またこうした知識が独立してあるのではなく，活動が展開する中で連続して立ち現われ，消失するようなものであることも明らかになってきた．これはそもそも，先住民の知識が全体的なものであるという大村（2002b）や煎本（1996）の指摘とも呼応するものである．さらに文化人類学者コーン（Kohn）は，著書『森は考える（*How forests think*）』（コーン，2016）において，アマゾンに暮らすルナの人々の狩猟に関する知識を体系的に描くことをせず，まるで森の中に分け入ったときに次次と目に飛び込んでくる風景とそこから生じる思考のようなものとして民族誌を描いている．「生命がアマゾニアにて織りなす多くの層は，これらの人間的な記号過程の網目よりも大きなものを増幅し，はっきりとさせる．その森が私たちを通じてそのありようを思考するのにまかせるならば，私たち自身もまた常に何らかの仕方でそのような編み目に編みこまれているのかを，そして，この事実と一緒にいかに概念的な作業をすることになるのかを，見定めることができよう」とコーンがいうように，森全体について考えることが，個々の事物を超えた何か大きく，そして細部にまでいきわたる活力のようなものを宿したものを見出す可能性を示している．カスカにとって森に類する言葉として，人間の切り開いたキャンプ地や集落以外の自然環境を示す「ブッシュ」がある．ブッシュのほとんどは森林であるが，湿地や湖沼，川，山岳地帯なども含まれている．ブッシュの知識とは，もちろ

んブッシュに生息する動植物に関する知識だけでなく，地形や気候，それらに合わせてどのように活動するべきかといったサバイバル技術，また，複数の動物種に関する知識を組み合わせて理解したり，その場にある素材を用いて必要なものをブリコラージュ（bricolage）的に作り出すなど，分節化された知識というよりも全体的で複合的な知識体系ということになる．さらに，この森の中には祖先の霊やメディシンの力がそこかしこに宿っている．森の知識を考えるということは，切り取られた断片でなく，こうした自然の全体の中で考えるということであり「場」としての森林（ブッシュ）に宿る力のようなものを考えることでもある．本章では便宜的に「カスカの知識」という言葉を用いるが，その中にはブッシュの持つ全体性や場に宿る超越的なものを含んでいる．

## 5.2　カナダ先住民カスカの森（ブッシュ）の知識と生業

### 5.2.1　獲得の過程に見るカスカの知識の特徴

　カスカの知識とはどのような知識なのかを理解するために，手始めに子供がどのようにして知識を獲得していくのかを見てみよう．知識獲得の過程を見ることで，その特徴がみえてくるはずだからである．なお，ここで紹介する知識獲得の過程は筆者が調査を始めた2005年に70歳より年長であった古老の経験によるものとする．この世代の人々は，学校にほとんど行くことなく伝統的な狩猟採集生活の中で生まれ，成人した経緯をもつ．

　そもそも人間の子供の発達に関しては，人は白紙の状態で生まれ教育によって人間になる，という「タブララサの神話」は否定され，学習しやすい直観的知識の4つの領域があることが指摘されている（ミズン，1998）．認知考古学者のミズン（1998）によれば，これは言語，心理，物理，生物のことであり，例えば様々な音がある中で，モノがこすれる音や風の音などよりも人間の話す言語を生まれながらに選択的に聞き分けることが知られている．この直観的知識の一つに生物が入っているのは私たち人間が狩猟採集民としての性質を持つことの査証でもある．なぜなら私たち人類はその歴史の99%以上を狩猟採集民として過ごしてきたため，その心や身体は狩猟採集生活に適応しているから

## 第 5 章　近代化と知識変容

である．何も教えられていない子供でも，生き物がほかのものとは違うという理解を持っている．そして新しく習得した生物に関する知識を分類し，階層化する．現代の子供でも，小さいときにさまざまな種類の恐竜や虫の名前を楽々と憶え，そのこと自体を楽しんでいる様子は子供のいる親であればすぐに思い当たるだろう．これは，狩猟採集という生活様式がほかのどの生業よりも自然に関する詳細な知識を必要とするからである．ただし大人になって使わなくなった知識は，現代社会で生活するのに必要な知識に追いやられていつしか忘れられていくのだが．

カスカの人々は，普段は親族を中心とした小規模集団で過ごし，例えば夏のフィッシュ・キャンプの際には複数集合して大きな集団をつくる，というように離合集散を繰り返しながら狩猟採集活動を生業として暮らしてきた．こうした生活は第二次世界大戦の末期に道路が建設されるまで続いたという．そこには自分のテントや小屋の外に出れば，広大な森林が広がっているような環境が常にあった．カスカの子供はこうしたなかで，小さいころから動植物の名前や生態，利用法といった自然に関する知識を身につけていった．しかも狩猟採集生活の中では，こうして覚えた知識が日常的に必要であったため忘れることがなかった．カスカの古老フレディはよく「子供が2歳になったらブッシュに連れ出さなくてはいけない．2歳のころ覚えた知識は今になっても忘れることがない．むしろ一番よく覚えているくらいだ」と話してくれた．カスカの人々は文字を持たず，日々の会話や物語を通じた口頭伝承で，知識を伝えてきた．日々の生活の中で自然と触れ合いながら，周りの大人たちから自然に関する知識を教えてもらうことが知識習得の第一段階といえる．5, 6歳になると特に男の子は大人とともにキャンプ地の外での猟に同行するようになる．この際，父や祖父より，おじとともに行動することが多かったという．これは，少し離れた関係の方が，厳しく指導することができることや，一人の人に学ぶよりも広範な知識を得ることができるためと考えられる．先述した古老フレディは，母方のおじからブッシュでの生活スキルを学んだといい，9歳になると一人でヘラジカを獲ったという．そうやって，少しずつ自分でブッシュを歩くことができるようになると，今度は自然から直接学ぶことが多くなる．フレディはいつも，自分に一番知識を与えてくれたのは，動物だと言っていた．例えば

## 5.2 カナダ先住民カスカの森（ブッシュ）の知識と生業

春先に食べる植物をクマに学び，ヘラジカの狩猟のしかたをオオカミに学ぶこともできる．さらにユニークなのは，動物のメディシン（霊）と直接契約して，メディシンから様々な情報を得る方法だ．伝統的には，男性は10歳ころになるとヴィジョン・クエストと呼ばれる成人儀礼に出た．一人でブッシュをさまよい，数日から数週間かけて集落に戻ってくる．そのなかで命の危険が迫った時などに，助けてくれる動物（霊）がいれば，その動物が自分のメディシンになるという．これ以外にも，親などから受け継いだり，日常の生活の中でもメディシンと契約を結んだりすることができるが，結局自分のメディシンを持つことができない人もいる．また，メディシンは女性でも持つことができた．

このように，カスカにおける知識の獲得は，大人に教わる段階，大人とともに狩猟採集活動をしながら経験的に学ぶ段階，そして個人が自然から直接学ぶ段階の3つに分かれているといえる．もちろんそれぞれの段階は重複する時期もある．

こうした形で獲得されるカスカの知識には大きく二つの特徴がある．一つは親族がよく利用するエリアに関する土着の知識がその親族集団内で伝えられていくという点である．カスカの土地利用を見ると，これは現在の制度にも反映されているのだが，親族ごとに使う縄張りのような区画をもち，その中でトレイル[3]を維持し，狩猟小屋やキャンプ地を整備しておくのが一般的である．そして季節や獲物に合わせて区画内を移動しながら狩猟採集活動を行っていた．ただし，縄張りやトレイルは誰かに所有されているものではなく，ほかの集団と重複したり，ほかの集団が整備しているトレイルを使うこともまれではない．むしろそれぞれが整備したトレイルがつながり，広範囲を移動できるようになっていた．しかし，狩猟採集に関しては，どこにどのような資源があるのかは親族集団のなかでのみ知識として共有されていることが多かった．どこにクランベリー（*Vaccinium oxycoccos*）のパッチがあり，どこにヘラジカの水飲み場があるのかといった知識は，その場所でしか使えないという点でも土地に根差した知識であるといえる．また，そこにたとえばヘラジカがよくいる説明として，エサが豊富であるという生態学的な説明がなされることもあれば，昔メデ

---

[3) 森林の中を通行するために，木を伐ったり枝を払ったりして維持してきた通路．

ィシン・マン（シャマン）が獲物をおびき寄せてその力がまだ残っているという説明がされることもあった．こうした超自然的な説明も，同じような条件を持つほかの場所に通用するわけではないという点で，土着の知識といえるだろう．

　カスカの知識のもう一つの特徴は，経験的な知識であるということである．もちろん伝統的に受け継がれてきた知識は，教えられたものである．しかしそうした知識であっても，学ぶ場所はブッシュであり，例えば実際に狩猟が成功した際に，「この場所にはメディシンの力が宿っている」と教えられるのである．さらに，自分が狩猟した動物の体を解体し，皮をなめす際にもその動物の身体から多くの情報をとりだそうする態度が見られた．その動物が何を食べているのかを知るために，例えばヘラジカの胃を開けてみると，夏であれば黒くドロッとした水草が，冬であれば緑色のパサパサしたヤナギが出てくる．ヘラジカは季節によって食べるものを変えることがわかる．したがって夏は水草が生える湖や湖から流れ出す川を猟場にし，冬はヤナギが生える川原を探す．

## 5.2.2　具体的な知識とその活用

　知識は活動の指針である．また，カスカの知識には，他の生物とどのように付き合うべきかという社会のルールの指針としての側面や，目に見えないものもあるものとしてとらえる信仰としての側面などが含まれている．したがってこの知識がどのようなものか理解するには，活動全体の中でどのように知識が使われているのか，知識によってどのように活動が展開し，規制されるのか知る必要がある．ここではカスカにとって最も重要な狩猟であるヘラジカ猟の事例からそれを見てみよう．

　狩猟に出かけるには，車や飛行機，スノーモービルなど様々な移動手段があるが，最も多いのは川を船外機付きの船で移動する方法である（図5.2）．基本的にカスカの人々が狩猟に出るのは，冷凍ストッカーに肉の蓄えが少なくなったり，親族の集まりや祭りなどで供するヘラジカ肉が必要になったときである．ここでは，無駄にヘラジカを殺さず，必要な時だけ獲るという規範が働く．このほかにもヘラジカを撃つときに子連れのメスは殺さない，など様々な規範が存在している．いざ狩猟に行くと決めたとしても，すぐに発てるわけではな

## 5.2 カナダ先住民カスカの森（ブッシュ）の知識と生業

図 5.2 狩猟のため上流に向かう船 著者撮影（以下同）.

い．船や狩猟道具の準備と手入れ，数日ブッシュに滞在できるような装備が必要になる．また，天候や水位も問題になってくる．上流へ行く場合はある程度水がないと船で進むことができない場合もある．自分の狩猟場のなかでもどの場所へ行くのかを考えて，狩猟する日が徐々に決まってくる．狩猟の日程を決めるにあたってもう一つ重要視されるのが，夢などを通して狩猟場の様子やヘラジカの動向を探ることである．悪いサインがある場合は，狩猟に行くことを延期することもある．逆に夢の中にヘラジカが出てきて，その場所が自分の狩猟場の特定できる場所であったら，なるべく早く猟に出かけてその場所に行く必要がある．さまざまな情報が出てきて迷ったときには占いをすることもある．これには動物の脂肪を火の中に入れてどのように飛び散るのかを見ることや，鼻の穴の右側がムズムズするとその判断はダメで，左側ならいい，というようなものがあるという．

いよいよ集落を出発し，川を遡ると，数時間〜半日ほどかけて狩猟場に到着する．多くの場合はここに自分で建てた狩猟小屋（図 5.3）があるが，場合によっては野宿をする．猟は，人によって異なるが，古老のように時間の縛りがない場合はヘラジカが獲れるまで数週間滞在することもある．狩猟小屋には，小麦やオートミール，缶詰などの非常食が大量に保管されているので，食べるのに困ることはないが，新鮮な肉や野菜は滞在して数日すると底をついてしまうので，その場で狩猟採集によって手に入れることになる．小屋やキャンプ地

第 5 章　近代化と知識変容

図 5.3　狩猟小屋

周辺の食用植物の分布や魚のいる川，小動物の通り道などに関する知識が，この際に役立つ．大きな川の支流に魚が遡上できるようにビーバーダムを壊したり，森の中のトレイルに倒木などがあればこれをチェーンソーで取り除いたりして，周囲の環境を整備することも必要になる．

　ヘラジカ猟は，一日の内で明け方と夕方にのみ行われることが多い．もちろん移動中や，宿泊地でヘラジカを見かけたらすぐに狩猟活動が始まるが，そうでない場合，昼間や夜に狩猟することはほとんどない．これは，動物の活動時間に狩猟する方が効率が良く，動物が寝ているかじっと隠れている夜や昼間に動物を探してもなかなか見つけることができないからである．ただし動物の探索は，動き回っていれば動物に遭遇する確率が上がるという考えだけに基づいて展開されているわけではない．狩猟者は自分の狩猟場に通るヘラジカの通り道や水飲み場，えさ場，そして特別よくヘラジカが来る場所を知っている．これは親族の間で伝承されている知識であり，一部は自分が経験的に得たものである．ヘラジカが好む場所は季節によっても違うし，例えば発情期の雄であれ

ば木の枝をこする音をたててやるだけで向こうから来てくれることもある．このように，「生態学的な」知識が動員されてその日の狩猟ルートや待ち伏せ場所が決定される．

　ただしこれ以外にも勘や夢見，メディシン・アニマルがその日どこに行けば獲物がいるか教えてくれることがある．古老アリスは彼女の母親がヘラジカ猟にでると，いつも母の前に彼女のメディシン・アニマルであるライチョウがでてきて，母はその後をつけていったという．そうすると必ずヘラジカがいた．一方古老フレディは，ヘラジカが直接夢の中に出てきて教えてくれることが多かったというが，フレディはヘラジカが自分のメディシン・アニマルだと考えていた．このように，人それぞれ異なる超自然的な力を使って，その日の猟場を決めていくのである．ただし，例えばフレディが夢で見た場所に行っても必ずしもヘラジカがいるわけではないという．ある時フレディとともに狩猟に出かけたが，結局ヘラジカを見ることはできなかった．しかしフレディが夢でヘラジカを見た場所には確かに新鮮なヘラジカの足跡がついていた．ところがその場に，これも新鮮なオオカミの足跡がついていたのである．これを見てフレディは「少し来るのが遅かった」と残念そうだった．すなわちヘラジカはフレディにその身をあげようとやってきたのだが，オオカミがそのヘラジカを発見して追いかけ始めたのでヘラジカはそこから立ち去らざるを得なかったのだという．フレディは夢の中でヘラジカと交渉することでヘラジカの場所を知り，その場に残された足跡からヘラジカとオオカミの生態に関する知識をつかって，現在ヘラジカがその場にいない理由を読み解いたのである．

　このように，カスカは決して自分の知識や技術があれば動物を獲ることができるとは考えていない．ヘラジカは，ヘラジカの意思でその身をどの人間に贈るのかを決定する．ヘラジカに好まれるのは，規範を守って狩猟をし，贈られたヘラジカの肉体を大事に食べ，人々と分け合い，皮もしっかりなめして使うような人間だという．さらに，重要なのは，ヘラジカを殺した後に儀礼を行うことである．ヘラジカは撃たれて死ぬとその魂が気管の部分に凝縮する．そこで気管を切り取って木の枝に吊り下げておくと，風が気管の中を通ると同時にヘラジカの魂は息を吹き返し，血肉をつけ皮をまとい元のヘラジカに戻る（図5.4）．そうすることで，ヘラジカは死ぬことはないし，きちんと儀礼をして

第 5 章　近代化と知識変容

図 5.4　ヘラジカの魂が息を吹き返す

くれた猟師のもとへまた戻ってきてくれるのだという．このような動物からの贈与としての狩猟という考え方があるため，動物の肉を金銭で取引されることがタブーとされ，人々の間でも贈与分配の対象となる．

　このほかにヘラジカの頭部を切り落とし，調理する前には必ず目玉をくりぬくという儀礼もある（図 5.5）．これは，目玉を通じてすべてのヘラジカの意識が統合された集合意識のようなものがこちらを見ているという考えに基づいている．すなわち，ヘラジカたちがこちらを見ているのにヘラジカの肉体を焼いたり茹でられたりする場面を見せるのは礼儀に反するのだという．このことからは，ほとんどの動物は集合的な意識を持ち，個々の個体が見たものが全体で共有されるということがわかる．ということは過去に自分が狩った動物は自分の情報を集合意識に差し出していることになる．「動物にはこちらのことはすべてお見通しだから，繕うことはできない」とフレディはよくつぶやいていた．ブッシュの中では常に動物にみられていると思った方がいい．そして動物がその気にならなければ狩猟に成功することができないのだから，むしろ動物に対して正直に礼儀正しく振舞うのが得策なのだ．

　こうしたヘラジカやメディシン・アニマルとの信頼関係が，狩猟の基盤にあり，その時々で狩猟活動の方向性を決める指針となっていることは間違いない．それと同時に，例えば先述したようにヘラジカの胃内容物からヘラジカの食性を学ぶなど，生態学的な知識を学び，狩猟活動に生かすことも多い．狩猟者は

## 5.3 社会の変化と「伝統的な（土着の経験的な）」知識・技術

図 5.5　ヘラジカの目玉をくりぬく古老

自分の外に広がるブッシュに気を張り巡らせて様々な情報を読み取るとともに，自分の内側に耳を澄ませて動物と超自然的なレヴェルで交渉をする．さらに狩猟に出かけ，ヘラジカを探して見つけて撃ち，解体し，分け合い，食べるという一連の活動系が繰り返されることで，狩猟者自身がヘラジカとの連続性を感じ，そしてそのヘラジカも狩猟者もブッシュの一部であることが常に想起させられる．

## 5.3　社会の変化と「伝統的な（土着の経験的な）」知識・技術

### 5.3.1　様々な変化

　ここまで見てきたカスカの知識の担い手は，現在 80 歳より上の古老たちである．古老たちはブッシュの中で生まれ，移動しながら狩猟採集をする昔ながらの生活スタイルを身につけている．とはいえ古老たちが産まれるだいぶ以前から，ヨーロッパ系カナダ人との接触がカスカ社会に大きな影響を与えていた．

## 第 5 章　近代化と知識変容

　変化しない社会などないとはいえ，この変化がいかに大きかったかは想像に難くない．ホニッグマン（Honigmann, 1981）によれば，1820年代，ハドソン湾会社のハルケット交易所においてヨーロッパ由来の様々な物資がまずカスカ社会にもたらされるようになった．さらに1870年代にはゴールドラッシュが多くの人をユーコンに惹きつけた．こうした人々の一部はカスカの土地に居を構え，また毛皮交易をおこなうなどして地域に溶け込んでいった．こうした中で大きな影響を受けたと考えられるのが，カスカの狩猟，とくに毛皮動物猟である．現在のカスカの動物利用において，毛皮をとるための罠猟に関する規範やタブー，儀礼は，狩猟して食べる動物と比較して極端に少ない．しかし昔の文献の中には（Honigmann, 1981），カワウソやオオカミなどの捕獲のタブーや，動物の取り扱い方に関する規範が今より詳細に記されている．これは，毛皮がお金や物資と交換できるようになったことにより，規範を取り払って大量に獲るようになったことが原因の一つと考えられる．

　さらに，毛皮動物を捕獲するために，狩猟の形態も変化した．狩猟採集民であるカスカの社会構造や周年活動についての一番古い記録は，1940年代にフィールドワークをおこなったホニッグマン（1954）によるものである．これによるとカスカはフィッシュ・キャンプを形成する比較的大規模な集団と，家族を中心とした小集団が季節的な狩猟採集に合わせて離合集散する形態をとっていたと推定される．同じ北米先住民でも，大群をつくるバレングラウンド・カリブーやジャコウウシ，サケが獲れる地域ではこうした群れ動物との関係で大規模な集団が形成されていた可能性が高い（煎本, 1996）．一方，カスカの活動領域に生息するカリブーはせいぜい十数頭の群れで移動するウッドランド・カリブーであったため，大規模な集団は形成されなかったのだろう．ただしホニッグマンより少し前にカスカの近隣の先住民について調査したオズグッド（Osgood）は「ビーバー猟の個人個人の縄張りが，以前にはそれがなかったサスデネやスレイブの人々の間に現在は存在する」（オズグッド, 1931）としている．すなわち，毛皮交易の影響で，親族を中心とした縄張りが形成されるようになり，これが現在のトラップライン[4)]制度にも受け継がれていると考えられる．

　ただし，こうした変化は狩猟採集社会という大枠を変化させるまでには至ら

## 5.3 社会の変化と「伝統的な（土着の経験的な）」知識・技術

なかった．より本質的な変化をカスカ社会にもたらしたのは，第二次世界大戦中，1940年代におこったハイウェイと飛行場の建設と，それに伴う人々の定住化であった．これによってカスカ社会は大きな変容を遂げる．移住生活から定住生活へ，カスカ語から英語へ，そして狩猟採集生活から貨幣経済へといった生業や文化への大きな変化がいくつも起こった．しかしその中でも，人々は引き続き狩猟採集を経済的，文化的に重要な活動と位置づけ，「混合経済」（大曲，2007）という形態を作り出した．それでもカスカの知識にとって大きかったのは，カスカ語が話されなくなったこと，文字の導入，学校教育という点だろう．これについては次項で詳しく検討する．

このほかに，近年のブッシュでの活動に大きな影響を与えている変化として気候変動がある．気候変動に伴って北米北方では，動植物相のシフトが起こり，乾燥化によって森林が衰退する傾向にあるという（Walther et al., 2002）．もちろんカスカの人々もこうした変化には早くから気付いていた．例えば温暖化に関連して「昔は今よりも寒かった．10月から雪が降り続いてマイナス60度が何日も続いた．ヘラジカの耳が凍ってしまうこともあった」，「春雨が全然降らなかったので，5月なのに雪がまだ残っている」，「日中暑すぎて仕事が出来ない」，「山火事がおこるようになった．暑くて乾燥しているところに雷が落ちると火事になる」，「川沿いの崖が崩落している．昔はこんなことはなかった．地面が凍らなくなったからだ」といった変化が認識されていた．人々の関心を特に集めているのは動植物に関する変化である．例えば植物に関しては，「クランベリーの実が太陽に焼かれて死んでしまう」，「地面が凍る前に雪が積もるので重みに耐えきれず木が倒れてしまう」，「昔は森の中はすかすかだったのが，今はすごく茂っている」，「昔はなにも生えていなかった川の中州に植物が生い茂っている」，「ブッシュが緑になるのが早すぎる．それに急すぎる．昔は6月1日にはほとんど葉はなく，2ヶ月くらいかけて芽吹く．それが今2週間

---

4) 居住地域や自然保護区などを除いたユーコンの土地の多くは，トラップラインと呼ばれる333の区画に分割されている．トラップラインは基本的には個人によって所有されており，所有者はトラップラインの中で罠猟をしたり，木を伐って小屋を建てたり，トレイルを作ったりすることができる．トラップラインの維持や，罠猟を続けるためには毎年10ドルを準州政府に支払う必要がある．罠猟をする際は，トラップラインの維持費とは別に10ドルの登録料を支払う必要がある．また，自分のトラップラインでなくても，所有者の許可があれば一年ごとに登録料を10ドル支払って罠猟をする権利を得ることができる．所有権は，相続したり売買することが可能である．

らいで葉が開いている」,「木の年輪を見ると,昔と今で違っている.今は年輪が太くなっている.つまり木が早く育つようになっている」といったようなものだ.特に食料として好まれるクランベリーをはじめとするベリー類の生育が悪くなったり,熟す時期が変わったりといった変化は,生業に大きく影響を与える.動物に関しても様々な変化に関する認識がある.「昔,マウンテンライオン（*Puma concolor*）はこの地域にはいなかった」,「鳥の渡りの時期が昔と違っている」,「ブラックバード（学名不詳）やコマドリ（*Turdus migratorius*）などの小鳥を見なくなった」,「鳥の渡りの時期が昔と違っている」,「オジロジカ（*Odocoileus virginianus*）やミュールジカ（*Odocoileus hemionus*）は最近ユーコンにも来るようになった」という認識は,SEK による動植物相のシフトという見解と合致する.こうした変化に対しては例えば「水が一回で凍らないので冬用に蓄えた餌が流れてしまい,沢山のビーバーが死んだ」ことを受けて,ビーバーハウスの近くに食料となるポプラの木を伐っておいておくなど,「助け合う」様子がみられた.また,マウンテンライオンは危険だが,足跡を見ると雪の上を歩くようにはできていないので,冬に死んでしまうだろう,と解釈して,無駄に手出しすることを控えたり,新しくカスカの土地で見られるようになったシカ類は狩猟したりするなど,それぞれの変化にも知識を生かして対応する様子が見られた.一方で,温暖化による永久凍土の融解などが原因とされる洪水が起こった際には,過去に起こった大洪水でほとんどの生き物が流されたという神話から,こうした出来事が起こるのが自然というものだという見方もとられた.ただし,昔は移動生活をしていたため例えばキャンプ地が洪水になっても移動すればよかったが,現在は定住し財産も増えたので昔のようにはいかない,というように,昔ながらの解決法が現在にそのまま生かせるわけではないという点も指摘された.

### 5.3.2 伝承の問題

このように様々な変化のなかでブッシュとのかかわりを維持してきたカスカの人々だが,カスカの知識を伝承することはそれほど簡単なことではない.古老たちの知識をみていると,SEK とは本質的に異なる部分が明らかにある.最も大きいのは,文字や数値に置き換えないということだろう.だからこそカ

## 5.3 社会の変化と「伝統的な（土着の経験的な）」知識・技術

スカの人々は知識を経験的に学ぶ．一度調査地にある高校に，カスカ文化のクラスを見学させてもらいに行ったことがある．カスカ語を学ぶクラスはほぼ学級崩壊だった．彫刻や刺繍のクラスはまだ成立していたようだ．そもそもカスカの知識は教室でノートを取りながら学ぶものではない．文字に置き換えるのではなく，経験として知識を身体化していくのだ．

古老たちが小さいころからはじまったレジデンタル・スクール[5]は，さらにひどかったという．カスカ語を話すことを禁じ，カスカ文化は価値の低いもの，ヨーロッパ文化は価値の高いものであり見習うようにと教えられた．こうした経験がトラウマになり，カスカ語を聞いて理解することができても，しゃべろうとすると声がでない，という人もいた．現在の70代〜50代くらいの人まではこうしたレジデンタル・スクールでカスカ文化を否定されて育ったため，この世代とその上の古老世代とのギャップは大きい．さらに若い世代では，カスカ文化は肯定されたものの，すでにその世代の親が英語を話し，学校に通い，賃金労働をするなかでカスカの知識を伝承することはなかなか難しい状況にあるといえる．

カスカの伝統的知識とは，そもそもブッシュの中で狩猟採集生活をするのに必要とされた知識であり，定住し，賃金労働をする生活の中で，知識を必要とする場面は少なくなった．また，例えばナイフ一本で動物を解体するには，動物の関節や腱のつきかた，皮の薄さなど知っておく必要があるが，チェーンソーなどを用いれば知識はそれほど必要としないなど，新しい道具によって知識が使われなくなることもある．さらに，狩猟採集活動以外の活動が占める時間が長くなればなるほど，繰り返し使うことによって鍛えられるカスカの知識を習得するのは困難になる．

しかしカスカの人々も，こうした状況に対して，何も対策を講じていないわけではない．先述したように，気候変動などによる変化に対しては，個々の判断で対応している．またカスカの自治政府は，ことあるごとに文化伝承のワー

---

5) ヨーロッパからの移民がカナダへ移住してきた当初先住民に対して行った同化政策の一つで，先住民の子供を学校で教育し，文明化させることを目的とした．カトリックなどの教会が運営する寄宿舎が多く，「ミッション」とも呼ばれる．ただし現在では，先住民文化の否定，差別や暴力といったハラスメントが日常的になされていたことなどが問題視され，2008年にはカナダ政府が正式な謝罪をし，賠償金が支給された．

第 5 章　近代化と知識変容

図 5.6　文化継承のためのワークショップ

クショップを開催している．このワークショップの特徴は，ブッシュで経験的にカスカの知識を学ぶという点にある．例えば，小学生向けのワークショップでは，2日間郊外にある自治政府のキャンプサイトでヘラジカの解体，皮なめし，干し肉作り，薬草の扱い方，ハンドゲーム[6]を古老から学んだ（図 5.6）．この際，小学生にもなるべく自分たちでやらせてみたり，解体したヘラジカを調理して食べたりした．また，余った干し肉などは参加者が持ち帰ることができた．このワークショップには小学生と古老だけでなく，あらゆる人が参加可能であった．このほかにも，漁網で魚をとる方法や，罠猟，刺繍など様々なワークショップが開催されている．カスカ文化の興味のある人であれば，こうした催しに参加することで知識や技術を学ぶことができる．ただし，これもなかなか若い世代の自主的な参加が望めないのが現状である．

　もっともヘラジカ猟に関してはカスカの若者でも，行く人は多い．ヘラジカは現在でもカスカの食に大きな位置を占めているためである．その背景には，

---

6）スティック・ギャンブリングとも呼ばれる．数人ずつのチーム同士が手のひらに隠した宝物が左右どちらの手に入っているかを当て合う，という単純なゲームだが，ドラムと歌の演奏や，大げさなしぐさを伴うプレイでトランス状態になったまま，長いときは数日寝ないで繰り広げられることもある．

ヘラジカ肉への嗜好とともに，カスカの収入がカナダ平均の半分と低いのに対し，物価はカナダ南部の町よりも高いため，大量の肉脂を持つヘラジカが食資源としても重要であるという事情がある．こうした必要があることによって，現在も狩猟が活発に行われていることは重要だろう．さらに，狩猟の経験を積んでいくと必ず知識が必要になる場面がでてくる．そして，動物とどのような関係を築けばいいのかが気になりはじめる．若い世代が古老と狩猟をしていると，夜，焚火を囲んで話しているときなどに，自分の経験に解釈を求めることが多い．「○○は止めとけと言ったのに，無理な距離からビーバーを撃ってビーバーの歯に弾を当てた．その一週間後くらいに，道でこけて同じように前歯二本を折ってしまった．これはビーバーがやったことなの？」と若者が聞くと，古老は「そうだ，動物には力があるから，遊びで銃をうったりしてはいけない」と教える．ヘラジカが後ろ向きに倒れるのは？ それは誰かの死を知らせてくれているんだ，というように，若い世代が少しずつ経験を積む中で浮かび上がった疑問を古老たちが解釈する場面が幾度となくあった．少なくともこうした知識を参照できる古老がいるということは，知識の伝承にとって重要である．一方で，こうした古老の高齢化はますます進んでいる．狩猟採集民として生まれ育った古老たちがいなくなった後のカスカの知識がどのようなものになるのか，いま大きな岐路が目前に迫っている．

## おわりに

カスカの人々と出会い共に過ごすようになって筆者自身の生活も変化した．なかでも一番大きかったのは，私自身が学ぶ人から教える人へと身分も意識も変わったことかもしれない．2015 年，私にずっとカスカの知識を教えてくれた古老フレディが亡くなった．出会った頃の彼は，狩猟に同行することは許してくれたもののほとんど初めて会う日本人に警戒し，私がノートや地図に文字を書き込むのにも疑心暗鬼の目をむけていた．しかし少しずつ親しくなり，お互いに動物に大いなる関心を持っていること，ブッシュで過ごす時間が好きなこと，そして何よりカスカの知識が素晴らしいもので，失われるにはしのびないと考えていることなどがわかり，すっかり打ち解けて家族のように接してく

## 第 5 章　近代化と知識変容

れるようになった．その中で，自分の持てる知識を惜しみなく教えてくれたのだが，その背景には自分の子供たちも含めたカスカの若い世代がカスカの知識に関心を示さないことへのいら立ちがあったのだと思う．フレディはよく，「カスカの知識はサバイバルのためのものだから，カスカだけのものではない．誰でも，たとえ日本人でも森の中で動物のことを考えていれば動物と話ができるようになる」と励ましてくれた．その後筆者は研究が続けたくて大学の教員になったのだが，フレディはとても喜んで「自分の教えたことを日本人でも誰でもいいからたくさんの人に伝えてほしい」といった．これを聞いてはじめて，筆者は人に教えるという立場に自分がなったことの意味を知ったような気がした．

　知識とはどうしてもそれを必要とする状況がなければ受け継がれることが難しくなる．カスカの場合も狩猟の質が変化すれば知識も変化していくだろう．しかし人間がブッシュの中であがきながらも生存してきたなかで育まれた狩猟採集民の知識を知ることができたことは，筆者自身にとっても大きな意味を持つものだった．こうした知識を文字や映像にとどめることに意味がないとは言わない．しかしそもそもそれでは伝わらないことが多いというのも本章で見てきたとおりである．筆者はカスカの知識を学ぶ場として，岐阜に狩猟採集文化研究所という小さな拠点を作った．集落のはずれにあるこの研究所からはすぐに森の中に入り，フィールドで森の植物や動物について学び，狩猟をすることができる．カスカの知識は近代化にはうまくなじめなかったが，状況に合わせて柔軟に使うことができる知識という点では日本でも十分に使える．皮のなめし方や足跡の見方など具体的な知識はもちろん，例えば「わからないことは直接動植物に学ぶ」，「動物は狩猟されに来てくれている」，といった考え方の基本のようなものが行動の指針になる．今ではなんとか自分で狩猟した動物を解体し，食べることができるまでになった．カスカの子供が教わった知識をもとに一人で狩猟できるようになり，今度は自分の経験によってその知識を補強するような段階にやっと到達できたのではないかと自分では思っている．目下の課題は，動物と話すことができるという教えを検証するためになるべく森の中で過ごしたいのだが，その時間がなかなかとれないということだろうか．

本章は，平成 29 年〜33 年度日本学術振興会科学研究費補助金（基盤 A）「種の人類学的転回：マルチスピーシーズ研究の可能性」（課題番号：17H00949，研究代表者：奥野克巳），および平成 25 年〜29 年度日本学術振興会科学研究費補助金（若手 B）「野生動物資源の贈与交換に潜む動物とのパートナーシップ」（課題番号：25870068，研究代表者：山口未花子）の研究成果の一部である．

## 引用文献

バージャー，T. 著，藤永 茂 訳（1992）コロンブスが来てから——先住民の歴史と未来．pp. 332, 朝日新聞出版．

Berkes, M. & Berkes, F. (1999) Subsistence Hunting of Wildlife in the Canadian North. *Northern Eden* (eds. Treseder, L., *et. al.*) pp. 21–32, Canadian Circumpolar Institute Press.

Burch, E. (1994) Rationality and Resource Use among Hunters, *Circumpolar Religion and Ecology* (eds. Irimoto, T. & Yamada, T.), pp. 163–185, University of Tokyo Press.

コーン，E. 著，奥野克已・近藤 宏 監訳（2016）森は考える：人間的なるものを超えた人類学．pp. 494, 亜紀書房．

Collings, P. (1997) Subsistence Hunting and Wildlife Management in the Central Canadian Arctic. *Arct. Anthropol.*, **34**, 41–56.

Honigmann, J. (1954) *The Kaska Indians.* pp. 163, Yale University.

Honigmann, J. (1981) Kaska. In: *Handbook of North American Indians* (ed. Helm, J.), pp. 442–450, Smithsonian Institution.

井上敏昭（2015）サケ資源の管理権限の獲得を目指すユーコン川流域先住民社会の取り組み．環北太平洋地域の先住民文化（国立民族学博物館調査報告 No. 132, 岸上伸啓 編），pp. 181–202, 国立民族学博物館．

煎本 孝（1996）文化の自然誌．pp. 178, 東京大学出版会．

岩崎・グッドマン・まさみ（2003）次世代のための資源管理：カナダ西部極北地域における海洋資源共同管理．海洋資源の利用と管理に関する人類学的研究（国立民族学博物館調査報告 No. 46, 岸上伸啓 編），pp. 49–71, 国立民族学博物館．

近藤祉秋（2016）アラスカ・サケ減少問題における知識生産の民族誌——研究者はいかに野生生物管理に関わるべきか．年報人類学研究, **6**, 78–103

ミズン，S. 著，松浦俊輔・牧野美佐緒 訳（1998）心の先史時代．pp. 410, 青土社．

Nadasdy, P. (2003) *Hunters and Bureaucrats: Power, Knowledge, and Aboriginal-State Relations in the Southwest Yukon.* pp. 328, UBC Press.

大曲佳代（2007）アイデンティティ構築におけるブッシュ・フードおよびブッシュの役割——オマシュケゴ・クリーの事例から——．北の民の人類学——強国に生きる民族性と帰属性（煎本 孝・山田孝子 編），pp. 126–128, 京都大学学術出版会．

大村敬一（2002a）カナダ極北地域における知識をめぐる抗争．紛争の海——水産資源管理の人類学

# 第 5 章　近代化と知識変容

(秋道智彌・岸上伸啓 編), pp. 149-167, 人文書院.

大村敬一 (2002b)『伝統的な生態学的知識』という名の神話を超えて——交差点としての民族誌の提言. 国立民族学博物館研究報告, **27**, 25-120.

大村敬一 (2003) カナダ極北圏におけるヌナヴト野生生物管理委員会の挑戦. 海洋資源の利用と管理に関する人類学的研究 (国立民族学博物館調査報告 No. 46, 岸上伸啓 編), pp. 73-100, 国立民族学博物館.

Osgood, C. B. (1931) The ethnography of the Great Bear Lake Indians. *National Museum of Canada Annual Report*, no. 70, pp. 31-98.

セルトー, M. de 著, 山田登世子 訳 (1987) 日常的実践のポイエティーク. pp. 452, 国文社.

Walther, G. R., Post, E. *et al.* (2002) Ecological responses to recent climate change, *Nature*, **416**, 389-395.

山口未花子 (2014) ヘラジカの贈り物：北方狩猟民カスカと動物の自然誌. pp. 378, 春風社.

# 第2部
# 民俗知をつなぐ
### 国内山村の事例から

# 第6章 和紙原料栽培の民俗知から見る新たな森林像

田中 求

## はじめに

　民俗知は，人が自然と関わり，人と人が関わり暮らす中で，生まれてきた．今なぜそこに光を当てようとしているのだろうか．

　新たな科学技術や知識，インフラの整備，行政の関与などがあったとしても，多様な地域の自然を基盤にした農山漁村での暮らしは，民俗知なくしては成り立たない側面がある．民俗知とは，その地域の自然を活かし，またときに苦しめられながら生きてきた人々が，何百年，もしかしたら何千年もの間，様々な問題を克服するための試行錯誤を積み重ねるなかで生み出してきたものである．そのなかには，その地域で人が生きていくための大事な鍵があるのではないだろうか．

　筆者は，四国山地の真ん中にある高知県いの町柳野地区（図6.1，図6.2）に家と6反余りの畑を借りて，和紙原料であるコウゾやミツマタなどの栽培と狩猟，漁労採集をしている．柳野地区との付き合いそのものは20年余りとなり，何世代にもわたってこの地区で暮らし，山や田畑，水路，道，墓，踊り，行事などを受け継いできた人たちの話を聞き，また一緒に山や畑に入り，様々な行事にも加わってきた．

　そのなかで，地域の傾斜地や谷筋などを利用した農法や災害，病虫害などのリスクを避けるための工夫，収穫や加工などのコツなどを教わった．それは，文字として残されてはいないものの，この地域の自然を利用するうえで重要な

## 第 6 章　和紙原料栽培の民俗知から見る新たな森林像

図 6.1　高知県いの町柳野地区
著者撮影.

図 6.2　高知県いの町柳野地区位置図

情報ばかりである．特に筆者が深く関わっているのが，和紙原料栽培という山村の地形や気候風土を活かす生業のなかで，受け継がれてきた民俗知である．そこには，林業だけではない山の生業の姿と，多様な生業を通じて形成されてきた山や森林との関わりがある．

　本章では，まず日本の山村における森林との関わりの変化について，簡単に説明する．そのうえで，林業のみでない森林との関わりのひとつとして，和紙

原料栽培を取り上げ，地域の自然の利用と人のつながりのなかにある民俗知を浮かび上がらせることを試みる．そして，地域が抱える今日的問題の解決にこの民俗知がどう活用できるのか，そこから見えてくる新たな森林像について，考えていくこととする．

## 6.1 日本の森林における共同の中の民俗知

　日本の森林は誰がどのように利用・管理・所有してきたのであろうか．現在，日本は森林率が66%を占め，森林の58%が個人もしくは会社が所有する私有林であり，国有林が31%，市町村や都道府県が所有する公有林が12%である（林野庁，2016）．しかしながら，かつては森林のみでなく，河川や海についても，その多くは地域の人々に共同で利用され，管理され，ときに所有されてきた[1]．

　『日本書紀』には，675年の詔で「山野河海」の私有が禁じられたことが記されている．そして，貴族や寺社による大規模開発と私有化などにさらされつつも，「山川の公私共利」（公私が入り交じって利用すること）は踏襲されてきた（秋道，1999, p. 119-125）．

　「山野」は木材を得る場所としてのみでなく，焼畑用地として，また屋根を葺く材料や牛馬の飼料，田畑の肥料にもなるチガヤ（*Imperata cylindrica*）やススキ（*Miscanthus sinensis*）の供給源として，また薪などを共同利用する場所としても重要であった（図6.3）．このような共有地を，食べることも租税を納めることも難しいほど貧しい村人に利用させて，生活を成り立たせるようにすることも多かった（宮本，1986, p. 97）．

　鳥越（1997）は，日本の共有地が弱者の生活権を保障し，所有差・所得差・階層差を埋め合わせることで，社会の安定性を高める機能を持ってきたとしている．1000年以上にわたり，山野などの自然資源を共同利用する中で，弱者を含む地域社会の人々が生きていくための様々な民俗知が形成されたのであろう．

---

[1] 現在においても，ソロモン諸島やパプア・ニューギニアなど，地域の親族集団が共有する慣習地（customary land）と呼ばれる土地が国土の9割以上を占めている国もある．

## 第6章　和紙原料栽培の民俗知から見る新たな森林像

図6.3　昭和初期の旧吾北村内の採草地
いの町教育委員会所蔵写真.

　入会も，山野の共同利用の中で形成された民俗知の一つである．入会地（common land / communal land）は，狩猟や山菜，キノコなどの採集の場とされたのみでなく，タケや樹皮・つる植物など様々な道具の原料，薪や炭，木材，薬草などを得る場所でもあった．しかしながら，1873年の地租改正法公布後，特に東日本では森林の官民有区分が進み，多くの共有地（入会地）が国有化されることで共同での利用が部分的に制限されることとなった．さらに，多様な資源を生み出す場であった森林の多くがスギやヒノキの人工林に変わったことは，民俗知の多様性を失わせることにもつながった．

　日本の森林面積は約2500万ha，うち約1000万haはスギやヒノキ，カラマツ，クヌギやナラ類などの人工林である．日本には500年を越える歴史を持つ奈良県の吉野林業を始めとして，長い歴史を有する林業地がある（谷，2008）．しかしながら，主要な林業地を除けばその歴史は決して長くない．日本の人工林は1950年代以降に植林されたものが多いのである．スギやヒノキなどの人工林は1951年時には493万haであったが，1950年代から1970年代にかけての「拡大造林（afforestation）期」には年間30～40万haもの植林が進められ，1986年に1000万haを超えてからは現在もほぼその面積を維持している（林野庁，2010：44）．

国策として，植林と育林には様々な補助金が交付され，山村住民も植林さえすれば将来は大きな利益が得られるとの宣伝を信じ，植林を進めた．また，広大な山に植林を進めるために，優良な母樹の実生木を選別することなく手に入る苗木を次々と植えていったり，地形や土壌がスギの育成に向かない場所などにまで植林を進めていった地域もあった．

戦中の物資，戦後の復興資材を確保するための伐採跡地に植林が進んだのみでなく，1960 年代以降，薪炭から石油，ガスなどへのエネルギー革命が起きるなかで，クヌギやコナラなどの薪炭林からスギやヒノキなどの植林への転換も生じた．さらに，焼畑や採草地，放牧地なども植林の対象となった．1951 年に施行された森林法第 21 条により，火入れをするためには市町村長の許可が必要になったことも焼畑（shifting cultivation）の衰退に結びついた．

また，農耕や物資の運搬などに重要な役割を果たしていた牛馬の利用が減少したことも，採草地や放牧地への植林に結びつくこととなった．農林業センサスによれば，1960 年には全国に採草地や放牧地などの草地が約 120 万 ha あった．また旧農林省山林局の資料でも，昭和初期には少なくとも全国に約 7 万 7 千 ha の焼畑があったものの，その多くが植林の対象となり，消えていくこととなった．

森林は多様な形で人々に利用され，様々な民俗知を作り出してきた．植林や枝打ち，伐採，運搬などにともなう様々な技術が全国に広がっていった一方で，炭を焼き，山を焼き，作物を育て，収穫し，加工し，様々な生活資源や収入源を確保していくための知識や技術，道具，儀礼や行事，人のつながりなどの民俗知の多くが失われていくこととなったのである．

次節では，林業のみでない多様な森林との関わりのなかで形成されてきた民俗知を把握するべく，焼畑や山畑を中心に栽培されてきたミツマタやコウゾなどの和紙原料を取り上げる．そして，日本の山村で受け継がれてきた民俗知とその現状，そこに内包される様々な問題点と可能性について説明していこう．

## 6.2 和紙原料栽培における民俗知

### 6.2.1 日本文化・地域社会の核としての和紙

　紙は紀元前の中国で発明されたのち，105年に蔡倫が樹皮や麻の繊維を用いて改良を加え，日本に伝わったのは5世紀頃，スペインなどヨーロッパ諸国については11世紀以降といわれている．とりわけ和紙は，強靱さと耐久性などの特徴を持ち，日本で漉かれた和紙として残る最古のものは，正倉院に保管されている702年の戸籍が記録された和紙といわれる（柳橋，2014，p.70-71）．

　和紙は日本の文化とともにあり続け，その基層となってきた長い歴史を有し，また様々な民俗知の結晶でもある．和紙は文字や絵画などの表現性，またそれを長期的に伝え続けられる保存性を有している．さらには和室の障子や襖などに用いられ，透光性や調湿性，温かみや風合いなど，和紙の様々な特質を活かすための民俗知が形成されてきた．神社の御幣や注連縄，正月飾りや盆提灯など，日本の宗教や行事に関するものばかりでなく，紙衣や紙布，団扇，扇子，屏風，和傘など生活全般，花火や漆器などの伝統工芸，書道や日本画，版画，掛け軸，短冊，折り紙など芸術や趣味，遊びなど，様々な側面において和紙が用いられてきたのである．

　さらに，日本各地には和紙生産が核となって形成された地域社会が数多く存在する．高知県のいの町や土佐市などの土佐和紙産地のほか，島根県浜田市や雲南市，出雲市などの石州・出雲和紙産地，福島県二本松市の上川崎和紙産地などである．これらの産地では，紙漉き工房を囲むように原料を栽培する農山村が広がっていた．さらには，周囲に原料問屋や仲買人，紙問屋，簀桁などの道具を作る工房などもあり，和紙産地が形成されていた[2]．

　1000年以上の歴史を持つ上川崎和紙の産地である二本松市本佛谷地区には，阿武隈川沿いに多くの紙漉き工房があった．最盛期には300軒もの工房があ

---

[2] 越前和紙（福井県）や美濃和紙（岐阜県）などのように，原料は主に他県から買い入れ，多くの紙漉き工房が軒を連ねる産地もある．

6.2 和紙原料栽培における民俗知

図 6.4 柳野地区中心部にあった製紙工場の大正 8 年頃の写真
渡辺寿子氏所蔵写真.

り，紙漉き師のみでなく，原料の栽培，加工，紙の行商など，誰もが和紙に関わる仕事をすることで生計を立てていたという．

　高知県いの町柳野地区は，ほとんどの農家が和紙原料を栽培してきたのみでなく，1940 年代までは地区の中心に紙漉き工房があり（図 6.4），他地域からも多くの紙漉き師が集まる賑やかな地区であった．現在は，地区内に紙漉き工房はないものの，仁淀川流域にある紙漉き工房などに原料を供給し続けている．

　高知県は国内最大の和紙原料産地であり，柳野地区は近年まで国内のコウゾ生産量の 1 割前後を生産してきた（田中，2014）．高知県が国内最大の産地となってきたのは，その気候風土が和紙原料栽培に合っていたからにほかならない．以下では，和紙原料栽培における様々な民俗知について，植物としての特徴の活用，自然特性との組み合わせ，人のつながりの活用という側面に着目して，説明していこう．

## 6.2.2 植物としての特長を活かす和紙の民俗知

　和紙の原料となるコウゾ[3]やミツマタ（*Edgeworthia chrysantha*），ガンピ

---

[3] コウゾについては，ヒメコウゾ（*Broussonetia kazinoki*）をコウゾとして分類することがあるほか（中條，1950；岡本，1970；邑田ら，2013），ヒメコウゾとカジノキ（*Broussonetia papyrifera*）の交雑種とする説もある（林ら，1987；三上ら，2009）．

(*Diplomorpha sikokiana*)，アサ（*Cannabis sativa*）などは，日本各地の農山村で栽培・採集され，北海道から沖縄まで各地で様々な和紙が作られてきた．なかでも，主要な和紙の原料として広く栽培されてきたのがコウゾとミツマタである．ガンピについては栽培が難しく，山に自生しているものが採集された．尾根や岩場，林縁など自生場所が限られるガンピの採集は，山をよく知る村人によって行われ，どこに多くはえており，どのように採集するかなどの知識を受け継いだ子どもにとっても重要な小遣い稼ぎとなった．1960年代半ば頃までの高知県黒潮町では，学校に山で採ってきたガンピを持って行き，教科書で隠しながらガンピの表皮を剝ぐ子どもも多く，教師もそれを黙認していたという．

　コウゾがいつから和紙の原料として用いられるようになったかは不明である．しかしながら，和紙として漉かれた年代がわかる最古のものである，飛鳥時代（702年）の戸籍には，コウゾおよびその原種とされるカジノキ（*Broussonetia papyrifera*）が用いられている（柳橋，2014, p.71）．この戸籍は，美濃（岐阜県）や筑前（福岡県），豊前（福岡県東部・大分県北部）などで作られた和紙が用いられており，その原料もこれらの産地の周辺のものと考えられる．コウゾは，その繊維が衣服などに用いられてきたほか，1300年以上前から和紙の原料としても用いられてきたのである．

　ミツマタは，まだ雪の残る春先に，他の花に先んじて開花することから先草（サキクサ），または3つに分かれて枝が広がっていくことから縁起の良い木とされ，幸草と書かれることもある．万葉集巻第十の春相聞には柿本人麻呂の和歌「春されば　まづ三枝（さきくさ）の　幸（さき）くありて　後にも逢はむ　な恋ひそ吾妹」がある．この和歌は「春になるとまず咲く三枝のように，幸く（つつがなく）過ごしてまた後にきっと逢おう．だから徒らに恋しがらないでほしい，妻よ．」と訳されており，ここにある三枝はミツマタを指すとの説もある（稲岡，2006, p.26）．和歌からも古代からミツマタが日本の自然と暮らしのなかにあったことが推察される．

　和紙は，樹皮のなかにある靱皮繊維と呼ばれる繊維をほぐし，水中に拡散させて簀桁でそれを漉き取りながら繊維を絡ませて作られる．植物によって，繊維の長さや太さ，しなやかさや光沢，ほぐれやすさ，絡まりやすさなどに違いがあり，その特徴を活かして和紙を漉く技術が培われてきた．

6.2 和紙原料栽培における民俗知

図6.5 樹齢100年以上のコウゾの株と黒石正種氏
著者撮影.

　和紙原料として最も多く使われてきたコウゾを例に，その特長の活かし方について説明する．コウゾは3月末から4月半ばにかけて発芽し，秋までに2～5mほどにまで枝を伸ばし，また皮を厚くしていく．生えてから2年以上経った枝については繊維が固くなり，原料として使いにくくなるため，主には1年目の枝が用いられる．そのため，株から生えてきた枝を毎年切っていくことになるが，100年以上にわたって枝を収穫し続けてきた株などもある（図6.5）．枝の出てくる本数や長さ，太さ，枝の伸びる方向，コケなどのつきやすさ，少雨時の育ち方など，各株の特長を知り，またそれを受け継ぎながら，栽培が続けられてきたのである．そのなかで，枝の育ちが悪くなるなど，生育の勢いの衰えた株があれば，そこに苗木を植えて，株の切り替えが行われてきた．
　コウゾの枝は元に近いところの皮が厚く，靱皮繊維も多い．茨城県大子町では「元1寸の裏1尺」ともいわれる．これは枝元に近いところ1寸分の靱皮繊維の量と，裏（枝の先端に近い部分）の1尺分の繊維の量が同じくらいであることを意味しており，それだけ元の部分を大事に収穫すべきことを伝えるものである．
　収量を上げるためには，なるべく枝元から切るべきであるが，多くの枝がある場合，思うように下から切れないこともある．株の回りを歩いて移動しながらなるべくうまく切れる位置を探すべきとされ，大子町では「株を8周廻っ

第 6 章　和紙原料栽培の民俗知から見る新たな森林像

図 6.6　乾燥中のコウゾの黒皮と甑
著者撮影.

て切れ」ともいわれる．

　繊維が強靱かつ柔軟性もあるコウゾは，和紙の原料として適しているのみでなく，栽培するうえでも様々な特長を持っている．最も勢いよく生育する梅雨から夏にかけての時期には，1ヵ月に1m前後も真っ直ぐに枝が伸び，脇芽が出ても手で容易に取ることができる．11月以降の寒さで葉を落とした枝は，鎌などで切り取られ大型の甑（こしき）で蒸された後，皮を剥き取ることができる．枝から剥ぎ取られた皮は黒皮と呼ばれる（図6.6）．

　黒皮からさらに表皮を削り取っていく作業もコツをつかめば難しくはなく，靱皮繊維のみをきれいに残した白皮にすることが可能である．表皮を削り取りやすくするために，寒冷期に皮を外気で凍結させて表皮と靱皮繊維の間に隙間を生じさせる工夫をする地域もある．さらに，川に白皮を晒すことでカビの原因になるアクを取り，また紫外線による漂白で白みを増すこともできる．新潟県や長野県などの和紙産地では，雪に晒すと白みが増すという経験に基づく作業が受け継がれてきた．

　また，紙を漉くためには靱皮繊維が底に沈まぬように均質に分散させ，水を簀桁で操りながら漉き上げる技術が必要である．そのために，トロロアオイ（*Abelmoschus manihot*）の根やノリウツギ（*Hydrangea paniculata*）の樹皮などをつぶした際に出る粘液を水に混ぜ込むという民俗知が形成されてきた．こ

のような技術は生産者の経験知によって培われ，受け継がれてきたものであり，紫外線とオゾンによる漂白効果などについての科学的な裏付けがなされるようになったのは近年のことである．

## 6.2.3　山の自然特性を活かす民俗知

　コウゾとミツマタに共通する栽培適地は，水はけの良い山の斜面であり，コウゾについては標高 150 m から 600 m の日当たりの良い南西もしくは東斜面，ミツマタは標高 200 m から 1000 m で半日陰のような北もしくは北東・北西の斜面が良いとされる（農林省高岡農事改良実験場，1950）．また，台風などの強風が吹き込みにくい一方で，適度に風が吹き，蒸れによる病気の発生などを防げる場所であることも重要である．

　さらには同じ集落内の似通った斜面であっても，生育に差が生じることもある．例えば柿の木のそばの一部の斜面で毎年良いコウゾができる場所があったり，特定の狭い谷間の斜面で育ちが良い場所があったりもする．様々な条件によって，5 m ほども枝が伸びる場所もあれば，1 m ほどにしか枝が伸びない場所も生じる．

　また自生しているガンピについても，海沿いの山で潮風に当たるような山中のものが光沢の良い紙の原料とされる．地域の気候や地理的条件，様々な自然特性を知り，各畑の土壌や水はけなど細かな違いを観察し，かつ長年にわたる失敗を含む栽培経験とその情報の共有と伝達がなされることで，和紙原料の栽培適地は見いだされてきたのである．

　また，運搬などの手間が掛からず，原料の干し場や皮剝きなどの加工作業に適した水場が近くにあることも重要である．茨城県大子町などのコウゾ産地では，畑の多くが家屋に接した斜面にあり，川沿いで適度に風が吹き，収穫した枝の運搬や加工作業なども容易な場所にあることが多い（図 6.7）．

　長い歴史の中で，コウゾが多い地域には，楮原，梶が森，梶ヶ奈路，梶谷，梶ヶ内などの地名が付けられることがある．楮も梶もいずれもコウゾを意味する漢字である．いの町柳野地区では，ミツマタのことをヤナギもしくはリンチョウと呼ぶが，天下一品といわれるような良質なミツマタができる産地であることが，柳野という地区名の語源になったともいわれている．

## 第 6 章　和紙原料栽培の民俗知から見る新たな森林像

図 6.7　家屋の背面に広がる斜面のコウゾ畑
著者撮影.

　栽培適地についての知識のみでなく，どのような原料が高く評価されるかということも重要なポイントである．栽培者にとって良い原料とは，育ちが良くて枝が大きく皮が厚くなったものなど，生産量の多さや歩留まりを重視した評価と，乾燥や皮剝き，表皮削りなどの作業のしやすさなど作業効率を重視したものの 2 つに大別できる．

　それに対して，和紙原料を利用する紙漉き工房にとって，優良な原料として重視される点は，繊維の柔軟性や光沢，ほぐれやすさなどである．和紙原料は，繊維の微細な差を見極めながら多様な和紙に使い分けられるため，コウゾやミツマタの枝の伸びや皮の厚さの具合が繊維の質にも影響することになる．紙漉き師が和紙原料の畑を持ち，栽培から収穫，加工などを担っている場合は，自らが漉きたい和紙，注文の多い和紙に合った原料の栽培・加工などを行うことができる．また，かつて原料の生産量が多かった時期には，様々な原料を選別して購入し，紙を漉くこともできた．

　原料農家が優良として生産量と作業効率を重視し，繊維の柔軟性などの質に配慮せず栽培場所や方法を選んでいくため，紙漉き側にとっては本当に自らが漉きたい和紙に合った原料が必ずしも得られないこともあり，問屋などから購入した原料を組み合わせて，何とか注文にあった紙を漉いてきた側面もある．

和紙原料の流通には仲買や問屋などが関わることが主であり，原料農家は自らの原料が和紙になった姿を見たことがないことも多かった．また，紙漉き師がコウゾ畑やその加工過程などを見ることもまた稀であった．特に美濃和紙や越前和紙など他県から原料を購入することが多かった産地では，原料産地の状況は問屋などからもたらされる限られた情報があるのみであった．分業化が進む中で，原料農家と紙漉き師それぞれが培ってきた民俗知は必ずしも共有されてこなかったのである[4]．

### 6.2.4 他の作物・生業との組み合わせを活かす

和紙原料は，地域の自然特性を活かして栽培されているのみでなく，他の作物や生業と組み合わせて栽培されてきたという側面もある．その代表的な作物がコンニャクである．コンニャクは直射日光や乾燥に弱く，栽培時には適度に庇陰となる植物が必要であるため，コウゾの株間での栽培がされてきた．コウゾが長い枝を広げている下でコンニャクが栽培され（図6.8），どちらも重要な冬の収入源となってきたのである．村一番の働き者として知られたある高齢の女性は，コウゾやコンニャク，そしてミツマタを作り，そのお金を貯めて家を建てたが「財布がカルム（軽くなる）」と繰り返し言って心配し，また畑に出たという．

コウゾとコンニャクを組み合わせて栽培した畑は，茨城県大子町ではジネンジョと呼ばれている．コンニャクを大きく育てるために，チガヤなどの肥草を入れるほか牛糞などの堆肥も用いられるが，その栄養分がコウゾの成長も促すため，大きなコウゾが育つという．

また，コウゾは株から横に長く根を伸ばすが，適度に根を切ることで，根が活性化し，枝もより勢いよく育つとされている．さらには，根を切ったところ

---

[4] 紙漉き師が原料産地の状況を知らず，また原料栽培農家が紙漉き師のことを知らず，民俗知が共有されないことで，それぞれに問題を抱えているという側面もある．一例を挙げれば，なるべく生産量を上げたい農家にとっては多少の傷などがある原料も選別することなく販売することがある．しかし，それが原因で，原料を白皮に加工する段階や紙漉き師が原料のなかの傷などを除けていくチリ取りといわれる作業の手間を増やすことにもなっていることがある．結果として原料そのものの低評価につながり，原料価格が低迷し，栽培をやめる農家も生じている．また，繊維が細く柔軟で光沢に富むなど紙漉き師が欲しい原料となる品種については，皮が薄く，枝の伸びも悪いほか，蒸しはぎなどの作業に手間が掛かるなど農家にとっては生産したくない側面もある．

第 6 章　和紙原料栽培の民俗知から見る新たな森林像

図 6.8　コウゾとコンニャクの畑と栽培者の渡辺庫重氏
著者撮影.

から発芽してくる稚樹を苗木としても利用することができる．コンニャクの栽培，収穫のために鍬を入れることで，コウゾの根が切られ，それがコウゾの生育を促すという側面もある．

　近年，他の植物の生育を助ける役割を持つ植物はコンパニオンプランツ（companion plants）とも呼ばれ，害虫や病気などの防除，生育の向上などに用いられている．コウゾとコンニャクの組み合わせは，山村では田畑にする場所が限られるという地理的特性を克服するために，様々な植物を組み合わせた栽培や土地の重層的な利用を試みる中で形成されてきた民俗知なのである．

　コウゾは毎年枝を切るため，実がなることは稀であり，できた実も毛が多くエグミもあり，あまり美味しいものではない．コウゾの株からは，高知でカジナバ，茨城ではコウズキノコと呼ばれるエノキタケ（*Flammulina velutipes*）が生えてくることがあり，おかずとして食膳に出されることもあった．

　また，水はけの良い斜面を好むコウゾは，田畑の畔畔でも生育は良好であった．山の傾斜を利用した山畑のみでなく，家屋の周囲にある田畑の畔畔などのわずかな斜面でもコウゾが栽培され，土地が有効利用されていたのである．

　コンニャク以外にも，コウゾの株間でのムギ栽培も行われた．ムギを間作（intercropping）することで食糧を増産し，ムギが地中に縦に根を伸ばすことで水はけも良くなるほか，ワラを畑に敷くことで雑草の生育を抑え，また肥料

にすることもできた．コウゾの収穫が終わった冬から，株からの芽立ちがある3月半ばまでの間にムギを育て，コウゾの枝が1〜2mほどになる5月までにはムギを収穫する．このように季節に応じた作目で年間通じて畑を利用していたのである．

またミツマタの苗木を作る際には，ムギの株間に種を播くことで鳥に種が見つかりにくくして食害を避けるという工夫も行われてきた．さらにムギが庇陰植物となって，直射日光による乾燥に弱いミツマタの苗木の生育を助けることにもなった．ムギの収穫後も，ムギの根と茎部分を残すことで庇陰食物としての機能を維持し続けることができた．これもまた，食糧となるムギを栽培しながら，ミツマタも育てていくための民俗知である．

ミツマタについては，苗木を植えてから3年後に枝を収穫した後，別の場所に移動して栽培することが主であった．生育によっては，さらに3年後にもう1回，6年間で計2回収穫することもあった．この収穫期間の短さと栽培場所の移動は，連作による白絹病などの病気の発生を経験してきた栽培者によって受け継がれてきた民俗知である．

そのため，ミツマタは主に焼畑でムギやヒエ，アワ，ソバ，キビなどの雑穀とともに栽培された．焼畑で1〜2年，雑穀を収穫した後，ミツマタの苗木が植えられ，ミツマタの収穫後は他の場所に移動して再び焼畑を行っていた．和紙原料栽培における民俗知は，焼畑という生業とも結びついて，受け継がれてきたのである．

柳野地区で1970年代半ばまで焼畑をしてきた人々の語りを少し拾ってみよう．

「常畑（休閑せず連作する畑で，家の周囲などに多い）を作れる場所は限られる．切り畑（焼畑）は少しでも作物をたくさん作って子供たちを養うためのもの．楽しいということはなかった．あえていうなら，仲が良い夫婦なら弁当を持ってしゃべりながら山で作業をするのが楽しかったか．」

「切り畑は，ウンと神経を使う．火を入れるときには別のところに燃え移らないように気を付けねばならなかった．切り畑をする里を嫌い，嫁入り先では切り畑はイヤじゃと思っていたが，もっと焼くところじゃった．ぎっちり焼くところじゃった．」

「ここは昔はこんな山ではなかった．焼畑でミツマタをウンと植えていたし，赤く地肌が見えるくらいだった．赤はげだった．山からいろんなものを架線で降ろしてきた．7〜8合目くらいのところまで棚田もあった．水があれば田んぼをどこにでも作ったというくらい．」

これらの語りからは，焼畑の苦労と，それでも焼畑に頼らざるを得なかった暮らしへの思いが伝わってくる．山には架線がクモの巣のように広がり，ミツマタやチガヤ，雑穀，薪炭，木材などたくさんの山の資源が里に降ろされていた．常に人が往来し，ぎっしりと人の手が入った山では，クマやイノシシなどの動物を見かけることはほとんどなかったという．

1950年代以降にスギの植林が活発化すると，焼畑用地もその対象となり，ミツマタの苗木と一緒にスギの苗木も植えられたミツマタを1回ないし2回収穫するまでに3〜6年間にわたって行われる草刈りが，スギの苗木の下刈りなどの育林作業を兼ねることになった．またスギの庇陰下でミツマタは良好に生育することができた．そして焼畑用地はスギの人工林に代わっていったのである[5]．日本の森林の人工林化という大きな転換においても，和紙原料栽培と焼畑における民俗知が活用されることになったのである．

## 6.2.5 楽しみややりがいを生み出す

コウゾやミツマタの収穫，蒸しはぎなどの加工作業は，地域にとって冬の風物詩でもあった．大きな甑から湯気が立ち上り，あちこちの家々で干されたコウゾの黒皮が風を受けてたなびき，地域の景色を作っていたのである．それだけではなく，コウゾの蒸し剝ぎ作業は，様々な楽しみをもたらしていた．

その筆頭が，コウゾと一緒に蒸されるサツマイモであった．コウゾの束の上にザルなどに入れたサツマイモを置いて2〜3時間一緒に蒸すことで，コウゾの甘い香りが付くほか，柔らかくホクホクの蒸しイモができあがる．サツマイモのみでなく，サトイモなどを蒸す地域もある．高知県では，コウゾを蒸す作業は明け方3時前後から始められた．そして6時前に蒸し上がったコウゾの皮を剝くのを手伝い，サツマイモを食べて学校に行くのが子供たちの日課だっ

---

[5] 現在でも，人工林の林床にミツマタが群生している場所があり，それはかつて焼畑でミツマタが栽培されていたことの名残であると考えられる．

たという．サツマイモは，子どものみでなく，蒸し剥ぎを手伝いに来てくれた人たちへのお礼も兼ねていた．剥ぎ終わったコウゾの黒皮を十分に干せるような好天が続くことが予想される日を選んで蒸し剥ぎは行われた．

　どぶろくなどの密造酒が人目につきにくい家の裏などで作られていたのに対し，コウゾを蒸す甑は，家の表に置かれた．どの家が蒸し剥ぎを始めたかを，地域の家々が知ることができ，甑やそこから立ち上る湯気などを見て，手伝いに行く人もいた．通りすがりや何かの用事でその家を訪れたりしたときには，枝1本の皮剥きでも良いから手伝っていくのが良いとされ，手伝いもせず長く話し込んだりするような人は「鬼に爪を抜かれるぞ」と笑われたという．

　1960年代半ば頃まで，コウゾを蒸している時期は朝早くから夜遅くまで働き，10日も子どもの顔を見ないことがあり，家に残る年長の子どもが弟妹たちの世話をしたという．多くの働き手が必要な場合は，近隣の農家に声を掛け，ユイなどの労働交換によって行われることが多かった．サツマイモを食べ，コウゾの出来や地域の様々な出来事などをみんなで話しながら行う蒸し剥ぎは，賑わいを生み出し，また地域の人々をつなげていく場でもあった．みなの手伝いを受けた家は，次の好天にはユイガエシとして手伝いをした．そのなかで，蒸し剥ぎや乾燥させるための技術や知識，地域の問題や話題なども共有されたのである．

　田植えや稲刈り，焼畑の火入れや収穫，道や水路の整備，水車の掃除，祭り，さらには婚礼や葬式など，かつての地域社会の中には多くの人の手伝いが必要で，共同労働が前提となった作業がたくさんあった．しかしながら，多くの作業が機械化され，また生業の変化，行政による管理やインフラの整備，行事の衰退，専門業者・施設での代替などが進むことに伴い，人がつながることで成り立っていた作業が消失していくこととなった．

　このような地域社会の変化の中で，コウゾの蒸し剥ぎなど和紙原料に関わる民俗知には，山村の人々をつなげるため，またつながざるを得ない人たちのなかに求められる「作法」のようなものも生み出されてきた．たとえば茨城県大子町では，コウゾと一緒にサツマイモを蒸すことはないが，コウゾを蒸す釜のなかに大根を入れていた．お湯が減ったときに大根が焦げて悪臭を発するため，空焚きを避けることができたのである．大子町では，半分おまじないのような

第6章　和紙原料栽培の民俗知から見る新たな森林像

図 6.9　茨城県大子町の表皮取り台
著者撮影.

ものといわれているものの，大根を入れることのない高知県では，空焚きで釜を傷めることがあるので，取り入れるべき民俗知であろう．

また，大子町ではワラを編んで作った「ヒョヒトリダイ（表皮取り台）」と呼ばれる道具（図 6.9）にコウゾの黒皮を乗せてヒョヒトリ包丁で表皮を削り，靱皮繊維のみを残したシロと呼ばれる商品に仕上げている．包丁を動かすのではなく，刃を当ててコウゾを引っ張り，表皮を削っていくため，福島ではこの作業を「カズヒキ（楮引き）」と呼ぶほか，高知ではヘグリ，岐阜ではタクリ，島根ではソゾリと呼んでいる．

刃が深く入りすぎると靱皮繊維まで削り取ってしまうため，甘皮と呼ばれる薄緑の表皮のみをスルッと削り取るコツがあり，主に女性が担う作業であった．大子町では熟練の女性であれば，1日で4キロほどのシロを仕上げることができたという．角度が付けられた表皮取り台のワラがわずかに撓むことで，刃が深く入りすぎるのを避け，またコウゾを引っ張りやすい角度にできていることから，うまく作業することができたのである．ヒョヒトリダイは茨城県や福島県などにわずかに残っているものの他地域ではほとんど見られない．しかしながらそこには，様々な工夫と技術，ワラを利用する知恵があり，受け継ぐべきコウゾにまつわる民俗知のひとつである．

また，ミツマタについては蒸して皮を剥いた後，さらに表皮を削り取る作業をするため，ミツマタを川などの流水に晒さねばならない．その際には，ミツマタの持つ毒によって少し下流でウナギなどの魚が一時的に麻痺して浮かんで

## 6.2 和紙原料栽培における民俗知

図6.10 家の前に横積みされた大量のカジガラ
著者撮影.

くることがあり，それを捕まえることが子どもなどの楽しみにもなっていたという．ミツマタと同じく有毒なジンチョウゲ科の植物であるガンピについて，奄美大島ではその樹皮を足に巻き付けることで，ハブを避けるという民俗知が伝わっている．

家の前には剝ぎ終わったコウゾの枝の芯（カジガラ）が積み上げられた（図6.10）．1～1.5 mほどに切り揃えられたカジガラは，子どもがチャンバラなどをする遊び道具にもなった．高知県では，コウゾの皮もビッチョゴマと呼ばれるコマ遊びに使われた．サクラなどの枝で作ったコマをコウゾの皮で作ったムチで叩いて回すのである．

芯に空洞があるカジガラは，乾燥するととても燃えやすく，竈や風呂の焚き付け材料としても重用された．蒸し剝ぎ作業には主婦がこぞって集まり，手伝いのお礼にカジガラをもらって焚き付けに用いていたという．

各家の前に積み上げられたカジガラは，みなの目に触れることとなる．その量によって，その家がいかに多くのコウゾを作ったか，働いたかが評価されるほか，みなが手伝いながら作業を終えたことを示すことにもなった．その評価は，栽培農家のやりがいにもつながった．積み上げられたカジガラは，和紙原料を栽培してきた地域の季節の一つの節目を告げるものであった．そして各家が，今年も無事にコウゾの収穫と蒸し剝ぎを終えたこと，コウゾを売って新た

## 6.2.6 和紙原料を巡る民俗知とその衰退

　地域の中に根付いてきた和紙原料の栽培と和紙を通した人のつながりやその民俗知は，和紙生産量および国産和紙原料の激減のなかで，失われつつある．近年の全国の和紙生産量や原料についての正確な公式統計はないが，高知県の手漉き和紙生産量は1951年の1,688 tから2005年には13 tにまで減少した（高知県商工振興課，2006，p. 13）．1915年の全国のコウゾ栽培面積は23,790 ha，ミツマタは25,229 haであったが（農林大臣官房統計課，1926，p. 39），2015年にはそれぞれ17.9 ha，40.6 haにまで激減した（日本特産農産物協会，2017, p. 79）．

　柳野地区においても，1960年代半ばから1980年代前半にかけてコウゾ畑4 ha余りが植林の対象となったほか，茶やクワなどに転作する農家もいた（田中，2014）．1970年代の柳野地区では，少ない世帯でも200貫（750 kg），多い世帯で500貫（1,875 kg）を出荷しており，地区全体で少なくとも約10 tのコウゾ黒皮を出荷していた．1965年の全国のコウゾの黒皮換算での生産量は3,170 t，1975年は843 tであり（日本特産農産物協会，2012），柳野地区が重要なコウゾの生産地のひとつであったことがわかる．

　また柳野地区でのコウゾ栽培を大きく揺るがしたのが1975年8月17日の台風5号による被害であった．高知地方気象台の記録によれば，高知県内で死者77名，家屋全半壊2160棟と大きな被害をもたらした（吾北村，2003，p. 698）．柳野地区においても複数の家屋が全半壊し，流出した．この台風でコウゾ畑にも被害が生じたほか，強風で枝が折れたり擦れ合って繊維に傷が付くこととなった．日本一の生産量を誇った高知県内において，台風によりその生産体制が揺らぐなかで，原料問屋はタイや中国，韓国などのコウゾを輸入するようになり始めた．

　1961年までは外貨割当制もありコウゾの大量輸入は行われておらず，旧農林省も国産コウゾを守る意味で許可しない方針としていた（農林省振興局特産課，1961）．しかしながら，1962年に紙パルプが輸入自由化となり，また台風の影響で良質な国産コウゾの確保が不安視されるなかで，コウゾの輸入が進む

こととなったのである．輸入コウゾの利用のみでなく，木材パルプを混ぜるなどの様々な工夫がなされることで，「和紙」そのものも多様化していくこととなった．

さらに，台風による被害で柳野地区内外での復旧工事が増えた．工事現場などでの雇用労働は「ハタラキ」と呼ばれており，柳野地区の調査対象30人のうち，1955年に農閑期のみハタラキに従事していた村人は1人，年間通してのハタラキへの従事者は公務員や大工など6人にとどまっていた．しかしながら台風被害のあった1975年には22人がハタラキに従事するようになり，1970年代後半には和紙原料栽培をやめ，ハタラキを主収入源とし始める世帯が生じた（田中，1996）．

すなわち，1950年代から60年代にかけて焼畑用地への植林が進み，焼畑や植林に手が掛からなくなったこともあり多くの村人がハタラキに従事するようになった．さらに台風被害により年間通してのハタラキが村人の主要な収入源となっていった．そして，年間通したハタラキの増加は，ユイや多くの世帯員がいることで可能になっていた共同労働でのコウゾの栽培・収穫・加工作業を困難にすることとなったのである．

コウゾやミツマタなどの栽培に関する民俗知の多くを受け継ぎながら，栽培農家は高質かつ多くの原料を供給してきた．原料問屋はその原料をまとめ，紙漉き師に合った原料を販売し，紙漉き師は紙を漉くことに専念することができた．しかしながら，栽培農家が減少し，共同労働によって担われていた作業なども十分に行うことができなくなった農家が「できるばあ，やれるばあ（できる分だけ，やれる分だけ）で作っているだけ」「今年でやめる，もうやめる」と語るような状況が生じつつある．いまだ残っている栽培農家が作る原料だけでは，紙漉き師が求める品種や質，量の原料の確保が難しくなっている状況で，近年は紙漉き師が原料の栽培を試みながら，栽培農家が持っていた民俗知を学ぼうという動きが広がりつつある．

筆者は，栽培農家と紙漉き師や和紙販売者などの間での情報の共有や共同労働などの再構築を進めてきた．そのなかで，原料栽培における枝の剪定の程度や蒸し方，選別の基準など，栽培農家が当たり前としてきた民俗知と，紙を漉くための民俗知の間で，相互に重視または妥協し合う点などを探っているとこ

ろである.

## おわりに

　日本の森林面積は統計の数値だけをみれば，1960年以降，現在まで約2,500万haで推移しており，ほとんど変化はない．しかしながら，その中身は大きく変化している．焼畑用地のみでなく，草地へのスギやヒノキの植林や開発が進み，2010年には全国の草地は38万haになり，1960年の3分の1にまで減少した．天然林の伐採跡地への植林もあり，スギやヒノキの人工林は約500万haから約1,000万haに増加した.

　しかしながら近年，雇用賃金の上昇と国産材価格の低迷による林業としての採算性の悪化，森林所有者の他出や高齢化，獣害などにより，人工林の管理や伐採跡地の再植林が放棄されているという問題が生じている．このような状況をふまえ，スギやヒノキなどの人工林のみでなく，今後どのような森林を形成し，また管理していくかという議論が始まりつつある．国土の4分の1余りを占める人工林を誰がどう利用し，管理していくのか，人工林を伐採した後にどんな森林を作っていくのかという問題を突きつけられているのである．この問題を考えるとき，山の地形や自然環境を活かした生業であり，山村の形成基盤のひとつともなってきた和紙原料栽培における民俗知は，解を提供できる可能性を有している.

　山の地形を活かすという意味では，コウゾとミツマタはともに水はけの良い傾斜地が栽培適地であり，標高1,000m前後までの山地でも栽培されてきた．さらには11月から枝の収穫ができ，降雪の影響を受けにくい．また山地には台風などの強風が吹き込みにくい場所があるが，このような地形についての民俗知を活かすことで台風による枝折れなどの被害も避けることができるのである.

　山地にはサルやシカ，イノシシ，クマなど様々な動物がおり，これらの動物による田畑や植林への食害などの獣害が発生している．コウゾについては，近年，シカやイノシシ，サルによる食害が生じ始めているものの，有毒なミツマタについては，ウサギが囓ることがあるのを除けば獣害を受けることは稀であ

る[6]．

　また，枝打ちや間伐などの育林作業がなされず，放置されたような人工林内の日陰もしくは半日陰のような環境であっても，ミツマタの生育は可能である．神奈川県西丹沢や栃木県茂木町，愛知県岡崎市，兵庫県宍粟市，広島県安芸高田市，徳島県神山町など各地の人工林の下層植生のなかにミツマタ群生地があり，観光地としても人気を集めている．これらの地域では，下層植生へのシカなどの食害が多く，その被害に遭いにくいミツマタのみが残り，群生化したと考えられる．

　ミツマタは白および黄色の花が咲き，その群生は地域に独特な景観を形成する．焼畑によるミツマタ栽培を行っていた柳野地区では，3月から4月にかけて，周囲の山々がミツマタの白と黄色の花で包まれ，とても美しかったという．

　また，ミツマタは密植すると雑草の繁茂を抑えることができ，除草などの手間を省くことが可能である．そのため，管理のために頻繁に通うことが困難な山地であっても，ミツマタの群生地を形成，維持することができる．近年，木質バイオマス発電などの増加により，人工林が伐採されているものの，伐採後の再植林がされていない，いわゆる「再造林放棄地」が広がっている．このような場所についてもミツマタを栽培することができる．

　山地でのコウゾやミツマタの栽培は，森林所有者の森林への関心を高めるという効果もある．日本の森林が抱えている問題のひとつとして，私有林の境界が未確定であるところが多いことが挙げられる．国土交通省の地籍調査ウェブサイトによれば，2016年度末までに境界の確定が終了した私有林は45％にとどまっている．山をよく知る森林所有者の死去や高齢化が進むなかで，境界の確定は年々難しくなっている．

　境界の確定が進まないことの背景には，所有者，特に後継者の森林への関心の薄さがあると考えられる．約100世帯が暮らす柳野地区については，8年掛けて私有林の境界確定を終えたものの，1960年前後に植林して以降，1度も山を伐って利益を上げておらず，後継者に私有林の境界を教えていない，後継

---

[6] 獣害を避けるために，集落を柵などで囲むためには多くの費用と管理の手間が必要である．しかしながら，田畑と森林との境界にミツマタを帯状に栽培することで，これらの動物が田畑に侵入することを防ぎ，餌場として認識することを避けることができる可能性があるほか，ミツマタを支柱として利用することで柵の設置費用を抑えることもできる．

## 第6章　和紙原料栽培の民俗知から見る新たな森林像

者が興味を持っていないという所有者も多かった．「スギやヒノキを植えさえすれば，子や孫の代には左うちわで暮らせる」という宣伝文句を聞き，苦労を重ねて植林をしてきたにも関わらず，木材価格は低迷し，後継者の山への関心は薄いことが多い．これは植林後，数十年以上を経ないと収益を得られず，その間の雇用賃金や木材価格の変動を予測しきれない林業のあり方が原因となった問題であろう．

　コウゾやミツマタについては，植えてから1〜3年後には収穫でき，毎年収益を上げることができるため，山は再び利益を生み出し，所有者の毎年の生計を支える場所となる．それは，山をどのように利用し，何をどこでどのように栽培して生計を立てていくのかという山で暮らすための根幹にある民俗知を取り戻すことにもつながるのではないだろうか．

　またコウゾやミツマタの蒸し剝ぎなどの作業は，ユイなどの共同労働によって担われてきた．その活用は，地域のなかに生業を通じて形成されてきた人のつながりを再構築することにもなる．それは山を利用するための民俗知であるのみでなく，山で暮らす人々がどのようにつながり，支え合って社会を形成していくのかという，社会のあり方を示す民俗知でもある．

　山にスギやヒノキを植えてきた山村の人々の多くにとって，この数十年は植林した苦労が報われず，明るい未来が見えないということに加え，目の前には十分手入れができていない山が広がり，心を荒ませる側面があった．そのなかで，コウゾやミツマタの栽培とそのなかの民俗知は，山に人の手が入り，収益も上がり，再造林放棄地や管理放棄地が減り，獣害も避けられ，地域の人々が再びつながっていくための仕掛けを内包している．しかしながら，栽培農家の減少と高齢化により，そこにある民俗知を受け継いでいく機会として，今後の5年から10年の間が重要である．これからの山，森林，山村を誰がどうやってどのように受け継いでいくのか，それを考えるために残された時間はそれほど多くはないのではなかろうか．

## 引用文献

秋道智彌（1999）なわばりの文化史海・山・川の資源と民俗社会．pp. 270，小学館．
吾北村（2003）吾北村史．
林 弥生・古里和夫・中村恒雄（1987）原色樹木大図鑑．pp. 894，北隆館．
稲岡耕二（2006）萬葉集（三）．pp. 400，明治書院．
高知県商工振興課（2006）高知県紙及び製紙原料生産統計．
三上常夫・川原田邦彦・吉澤信行（2009）日本の樹木．pp. 476，柏書房．
宮本常一（1986）ふるさとの生活．pp. 238，講談社．
邑田 仁・米倉浩司 編（2013）APG原色牧野植物大図鑑Ⅱ（グミ科～セリ科）．pp. 887，北隆館．
中條 幸（1950）カジノキ・コウゾ・ツルコウゾ．日本林學會誌，32，329–334.
日本特産農産物協会（2012）特産農産物に関する生産情報調査結果．
日本特産農産物協会（2017）薬用作物及び和紙原料等に関する資料．
農林大臣官房統計課（1926）大正十三年第一次農林省統計表．農林省．
農林省振興局特産課（1961）特殊農作物の動向．農林省．
岡本省吾（1970）標準原色図鑑全集　樹木．pp. 174，保育社．
林野庁（2010）平成21年度森林及び林業の動向．日本林業協会．
林野庁（2016）森林・林業統計要覧2016．日本森林林業振興会．
田中 求（1996）山村における山と林家の関わりの変容──高知県吾川郡吾北村柳野本村集落の事例──．森林文化研究，17，83–96．
田中 求（2014）和紙原料栽培を巡る山村の動態──高知県いの町柳野地区の事例──．林業経済研究，60，13–24．
谷 彌兵衛（2008）近世吉野林業史．pp. 524，思文閣．
鳥越皓之（1997）コモンズの利用権を享受する者．環境社会学研究，3，5–13．
柳橋 眞（2014）和紙は，いつ頃から作りはじめたのでしょうか．和紙の手帖（全国手すき和紙連合会），pp. 70–71，全国手すき和紙連合会．

# 第7章 山を知る
## 森とともに生きるマタギたちの民俗知

蛯原一平

## はじめに

「自然はさびしい．しかし人の手が加わるとあたたかくなる．そのあたたかなものを求めてあるいてみよう．」

戦前，戦後日本の農山漁村をくまなく歩き，自然と向き合い生きる人々の声に耳を傾け，その足跡を追いつづけたフィールドワーカー，宮本常一（1907-1981）の言葉である（姫田，1981）．

図7.1　ブナ林でキノコ（トンビマイタケ）を探すマタギ（2017年8月）
著者撮影（以下同）．

# はじめに

　山形県と新潟県にまたがる朝日山地の，全国屈指とも言われるブナ林は，マタギとともにクマを追い，山菜・キノコを求め，山を歩くようになってから「あたたかな」森となりつつある．濃密な鬱蒼とした夏の原生林，あるいは葉を落としたブナの巨木が立ち並ぶ，真っ白な冬の雪原．静寂に包まれた森林を一人で歩いていても，大木に刻まれた村人たちの鉈目を見ると，言いようのない安心感に包まれるのである．

　マタギ[1]は，東日本の豪雪山間部に暮らし，山や獣に対しての独自の信仰にもとづく狩猟の儀礼や作法（禁忌），技法を継承し，猟を実践する集団である．専業的な猟師というイメージが一般的に流布しているが，狩猟のみで暮らしていた人はきわめて稀であっただろう．かつては水田稲作や焼畑作，炭焼きなどの農林業をはじめ，山菜やキノコ，木の実採取，河川漁撈など多様な生業を組み合わせて生活を営んでいた．狩猟はその一つであり，秋から春までの冬季における主要な生業であった．マタギたちが暮らす集落（マタギ集落）では，これまで旧奥三面集落（新潟県旧岩船郡朝日村）や秋山郷（長野県下水内郡栄村）などの事例にもとづき村人たちの季節的な自然資源利用パターンが示されてきたが（田口，1992；2002；2005），それはマタギ集落のみならず，山村に広く共通してみられたものでもあった．そのなかで，炭やゼンマイ，ナメコ，あるいは中大型哺乳動物の毛皮など時代に応じた換金性商品を開発，生産し，それらを介し外部の市場（消費地）ともリンクすることで山村社会が維持されてきた．

　その多くが商品経済的価値を失った現代のマタギ集落においても，村人たちによる野生動植物の利用がおこなわれている．マタギたちもまた，狩猟はもちろん，それ以外でも山菜やキノコなどさまざまな恵みを得るために山へ入る．そのような村人たちにとって，森林は単なる物理的な空間ではなく，さまざまな意味のつまった「あたたかな」森である．山に入っているときのマタギたちの顔はじつに生き生きとしているが，それは，そこが彼らにとって「生きる場」であるからに違いない．

---

[1] 当地方では，従来このような猟師を「鉄砲撃（ぶ）ち」，「山衆（やましゅう）」，「山人（やまんど）」，「山子（やまご）」などと呼んでおり，対して「マタギ」というのは，秋田から来ていた旅猟師（旅マタギ，デアイマタギ）のことを指していた（田口，2004）．

第 7 章　山を知る

　本章では，そのようなマタギたちの民俗知として，春グマ猟を中心とする山とのかかわりを通して，どのように山を「知って」いるのかについてみていく．そして，そのことによって，彼らにとって森林のもつ豊かな意味世界への接近を試みたい．

## 7.1 「生き方」としての民俗知

　マタギの民俗知というと，これまで民俗学者や地理学者を中心に報告（例えば 高橋, 1937（1989）；森谷, 1961；武藤, 1969；千葉, 1969；1971；1977；池谷, 2005 など）されてきた狩猟の作法や儀礼，伝承などを思い浮かべるかもしれない．あるいは，獣の生態や習性に関する彼ら独自の解釈を想像するかもしれない．しかし，本章で注目するのは，そのように分析対象として客体化して語られる知識ではない．狩猟をはじめ多様な生業を通し日常的にかかわっている，「自分たち」の山についての具体的な知識である．それは，「知識」として表象されるものだけでなく，現場での環境認知にもとづく状況判断やそれら行為の記憶も含意している．つまりここでは，言語化して他者に伝える以前の，個人の身体に宿っている「知」も広く民俗知として捉えたい．

　筆者がマタギとともに山へ通うようになり，彼らからよく言われ，また，身を以て痛感するのは，「山を覚える」ことの重要性である．それは単に地名を「知識」として覚えるだけでなく，そこが具体的にどのような場所であるかを知ることである．このような知識は無論，生得的なものではなく，個人が経験を重ねることで獲得していく経験知である[2]．当人たちが山とかかわってきた経験そのものと言ってもよい．山村住民の「生き方」として，そのような山とのかかわりや知識を理解すること．それが本章の底流をなす問題意識である．

　衆知の通り，現在，シカ（ニホンジカ Cervus nippon）やイノシシ（Sus scrofa），サル（ニホンザル Macaca fuscata），クマ（ツキノワグマ Ursus thibetanus, エゾヒグマ Ursus arctos yesoensis）といった野生鳥獣による農林水産

---

[2] 蛯原（2009）は，猟場のどこに罠をかけ，その結果がどうであったかなど狩猟の記録地図を毎年作成することでイノシシの行動生態について理解を深めようとする西表島の罠猟師の姿を描いた．そして，このような経験知が構築されるプロセスや，その合理主義的な側面について論じている．

業被害や人身被害（いわゆる獣害），あるいは森林生態系の撹乱が社会問題，環境問題として深刻化している．その一方，全国的に狩猟者の高齢化，減少が進んでいる．このことは，里地里山へ出没する野生鳥獣の捕獲対応（有害鳥獣捕獲）が困難になっていくというだけでなく，奥山での狩猟圧の低下を招き，森林に生息する野生動物を過度に増加させ，あるいは生息域を拡大させかねない問題として広く認識されている．それに対し行政や猟友会などが主体となって狩猟者を確保するための様々な取り組みや対策が各地で展開されている．

また，同時に，有害鳥獣捕獲や野生鳥獣の増加を抑制するための捕獲（個体数管理）など，いわば公共性の高い捕獲を今後誰がどのようにおこなうのかといった担い手についての問題が，その手法とともに野生動物保護管理（ワイルドライフ・マネジメント，wildlife management）分野を中心として近年，さかんに論じられている（たとえば梶ほか編，2013；梶・小池，2015など；本シリーズ第11巻参照）．2014（平成26）年には，それらの議論と軌を一にして鳥獣保護法（「鳥獣の保護及び狩猟の適正化に関する法律」）の改正がおこなわれ，名称が「鳥獣保護及び管理並びに狩猟の適正化に関する法律」（鳥獣保護管理法）と変更されるとともに，指定管理鳥獣捕獲等事業や認定鳥獣捕獲等従事者に関する制度が新たに創設された[3]．このことで，全国的に生息数が増加，拡大傾向にあり，捕獲の強化が必要なイノシシやシカといった鳥獣に関しては地域の狩猟者といった枠にとらわれず，鳥獣捕獲を専門とする民間の事業者（認定鳥獣捕獲等従事者）の参入が可能となったのである．

その背景には，高齢化し減っていく地域の狩猟者のみでは従来のように公共性の高い鳥獣捕獲を担い切れないという現実がある．しかしそれだけでなく，ボランティア的に，いわば「片手間」作業としてそれら捕獲にたずさわる一般

---

[3] 指定管理鳥獣捕獲等事業とは，環境大臣が広域的かつ集中的な管理（生息数を適正な水準に減少もしくは生息地を適正な範囲に縮小させること）が必要であると定めた鳥獣（指定管理鳥獣，現時点ではシカとイノシシ）に対し都道府県や国が実施する公共の捕獲事業のことである．本事業では，鳥獣の捕獲に関し一般的に定められている期間や場所といった様々な禁止事項が適用されないほか，事故防止の観点から禁止されていた夜間銃猟も認められる．さらに都道府県や国は，「認定鳥獣捕獲等従事者」（法人，個人）として認定された専門業者に本事業を委託することができる．認定鳥獣捕獲等従事者以外でも事業を受託することはできるが，夜間銃猟の実施は認定鳥獣捕獲等従事者に限られる．認定鳥獣捕獲等従事者として認定されるためには，安全管理体制が整っていることだけでなく効率的な捕獲技術や野生動物管理に関する研修を実施し，メンバーが受講することなど，環境省の規定する基準に適合していなければならない．

狩猟者の効果や役割を疑問視する声が高まったこともあった．とりわけ自然科学者を中心に，一般狩猟者に代わる鳥獣捕獲の担い手として，野生動物の生態や行動，森林保全に関する科学的知識と「効率的」な捕獲技術を有する技術者（専門的捕獲技術者）の育成のあり方が論じられている．なかには，「娯楽」目的の一般狩猟者による鳥獣捕獲と，専門的捕獲技術者による捕獲を時期，場所で明確に区分し，後者に科学的な個体数管理を担わせるべきだとする意見もみられる．

　ここで考えたいのは，これら法制度の是非でもなければ，それに対してマタギをはじめ伝統的狩猟者が有する知識や技術の有効性，有用性でもない．議論の根底にある，人と自然との関係を抽象的に捉える自然科学的思考についてである．そこでは，獣を探して山を歩くといった，または獣の動きを「読み」，罠をかけるといった猟師たちの具体的な経験は，捕獲結果という数値的な情報に置き換えられる．その上で，捕獲の効率性や経済性，あるいは安全性といった普遍的基準にのみもとづき狩猟という行為の評価や価値判断がなされるのである．保護管理上適切な個体数を安全で効率よく捕獲できる技術や方法がよいのであって，その狩猟経験が当人たちにとって，あるいは地域において有するローカルな意味合いは問われない．

　笹岡（2012）は，「シンプリフィケーション（simplification）」という概念に関するScott（1998）や佐藤（2002）の議論を踏まえ，熱帯諸国において野生生物資源の保全を推進しようとする外部者（役人やNGO，研究者など）の介入にみられる，これらと類似した志向性を「保全のシンプリフィケーション」と呼んでいる．それは，外部者が「希少種の保護や生物多様性の保全という普遍的な価値の実現のために，ローカルな文脈に埋め込まれていた複雑で多面的な人と自然とのかかわりに介入し，そうしたかかわりあいをより制御しやすい形に一元化・規格化し，再編成していく作用」のことである．狩猟に関して言えば，社会関係の維持やアイデンティティ形成と結びつく社会文化的価値をも有している多様な人と野生動物との関係が，経済的側面に限定されたきわめて単純なかかわりへと組み換えられてしまうことを指している．その上で笹岡は，シンプリフィケーション（単純化）に伴う保全が地域の人々にさまざまな受苦を強いる危険性をはらむことを指摘し，外部者に「深い地域理解」を求めてい

る．

　この受苦というのは，資源へのアクセスが制限・禁止されることによる経済的損失や貧困化など目に見えるものだけではない．むしろ，笹岡が深刻な受苦として挙げるのは，「価値観」の否定や「生き方」の無理解からくる当人たち以外にとっては見えにくい内面的な苦痛や葛藤などである．

　今日，山村で狩猟を実践する人々に向けて一般に注がれているのも，人と自然とのかかわりを単純化するまなざしであると言えよう．商品経済的価値を持たない，あるいは野生動物の個体群管理に直接寄与しないとされる狩猟は，個人的な娯楽や趣味として隅に追いやられがちである．しかしそれは，村内外の他者と，そして山や動物といかにつながるかという点で，その土地での当人たちの「生き方」やアイデンティティと深く結びつく営みのはずである．そのことへの理解を欠いた森林保全や野生動物保護管理は，その森とともに生きている，あるいは生きていこうとする人々をその主体から疎外する危険性をはらみ，ときに深い受苦を与えかねない．過疎・高齢化が進み，野生動物との共存のあり方を含め，山村における人と森林との関係が問われている現在，実践の現場に身を置き，山とのかかわりや知識を当人たちのまなざしやローカルの文脈から捉え直していく必要があるのではないだろうか[4]．

　本章では，東日本に暮らすマタギのなかでも，「伝統的」な春グマ猟が一貫して継続されてきた山形県小国町のマタギたちを対象とする．当地区で狩猟をはじめ，山とのかかわりがいかに変化してきたかを概観したあと，春グマ猟を中心に，そのなかで山の地形・地理に関する「知識」がどのように成り立っているのかについてみていく．そして，彼ら山村に暮らす人々にとって山とのかかわりがもつ意味合いについて考えたい．

---

[4] 桝（2011）も，小国町の小玉川地区における春グマ猟を対象に現地調査をおこない，狩猟者（マタギ）たちの空間（猟場）認識や社会関係を明らかにすることで狩猟活動が持つ意義の多様性について論じている．そして，外部者が現在おこなわれているクマ狩りを「短絡的に趣味程度のものだと切り捨ててしまう」ことへの疑問を投げかけている．

第 7 章　山を知る

## 7.2　朝日連峰山村における山と人とのかかわり

### 7.2.1　雪に育まれた朝日山地の自然

　本章の舞台は，山形県西置賜郡小国町のなかでも北部に位置する五味沢地区と，その周りに広がる朝日連峰の山々である．

　小国町は山形県の南西部に位置し，町の西側で新潟県と，南側の飯豊連峰山陵で福島県と接している（図 7.2）．面積は約 737.5 km² で，県内の市町村では 2 番目に広い．その 9 割近くが林野であり，北部に位置する朝日山地や南部の飯豊山地といった山地が町の大部分を占めている．一方，集落や農地は，

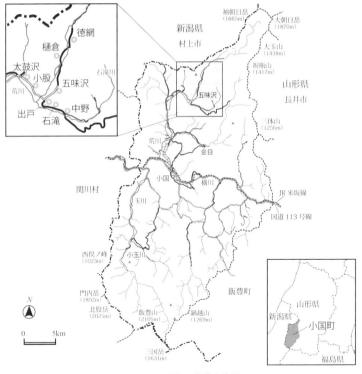

図 7.2　小国町の位置と地理

## 7.2 朝日連峰山村における山と人とのかかわり

荒川や玉川，横川といった河川沿いのわずかな平野や段丘上に点在している．

広大な森林とともに小国町の自然環境を特徴づけるのが冬の豪雪である．気候区分上，日本海岸式気候に属し，冬は日本海側から吹き付ける北西季節風によって多くの降雪がもたらされる．近年（2007年11月から2017年3月）の平均積雪最大深は町の中央市街地（小国）で181.2 cm，山間部の五味沢地区で243.7 cm，南部の小玉川地区で318.4 cmとなっている（小国町役場HP，http://www.town.oguni.yamagata.jp/data/weather/weather.html で公開されているデータを筆者が集計）．また，同じく平均根雪期間は107.5日（山形地方気象台小国観測所）と，3ヶ月ほどの積雪をみる．無論，標高の高い地点では積雪量がより多く，朝日山地の山稜部では5 m以上とも言われている．この豊かな雪は，強烈な季節風とともに朝日山地や飯豊山地の特徴的な地形や植生を成立させ，山裾にかけて広大な冷温帯落葉広葉樹林を育んでいる．

朝日山地は，山形県と新潟県にまたがり南北約60 km，東西約30 kmにかけて広がっている．主稜は大朝日岳（標高1,870 m）を主峰とした1,600 m～1,800 m級の峰々によって構成されており，その大部分が，北の出羽山地，南の飯豊連峰，磐梯連峰と併せ，磐梯・朝日国立公園に指定されている．花崗岩類を地塊とする隆起山地であり，荒川の上流部では，隆起に伴う激しい下方侵食を受け山腹がそぎ落とされた峻険な斜面が広がる．加えて，それら谷壁の急斜面では頻発する雪崩による侵食作用も受け，雪食地形が形成されている．このような場所では，高木はほとんど育たず，やせ尾根にわずかな林分をなすヒメコマツ（*Pinus parviflora*）が確認できる程度である．その多くの斜面は，全くの裸地もしくは積雪に耐えうる伏状し曲がった灌木やササで占められている．

急峻な谷地形に対し，斜面上部や稜線部では，丸みを帯びた緩斜面や小起伏面が広がる．そのうち，標高1,200 m付近以上の稜線部では，オオシラビソ（アオモリトドマツ，*Abies mariesii*）やコメツガ（*Tsuga diversifolia*）といった本来ならあるべき亜高山帯針葉樹林が見られず，ミヤマナラ（*Quercus mongolica* var. *horikawae*）やミヤマハンノキ（*Alnus maximowiczii*），ダケカンバ（*Betula ermanii*），ナナカマド（*Sorbus commixta*）などの低木群落の広がり，「偽高山帯（pseudo-alpine zone）」（四手井，1956）と呼ばれる植生帯が確認できる．さらに，標高が上がり稜線付近の砂礫地になると，これら樹種もなくな

り，地面を這うように生えるハイマツ（*Pinus pumila*）低木群落や高山植物のお花畑が点在するのみである．また，風下側の斜面に残る雪田付近では雪田植物群落が見られる．

　一方，この偽高山帯より低位では，ブナ（*Fagus crenata*）やミズナラ（*Quercus mongoloca*），イタヤカエデ（*Acer pictum*），トチノキ（*Aesculus turbinata*）などの高木が生育する冷温帯落葉広葉樹林（冷温帯林，いわゆるブナ帯）が広がっている．その下層には，ハウチワカエデ（*Acer japonicum*）やミズキ（*Cornus controversa*），コシアブラ（*Acanthopanax sciadophylloides*）などの亜高木とリョウブ（*Clethra barbinervis*），マルハマンサク（*Hamamelis japonica*），タムシバ（*Magnolia salicifolia*），オオバクロモジ（*Lindera umbellata* var. *membranacea*），ノリウツギ（*Hydrangea paniculata*）などの低木が生い茂っているが，とりわけ標高 700〜800 m 付近では林床一面をチシマザサ（*Sasa kurilensis*）群落が覆うブナの極相林も見られる．

　さらに下り，集落に近づくにつれ，ブナやミズナラを主体とした天然林は次第に姿を消していく．代わりにスギの植林地など人工林が広がるほか，サワグルミ（*Pterocarya rhoifolia*）やハンノキ（*Alnus japonica*），クリ（*Castanea crenata*），ケヤキ（*Zelkova serrata*）類の混ざる二次林が主体となる．荒川の上流部，朝日山地の南玄関部に位置する五味沢地区の人々が，狩猟や川漁，山菜，キノコ，木の実，蔓，樹皮採取，燃料材伐採あるいは茅・柴木採取などで日常的に利用してきたのは，このような二次林からブナ帯にかけての森林空間である．

## 7.2.2　五味沢地区における林野利用の歴史

　五味沢地区（大字五味沢）は，上流から徳網，樋倉（ひぐら），五味沢，出戸という四つの集落からなる．行政区では徳網樋倉と五味沢の二つに分けられ，この場合の五味沢には出戸も含まれる．2015（平成 27）年の国勢調査の結果によると，徳網樋倉に 13 世帯，35 人，五味沢に 54 世帯，161 人が暮らす．

　各集落の起源は定かでないが，文書史料を照らし合わせると，遅くとも近世初期にはその原形ができあがっていたことが推測される．以降，これら山間部でも平地同様，近世を通じて水田稲作を中心とする農業村落化が進展していっ

た．原田（2004）は，そのプロセスのなかで山村的な山仕事が縮小していったものの部分的に農業経営と併行して維持されてきたことを指摘している．とくに五味沢では，轆轤(ろくろ)を用いて椀や盆，杓子などの木製品を製作する木地づくりが農閑期の生業として，明治末期頃まで[5]盛んにおこなわれていた（小国町史編集委員会，1966, p. 540-543）．

　また，養蚕は当地方の農山村において，より一般的な副業であり，大きな経済的地位を占めていた．しかし，世界恐慌による生糸価格の低迷などを背景に昭和初期をピークとして養蚕は衰退していく．それに代わり，戦前・戦後を通じて東日本山村において大きな現金収入源となったのが乾燥ゼンマイの生産であった．池谷（2003, p. 46）は，五味沢地区の場合，明治末期～大正期頃にはすでにゼンマイ（*Osmunda japonica*）の商品化がなされており，1921（大正10）年には養蚕よりも現金収入として重要な位置を占めていたことを指摘している．また，1970年代に，ゼンマイを中心とする山菜の採集活動について同地区で現地調査をおこなった丹野（1978b）は，全55戸のうち46戸において，家族のうち少なくとも一人がゼンマイ採集に従事し販売していたことを報告している．さらに1975年当時，水田稲作による現金収入の平均が80万円前後であったのに対し，一般的な家庭で50万円前後の，多く採る家庭では100万円以上もの収入をゼンマイ採集によって得ていたと推定している．

　その採取活動のほとんどが集落近傍から奥山にかけて広がる国有林でおこなわれた．現在でも，小国町の林野（町の総土地面積の89.3%）のうち国有地が約70.8%，私有地が23.3%，公有地（町有地や森林整備法人有地など）が5.5%であるように（2015年世界農林業センサス），町全体としてみても国有地（国有林）の占める割合が大きい．これは明治初期の土地官民有区分の際に，従来住民たちが利用してきた土地の大部分が国有地化され，そのまま現在まで踏襲されてきたことによる．つまり，明治期以降，小国地方の農民は，自給用薪炭材や道具の原料としての樹皮・蔓植物，茅や柴木など日常生活や農畜業で必要不可欠となる林産物の大部分を国有林に依存せざるを得なかったのであり，慣習としての集落を単位とした共同的資源利用と管理が，民有林だけでなく国

---

[5] 大正元年頃には下火になっていたところ再興され，第二次世界大戦以前までは細々とおこなわれていた（小国町史編集委員会，1966）．

第 7 章　山を知る

図 7.3　ゼンマイ採りをおこなうマタギ（2017 年 5 月）

有林まで及んでいた（井上，2005）．

　ゼンマイ採りは，山中の小屋（スノバと呼ばれた）に一定期間泊まりがけでおこなわれる場合と，集落から日帰りでおこなわれる場合の二通りがあり，丹野（1978b）が調査した 1972 年では五味沢地区の上記 46 戸のうち半数以上の 25 戸が泊まりがけでゼンマイ採りをおこなっていた．集落から 3 km 以上離れた荒川上流部や，新潟との県境を越えた末沢川の上流にそれぞれスノバを設け，そこを拠点として各支沢沿いに国有林の奥部まで採集活動が展開されていたのである．

　ただし，この 1970 年代当時，すでに都市部への出稼ぎや営林署の山仕事などで安定した収入を得られる労働環境が整いつつあり，若い世代の人たちはそのような仕事に従事するようになっていた．そのため，ゼンマイ採りにたずさわるのは比較的高年齢層の人たちが中心であった（丹野，1978b）．以降，現金収入源としての意義は薄れていき，現在は泊まりがけでゼンマイ採集をおこなっている人はいない．あくまでも日帰りで戻ってこられる範囲に限られている．また，70 歳以下でスノバの経験がある人もほぼいない．奥山域でのゼンマイ採りの記憶や，そのなかで培われていた，ゼンマイについての民俗知の多くは伝承されることなく消えつつある．

　五味沢地区住民が現在おこなっている林野利用についてマタギたちを中心と

して概述すると，春グマ猟の後，このような主に自家消費用のゼンマイ採取がおこなわれる．その後しばらくはワラビ（*Pteridium aquilinum*）やフキ（*Petasites japonicus*），ミズ（ウワバミソウ *Elatostema umbellatum* var. *majus*）といった集落近傍に生える山菜採集が中心になるが，8月中旬以降，トビタケ（トンビマイタケ *Meripilus giganteus*），ヌキウチ（エゾハリタケ *Climacodon septentrionalis*），マイタケ（*Grifola frondosa*），シシタケ（コウタケ *Sarcodon imbricatus*），カノコ（ブナハリタケ *Mycoleptodonoides aitchisonii*），クリタケ（*Hypholoma lateritium*），ナメコ（*Pholiota microspora*），ムキタケ（*Sarcomyxa edulis*），ワカイ（ウスヒラタケ *Pleurotus pulmonarius*）やカンワカイ（ヒラタケ *Pleurotus ostreatus*）といった様々な食用キノコの採取が11月末頃まで続く．また，11月上旬からは狩猟期間となり，カモ類やヤマドリ（*Syrmaticus soemmerringii*）を対象とする鳥猟や秋グマ猟がおこなわれる．さらに，山肌が厚い雪で覆われる頃になると，ウサギ（ニホンノウサギ *Lepus brachyurus*）を対象とした集団の巻き狩り（ウサギ巻き）や個人での忍び猟もおこなわれるようになる．この他，初夏に渓流釣りをおこなう人もいる．

### 7.2.3 近代以降の狩猟の変化

春グマ猟は，朝日山地の奥山域において現在おこなわれている数少ない生業活動の一つである．五味沢地区のなかでもとくに徳網・樋倉は，小国町内の金目や小玉川，あるいは新潟県の三面などと並び羽越地方（新潟と山形の県境一帯）の伝統的な狩猟集落（マタギ集落）として知られており，とりわけクマ狩りに関する狩猟儀礼や禁忌，山言葉といったしきたりなどの伝承が報告されてきた（千葉，1977；佐久間，1976；1980；池谷，2005など）．捕獲儀礼であれば，クマを捕獲した後に，呪文を唱えながら剝いだ毛皮をクマに3回被せ供養する儀式（カワキセ）や，獲ったクマの心臓や肝臓などの部位を7本の串に刺して焼く儀式（ナナグシヤキ）といったものがおこなわれていた。また，徳網集落の外れにある山の神の祠より先では里の言葉を使うことが戒められ，万が一使った場合は水垢離をとらされたと言う．

狩猟もまた，これらのマタギ集落において現金収入を得るための重要な山の稼ぎであった．とりわけ，大正期から戦前にかけ全国的に毛皮の需要が高まる

第 7 章　山を知る

なか，ウサギやテン（ホンドテン *Martes melampus*），イタチ（ニホンイタチ *Mustela itatsi*），キツネ（ホンドギツネ *Vulpes vulpes japonica*），ムササビ（*Petaurista leucogenys*）など大小様々な野生獣の毛皮が高値で売買された．それらの獣のなかでも，良質の毛皮と大量の肉脂を有するカモシカ（ニホンカモシカ *Capricornis crispus*）は，1955（昭和 30）年に特別天然記念物に指定されるまで[6]主要な狩猟対象獣であり（千葉，1977；1986），アオシシ捕りと呼ばれる追跡猟が厳冬期の奥山でおこなわれていた．また，クマの場合，毛皮以外に乾燥した胆のう（熊の胆）も漢方薬として重宝され，高価で買い取られた．冬眠明け直後で，まだ採食していない個体の胆のうは大きくて価値が高く，それを得ることが，越冬穴にいるクマを対象とする早春（3 月上旬）の穴見猟（アナミ）や，4 月中旬以降の春グマ猟（デジシトリ）をおこなう大きな動機となっていた．

しかし，戦後，毛皮や熊の胆などの商品経済的価値は総じて低下し，現金収入獲得のための生業という狩猟の意味合いは薄れていった．その結果，毛皮獲得目的での狩猟は衰退し，五味沢地区で現在，一般猟期での狩猟の対象となっているのは先述したとおり，カモ類やヤマドリなどの鳥類とウサギ，アナグマ（ニホンアナグマ *Meles anakuma*）など，主に集落近傍の二次林に生息する数種に限られる[7]．これらは全て食利用を主目的とする捕獲である．樹木が落葉し，雪が降り始める頃（12 月上旬頃）に，冬眠前のクマを対象とした狩猟（秋グマ猟）をおこなう人もいるが，数回程度で捕獲頭数もごくわずかである．

猟期外にあたる春季におこなわれていたクマ猟のうち，デジシトリは次節で述べるように，山形県では夏季（春～秋）の被害を防ぐための有害鳥獣捕獲（予察捕獲とも呼ばれる）あるいは個体数管理の一環として制度上位置づけられ，戦後以降も狩猟制度が整備されていくなかで一貫して継続されてきた．しかし，それは戦前のように毛皮や熊の胆を売り生計を立てるための行為ではない．

---

[6]　カモシカは 1925（大正 14）年の狩猟法改正に伴い狩猟獣から除外され，1934（昭和 9）年には「史蹟名勝天然紀念物保存法」により天然記念物に種指定されていた．しかしながら，実際はこれらの禁止にも関わらず密猟が続いていた．

[7]　近年，町内の森林においてニホンジカとニホンイノシシの生息が確認されており，狩猟および有害鳥獣捕獲の対象となっている．

丹野は山菜採集だけでなく，1971年と1972年に五味沢地区での春グマ猟にも同行調査し，狩猟活動の時間配分や猟場の空間構造等を定量的に分析することで山とのかかわりの一端を明らかにしている（丹野，1978a)[8]．ただし，同氏も「狩猟の経済的な意味は，戦後になって薄れ，それと平行して猟の組織の輪郭も薄れていった」と述べているように，そこで描かれたクマ猟や山とのかかわりは，山の資源が商品経済的価値を失い，急速に変化していた時期の姿であったと言える．

## 7.3　春グマ猟と山の「知識」

### 7.3.1　山形県における春グマ猟の法制度的位置づけ

　五味沢地区を含め，小国町のマタギ集落で近世・近代を通じ伝統的になされてきた春グマ猟（デジシトリ）は，鳥獣保護（管理）法制度では有害鳥獣捕獲あるいは個体数管理の一環に位置づけられ，継続されてきた．山形県では2009（平成21）年に初めてツキノワグマに関する特定鳥獣保護管理計画（2015年以降は第二種特定管理計画）が策定され，推定生息数にもとづき捕獲頭数を調整することで個体数を管理する方針が採られるようになった．この捕獲頭数とは，春グマ猟である春季捕獲と，有害鳥獣捕獲としてなされる夏季捕獲，そして一般狩猟で捕獲される頭数を総てあわせたものである．

　春季捕獲は残雪期（3月から5月中旬頃まで）のうち30日間に限り許可される．山形県の場合，その実施を許可する条件として，当該市町村において捕獲隊を編成すること，冬眠中の穴グマの捕獲はおこなわないこと，子連れ個体に関しては親子とも捕獲しないことのほか，「生息状況調査」を併せて実施することを挙げている．

　この調査とは，研究者などクマの生態に詳しい専門家がおこなうのではなく，春季捕獲（春グマ猟）に参加した狩猟者たちによるクマの発見（目撃）報告を

---

[8] 池谷（1987）も，五味沢地区の春グマ猟への同行にもとづき猟師たちの行動を記録分析している．また，当地区の春グマ猟に長く参加してきた田口（2004）は，小国地方でマタギが実践する狩猟の文化的位置づけを論じるなかで，捕獲儀礼や当地区での春グマ猟活動についても詳細に報告している．

第 7 章　山を知る

図 7.4　目視でクマを探すマタギ（2015 年 4 月）

まとめたものである．狩猟者たちは，その日ごとに出猟者数や発見頭数，さらにその発見時刻や個体の場所，発見時の行動などを県が定めた調査票にもとづき報告することになっている．また，クマを捕獲した場合は，その体長や推定年齢等の情報も捕獲個体票に別途記入する．それらの結果はモニタリング調査の一つとして個体群管理にフィードバックされることが管理計画において明記されている．

春グマ猟がおこなわれるのは，ブナやミズナラといった高木落葉広葉樹が芽吹く前の時期であり，双眼鏡を使えば数キロメートル先にいるクマを発見することも可能である．実際に猟では，偶発的な遭遇を除けば，全ての捕獲がクマを目視で確認しながらおこなわれる．しかし，誰でもこのような残雪期の山々を歩けるわけではなく，峻険な尾根斜面を上り下りする高い登攀歩行技能と雪崩などに対する危険回避能力が備わっていなければならない．また，目の前に広がる山並みのなかでクマを見つけること自体にも技能や経験が要される．それに対し，熟練した猟師であれば，かなり高い確率で越冬穴から出たクマを発

見することができるのであり，これらの能力・知識を有すマタギたちがおこなう春グマ猟は，地域全体でのクマの生息状況に関する情報を効率的に得ることのできる絶好の機会となる．

そもそも，この山形県での春季におけるクマの生息状況調査は，小国町のマタギたちを中心として1977（昭和52）年からおこなわれてきたものである．花井ほか（2004）によれば，この時期の山での高い視認性に注目した県が主導し，小国町北部・南部を含む朝日・飯豊山系の8地区において猟友会の協力を得て実施したのが，その始まりであると言う．

つまり，山形県の場合，春グマ猟におけるマタギたちの高いクマ発見能力が県の担当者に早くから認知，評価されていたため，法制度のなかに伝統的狩猟が組み込まれ，その活用が試みられてきたのである．このことが，当地域でマタギたちが春グマ猟を続けてこられた背景にあったことは留意すべきであろう．

### 7.3.2　五味沢地区の春グマ猟

ここからは小国町のマタギ（小国町猟友会）のなかでも，筆者が所属する五味沢・石滝班での春グマ猟を中心に述べる．

春グマ猟も他の有害鳥獣捕獲活動と同様に，小国町猟友会員で構成される鳥獣被害対策実施隊の地区班ごとにおこなわれる．その一つ，五味沢・石滝班のメンバーは22人（筆者を除く，以下同）である（2017年4月時点，以下全て同じ）．そのなかで60歳以上が68％（18人）を占め，うち3人は70歳以上である．現役の最高齢は81歳（昭和11年生まれ）であるが，身体能力の衰えを理由に70歳前後で山に行かなくなる人が多い．ほぼ全員（20人）10年以上の狩猟経験をもち，なかには50年を越える人もいる．彼らは，猟場でのみ使うことが許される山言葉や，捕獲儀礼など狩猟に関わるしきたりが今よりもはるかに厳格におこなわれていた頃に狩猟を始めた世代である．

班名が五味沢・石滝班であるように，メンバーは五味沢地区（2015年で67世帯）と石滝地区（19世帯）在住者が中心となっている．石滝地区は石滝と中野集落からなり，荒川の支流，石滝川に沿って出戸より1〜2km上流に位置している．五味沢同様，近世初頭にはすでに村が拓かれていた．五味沢地区（とくに徳網・樋倉集落）と石滝地区の猟師たちはもともと別々の組で春グマ

猟をおこなっていたが，生息状況調査および捕獲頭数の割り当て単位となる班の編成がなされる過程で一つの班としてまとまり，合同でおこなうようになったと言う．また，出戸より 1.5 km ほど下流にある小股集落に住む狩猟者も加わっている．これら五味沢地区（8 人）とその近傍集落在住者（6 人），そして，町外在住者で例外的に参加が認められている者（1 人）以外の 7 人は町の中央部に住んでいるが，そのうち 5 人は五味沢・石滝・小股出身あるいは，そこに親類を持つ者である．つまり，班への所属においては地縁的つながりの有無が重視されている．春グマ猟に参加できるのはその地域の者に限るという意識が今なお強く[9]，言い換えれば，クマは地域の共的な資源として認識されているのである．

メンバーの大半は，臨時職を含め，土木業や製造業，サービス業，地方公務員などの職業に従事している．春グマ猟は期間が限られており，冬眠明けのクマが活発に活動するようになる最盛期（4 月中〜下旬頃）には悪天候でない限り，休日，平日を問わずほぼ毎日，メンバーのなかで都合のつく人たちが集まり，出猟する．とくに休日の参加人数は多いが，平日でも勤務シフトを調整したり，有給休暇を使ったりして参加する人も少なくない．ただし，現在でも死火や産火といった忌火は厳守されており，例えば近親者が亡くなった場合，短くても四十九日（49 日間）経たないと猟には参加できない．

また，猟場においても，とくに「死んだ」といった忌み言葉や，「血」など穢れを連想させる言葉を発することは戒められており，山言葉に置き換えられる．クマやサル，カモシカなども山言葉や，「あのモノ」，「白いの」などと表現され，日常生活で使われる動物名をそのまま使うことは避けられる．このほか，クマを捕獲した場合の山での儀礼や，入山前の山の神への祈り，あるいは猟期終了後のクマ祭りなども一部は簡素化されるなど形態を変えつつ今も引き継がれている．

### 7.3.3 春グマ猟の実例

2017 年度の春季捕獲は 4 月 8 日から 5 月 8 日まで許可され，五味沢・石滝

---

[9] 小国町猟友会の場合，新規狩猟者は原則として自分の住んでいる地区の班に所属することになっているが，希望する班内で承認が得られれば他地区の班に入ることが認められることもある．

## 7.3 春グマ猟と山の「知識」

図 7.5　クマ祭りで中野集落外れの山の神に参拝するマタギたち (2017 年 5 月)

班では期間内に割り当てられた 7 頭全てを捕獲することができた．発見頭数はのべ 22 頭で，前年度 (2016 年度) 44 頭，前々年度 (2015 年度) 29 頭であったことからすると少なめであった．これは，気温が低くて雪解けが進まず，越冬穴からクマが出るのが遅れたためだと年輩のマタギたちは解釈していた．

実際，初日の 4 月 8 日に「山見」と呼ばれる猟場状況の確認がおこなわれたが，残雪が多く時期尚早と判断された．そして，その後 1 週間は出猟しないことになった．その日の反省会で，ある年輩の，引退したマタギから，筆者はその日自分が登ったピークの向かい斜面の絶壁の中にあるという岩穴（ガンケツ）の様子を問われた．まだ雪で覆われていたことを報告すると，「せば（そうすると），だめだ．あのガンケツの口が開かんねば，まだ早い．」と言われた．じつは，この岩穴は，残雪状況の目安となるような特別な場所として認識されているわけではなく，一見すると何の変哲もない普通の岩穴である．しかし，彼は以前，絶壁にあるその岩穴にクマが入っているかを見に行ったことがあり，覚えているのだと言う．

1 週間後 (4 月 16 日)，出猟したが，しばらく天気が悪いことと，まだ出歩いているクマが見当たらないことを理由に，翌日 (17 日) だけ出猟した後，再度しばらく間を空けることとなった．それから 5 日後の 4 月 22 日から 5 月 3 日までは，天気の悪い 2 日間を除き，毎日猟がおこなわれた（表 7.1）．結局，2017 年度は許可された約 1 ヶ月間のうち，実際に出猟したのは山見を含

表 7.1 五味沢・石滝班の出猟記録（2017 年度春季捕獲）

| 日付<br>曜日 | 4/8<br>(土) | 4/16<br>(日) | 4/17<br>(月) | 4/22<br>(土) | 4/23<br>(日) | 4/24<br>(月) | 4/25<br>(火) | 4/27<br>(木) | 4/28<(金) | 4/30<br>(日) | 5/1<br>(月) | 5/2<br>(火) | 5/3<br>(水) | 計<br>(頭) |
|---|---|---|---|---|---|---|---|---|---|---|---|---|---|---|
| 天気 | 曇／雨 | 晴 | 曇 | 曇／晴 | 晴 | 晴 | 晴 | 晴 | 晴 | 晴 | 晴→雨 | 晴 | 晴 | |
| 出猟場所 | ①② | ②④⑤ | ① | ④ | ①②⑤ | ①② | ② | ⑥ | ④⑤⑦ | ⑥ | ⑤⑧ | ②⑤ | ⑥⑦⑨ | |
| 捕獲頭数 | 0 | 1 | 1 | 0 | 2 | 0 | 1 | 0 | 0 | 0 | 0 | 0 | 2 | 7 |
| 発見頭数 | 0 | 1 | 1 | 0 | 3 | 0 | 1 | 2 | 4 | 5 | 3 | 0 | 2 | 22 |

出猟場所の丸数字は図 7.7 に示した場所

め計 13 日間であった．筆者はそのうち 9 日参加した．

以下では，4 月 23 日を例に，猟の流れについてみていきたい．

現在，当地域での春グマ猟でおこなわれる捕獲方法は，クマがいる斜面の対岸にいる猟師（メタテやムカデと呼ばれる）の指示のもと，複数の射手（テッポウマエ）が配置につき，尾根を越えようとするクマを捕獲する巻き狩り（ミマキ）と，少人数の射手をクマの近くまで誘導して（ヨセて）捕獲させるヨセブチに大別される．ただし，巻き狩りでは，射手の方へ勢子（声を出しクマを射手の方へ追い上げる人）が追い上げる場合（アゲマキ）もあれば，斜面と平行に尾根側へ追いやる場合（ヨコマキ）もある．また，勢子がつかず，射手の一人がクマの方へ近づいていく場合もあり，実際の形態は多様である．どのような配置，方法がなされるかは，その時々の状況によって異なり，メタテの的確な状況判断と指示能力が猟の成否を決める大きな要素となる．現在，メンバーの大多数は射程距離の長いライフル銃[10]を所持しており，数百メートル離れた向かい斜面など，より遠くからクマを捕獲することが可能である．そのため，配置に時間のかかる巻き狩りはあまりおこなわれない傾向にある．

いずれにせよ，これらはクマを発見し，捕獲することになってからの問題であり，その前にクマを探し出す過程がある．尾根で区切られた，クマを巻く領域は一般的にクラと呼ばれる．クラはその中心にある沢の名前で呼ばれることが多い．図 7.7 は班の猟場全体を示したものであるが，そのなかでその日，どの方面のクラに向かうかは朝に小屋で参加メンバーが集まった時に話し合いで決められる．視界を遮る樹木がなく眺望が効き，クマを探すのに適した尾根

---

[10] 丹野（1978c）は，1971 年の調査時に五味沢地区でライフル銃を持っているのは 3 人だけであったことを報告しているが，筆者の聞きとりでもライフル銃が使われ始めたのは昭和 40 年頃以降だということを確認した．また，トランシーバーが用いられるようになったのも同じ時期の 1967 年からと言う（丹野，1978c）．

7.3 春グマ猟と山の「知識」

図7.6 メタテから見たクマ（中央の丸円のなか）（2017年4月）
向かい斜面にいるメタテは双眼鏡を見ながらテッポウマエに指示を出し配置につける．

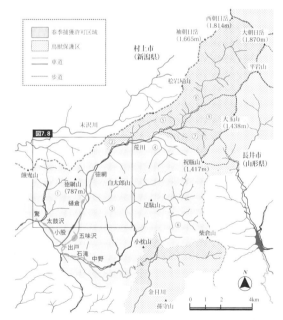

図7.7 五味沢・石滝班のツキノワグマ春季捕獲許可区域（猟場）
ツキノワグマの春季捕獲に関しては，鳥獣保護区（国立公園の特別保護地区を含む）においても捕獲が認められている．もっともこの許可区域内であっても公道上や特定猟具使用禁止区域など鳥獣保護管理法で銃の使用が禁じられている場所での狩猟活動は認められていない．（地図上の丸数字は表7.1で示している出猟場所に該当する．）

## 第7章 山を知る

上の展望地点もメタテ（あるいはメタテ場）と呼ばれ，主だった場所には名前がつけられている．出猟前の話し合いでは，その日参加するメンバーの顔ぶれを見て，だいたい2〜5人ごとに分けられ，どの尾根を登り，どこのメタテ場に行くかが経験の豊かな年配者たちの意見をもとに決められていく．それが決まると小屋を発ち，各入山地点に分かれ，クマを探しながらメタテ場まで尾根伝いに登っていく．

この日は，図7.8の①〜④のように分かれて入山した．筆者は，猟歴30年を越すベテランのYとともに2人で①から登った．じつは，Yは2日前に，狩猟とは関係なく森林管理署の仕事でこの付近に来たときにクマを一頭発見した．そのためそれを期待してここを選んだのである．実際に，登り始めて数十分後にはa地点にいたクマを双眼鏡で発見した．そこで，2人でヨセブチをすることとし近くへ移動したが，その最中にクマも移動し木々のなかに埋もれてしまい見失った．

仕方なく，来た道を引き返し，メタテの場所を目指した．程なく今度はcにいたメタテのDからクマを発見した旨無線で連絡が入った．

「スダテ（クラにある沢の名前）のムグラ峰（各クラで中心とされる尾根）のダルミ（鞍部）にある松．そこから少し下がったところにある小さなブノ（残雪の残る支沢）のなかのブナにホキ上がって（若葉を食べて）いる．」と，クマのいる場所などが知らされる．Yはこの情報だけで，すぐに場所のおおよその見当をつけて，そこに向かって灌木をかき分け斜面をトラバースして行った．

30分ほどで目標の尾根にたどり着いたが，そこからはクマの姿を確認することができなかった．Yはさらに，向かいの斜面にいるDの指示を受け，クマが見える（とDが考える）場所まで移動するが木々で遮られ確認できず，結局，筆者がクマの下方に回り込み，Yの方へクマを追いやることになった．しかし今度は，筆者の姿をDは確認できず，誘導にてこずる．そのうち上方にいたYが樹上にいたクマを見つけ，捕獲に至った．

全員が小屋に戻り，肉の解体分配が全て終わると，毎回，反省会がおこなわれる．反省会の冒頭で全員揃って神棚に手を合せ，御神酒を上げて，一日の無事と獲物を授かったことへの感謝の念を捧げるのが習わしとなっている．その

7.3 春グマ猟と山の「知識」

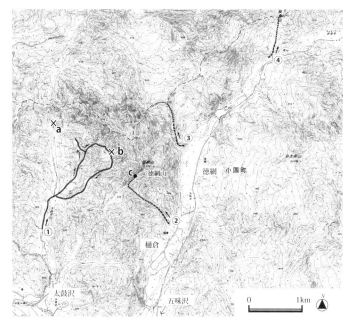

図 7.8 春グマ猟の出猟ルート例（2017 年 4 月 23 日）
国土地理院発行 1/25,000 地形図「五味沢」・「徳網」を基図として使用．

日の反省会で，D は筆者に，クマを捕獲した場所（図 7.8 の b）は以前，ある人が獲ろうとしたクマに追いかけられ，逆に逃げるという「事件」が起こった全く同じ場所であったことを教えてくれた．すると，それを近くで聞いていた人たちは，その日全く別の峰（③や④）を登っていたが，「ああ，あそこか」とその場所を理解したのである．

### 7.3.4 山の地形・地理に関する「知識」

　以上はヨセブチのケースであるが，巻き狩りの場合も同様に，まず誰かがクマを発見し，場所をその付近にいる人たちに伝える（発見）．捕獲することになったら（判断），メタテがテッポウマエを誘導し，配置につける（誘導配置）．このときメタテはクマがどこにいるかをテッポウマエの人たちに逐一伝える．そして捕獲（ときには勢子を入れる）を試みることになる．
　このように，発見，判断，誘導配置という三つの段階に春グマ猟の過程を分

## 第7章 山を知る

けてみると，いずれの段階でも猟場の地形・地理に関する「知識」が必要不可欠である点は共通している．しかし，その「知識」の次元は認知レベル，記憶レベル，表象レベルというように幾層にもまたがっているのである．

　最初に，たとえクマを発見しても，その場所をメタテなど他の人へ正確に伝えられなければ猟においては意味をなさない．また，教えられた方も，それが具体的にどこを指すのか理解していなければならない．そのようなコミュニケーションにおいて重要な位置を占めるのは，こと細かく付けられた猟場の地名であり，あるいは地形に関する民俗語彙である．とくに沢に関しては，主だった涸れ沢を含め，ほぼ全てに名前が付けられている．経験豊かなマタギだと，クマを見つけた人とは離れた別の峰にいても見える範囲であれば，無線でクマがいる沢の名前を聞いただけで，詳しい位置は伝えられなくてもすぐにその個体を見つけてしまう．つまり，メンバー内で場所の了解が必要な「発見」段階では，地名として表象される知識が重要な地位を占める．

　次に，「判断」段階であるが，見つけたクマを捕獲するかどうかは，どのような個体であるのかということと，そのときの状況による．小さな個体や親子連れ個体は捕獲しない．しかし，たとえ大きな個体であっても，そこが到達困難な場所であれば見合わせざるを得ない．遠すぎて，そこに到達するまでに日が暮れてしまう，あるいは安全に帰ってこられないおそれがある場合も原則としてそこへ向かわない．つまり，クマを発見するのと同時に，頭のなかでそこに至る経路が描かれ，到達可能かどうかの計算がなされるのである．その場合，雪解けで増水している激流を安全に徒渉するにはどこを通ればいいのか，あるいは雪橋（崩壊のおそれのないスノーブリッジ）がどこにあるのか．尾根の取り付きはどうなっているのか．登攀可能な尾根か，雪崩の危険はないか，といった道中の様々なリスクとそれに要する時間が勘案される．それには先輩たちから教わったことを思い出したり，無線で他の経験豊かなマタギの意見を求めたりして，いわば表象される（された）知識を参考にする場合もあるが，自身の経験（「記憶知識」と呼ぶ）にもとづくところが大きい．ほとんどの場合，その場にいるメンバーのなかで最も経験の豊かなマタギたちによって捕獲するかどうかの判断がなされるが，それは彼らが豊かな記憶を持ち，その発言に説得力を有しているからに他ならない．

## 7.3 春グマ猟と山の「知識」

「誘導配置」においても，とくにメタテには地形・地理に関する「知識」が求められる．クラを目の前にして，地形などを手がかりにどのようにクマが動くかを予想して最適の場所にテッポウマエを誘導・配置しなければならないからである．なおかつそこは安全で，支尾根等の障害物がなくテッポウマエがクマを確認することのできる場所でなければならない．また，撃った後もクマを安全に回収できるよう誘導するのも重要な役割である．そこが自分もテッポウマエについたことのある場所であれば，その記憶知識が大いに参考になるだろうが，そうでなければその場の地形や木々の生え方，クマの動き等を見て「直感的」に判断し，指示を出さなければならない．言い換えれば，メタテは，目の前に広がる環境が発する視覚情報を適切に認知し，テッポウマエへ的確な指示を出すことが求められるのである．

もっとも実際には，この認知レベルでの「知識」と記憶知識は不可分的に結びついている．その場で生起する地形・地理に関する「知識」は，経験（行動）することにより記憶知識としてその場所に埋め込まれていくのである．例えば，テッポウマエにつく人がそれまで行ったことのない沢を越えてクマのいる斜面へ行く場合を考えてみよう．沢まで降りると次に，その人は安全に渉ることのできる浅瀬や雪橋を探すだろう．水深や流れの速さ，あるいは雪橋の様子を見てどこを歩くかを判断する．これが認知レベルでの知識である．それが雪橋であれば，横から見える形態や表面の雪の色合いなどによって厚さを推測するのであり，視覚情報を認知し，そこから上を歩いても耐えうるかどうかという「意味」を汲みとる．その上で，頑丈そうな箇所を選び，早足で渡る，といったその状況で求められる行動をおこなう．そして，これら一連の行為の結果，そこが徒渉できる場所として記憶されるのである．

経験豊かなマタギたちは，とくに，この地形・地理に関する記憶知識が卓越している．彼らはしばしば，山にいずとも現地の様子を具体的に述べる．例えば小屋で毎朝出猟前にメンバー内で交わされる会話では，どこのメタテ場に登ればどこまで見渡せるか，あるいはどの沢は見えないか．また，どこなら通常，雪橋がついていて渡ることができるのかや，どこの斜面の雪は硬くてトラバースするのは危険であるかなど，まるでそこにいて「見ている」かのように山の様子が語られるのである．ときには，そこにある特徴的な形態をした大木や樹

洞，岩などにも言及されることもあり，一本の樹，一つの岩といったレベルで記憶されている場所もある．山見のときに岩穴の様子を筆者に尋ねたマタギのように，その場へ行かずともその様子が「見えている」のである．

そして，そのような記憶知識は，単に細かいだけでなく，往々にして実体験のかたちで語られるため極めて具体的である．ある斜面がトラバースするのに危険であるという記憶知識は，実際にいかに怖い思いをしたかという経験のかたちで語られるのであって，「あのようなところは」というように一般化されることは会話においてほとんどない．

春グマ猟の場合，何人かで行動することが多く，記憶知識は表象という過程を経ずとも他者と共有されうるものである．先に述べたように，その記憶知識が共有されていたからこそ，Dが捕獲場所にまつわるエピソードを語ることで，その日，そこに居合わせなかった人たちにもその場所が了解されたのである．

同様のことは，猟の最中でも確認できる．広い猟場空間において全ての場所が地名などを駆使して言い表せるわけではない．また，地名を全員等しく知っているわけでもなく，たいていは年配者のほうが詳しい．「発見」や「誘導配置」において，地名だけで伝えることのできない場所を教えるときによく用いられるのが，そこに埋め込まれ共有された記憶知識である．例えば，「去年，お前がテッポウマエさついたところ，そっから10mさがったところ」，「○○が何年か前に走って行っておさえた（捕獲した）ところ」などというように，互いに共有しているであろう記憶知識をもとに場所が伝えられるのである．

さらに，このような春グマ猟での記憶知識は，他の時期に山へ入っても語られることがある．例えば，トビタケは盛夏の時期にブナ等の根元に発生し，マイタケとともにマタギたちが非常に好んで採取するキノコである．その時期は，中高木の葉が全て展開しており，森の様子は春グマ猟の時期と全く異なるが，トビタケを探している最中，目の前に見える沢や尾根，斜面を指して，そこで自分が体験した，あるいは目撃した春グマ猟のエピソードを語ることがある．

また，トビタケ採りやマイタケ採りといったキノコ採りではとくに，過去に採ったことのある木を多く覚えていることが重要となる．マタギたちは，春グマ猟の場合と同じようにそれらをエピソードとともに記憶している．例えば，五味沢地区のマタギの一人，Rのトビタケ採りに同行したとき，ある尾根上の

## 7.3 春グマ猟と山の「知識」

図 7.9　ブナの根元に発生したトンビマイタケ（トビタケ）（2015 年 8 月）

場所で，以前そこで握り飯を食べようとしたが，落としてしまい，それが数メートルほど凹地の方へそのまま転がっていってしまった．それを拾おうとして下りていくとトビタケが大量に発生している木に「当たった」というエピソードを語ってくれた．そして，その話を聞いてから下りてみたところ，実際にトビタケの発生している木を発見したのである．

　数え切れないほどのブナやミズナラの木が山にはあるが，そのなかでどこにどのような木が生えているのか，あるいは倒れているのかを，そこでのエピソードとともに記憶しているのである．春グマ猟と異なり，キノコ採りは基本的に一人あるいは少人数でおこなうことがほとんどである．しかし，一緒に山へ行くなど経験を共有していなくても，キノコがよく発生する特定の木について仲間内でみんな知っていることがある．キノコが発生する時期にマタギたちが集まると，「『あの』木にでてた」とか，「どこどこの木はどうだ」といった会話が集落にいながらにしてなされる．別々に山に入りながらも，同じ木を見て，覚えているのである．そして，そのような彼らにとって森林は，春グマ猟やキノコ採り，あるいは山菜採りの経験が記憶知識として埋め込まれた空間なのである．

## おわりに

　本章では，山形県小国町五味沢地区のマタギたちの春グマ猟を中心とした山とのかかわりから，彼らがいかに山を「知って」いるのかについて述べてきた．それは単に地名として表象されたものだけでなく，実際にそこを歩いた経験にもとづく知識（記憶知識）や視覚情報など環境が発する信号を正確に認知し行動を判断し得る能力，知識も含んでいる．彼らが「山を分かっている」と言う場合，単に道なき山を迷わず歩けるということだけではない．その場に応じて雪崩や滑落の危険を回避しながら安全に歩けたり，クマなど獣の動きをより正確に予測できたりと，状況に応じた「正しい」振る舞いができることも含め総合的に理解していることを指している．

　大村（2008）は，生態心理学者であるリード（2000）の「アフォーダンス（affordance）」や「エコロジカルな情報」といった議論を踏まえ，イヌイットの環境についての知識を分析している．「アフォーダンス」とは端的に言うなら，環境に実在する潜在的資源のことであり，James J. Gibson が提唱した用語である．ある生物がそれを実現し活用するためには自らの行動を適切に調整し，その環境の要素と適切にかかわる必要がある．そのとき依拠するのが「エコロジカルな情報」となる．大村が挙げる例であれば，ホッキョクグマ（*Ursus maritimus*）は，人間が見たり，追跡したり，射撃したり，食べたり，衣服やさまざまな道具を作ったりすることを人間に潜在的に許容（アフォード）している．しかし，このようなアフォーダンスを実現するためには，狩猟の実践を通して自らの行動を適切に調整し，遭遇したホッキョクグマと「ハンター／獲物」といった適切な自他関係に入らなければならない．さもなければそのアフォーダンスは潜在的なままである．イヌイットが環境に関して知っているのは，個人から切り離された環境それ自体の情報ではなく，このようなアフォーダンスを現実化させる過程で環境と取り結んだ具体的な個々の関係であると大村は述べている．これまでみてきたように，マタギが山について「知って」いるのも同様に，山を安全に歩き，クマを獲ったりキノコや山菜を採ったりする過程においてクマや，岩，木々，雪橋など様々な環境の要素と取り結んだ具

体的な関係であり，その記憶である．

　大村（2008）も指摘するように，そこから個人の経験を切り離すわけにはいかない．一般化した知識として他者へ伝えることは不可能であり，逆に言えば，実際にその場を歩くという経験がなければ養われ得ない質のものなのである．それは，普遍的な原理原則を前提とし，体系化された近代科学知の習得・伝承とは根本的に異なる．そこでの知識「習得」とは経験を蓄積し記憶することであり，これだけ覚えればよいといった到達地点は存在しない．学校教育のようにカリキュラムを組んで比較的短期間に学び得るようなものではなく，山が「分かる」経験豊かな人たちと行動をともにし，経験を共有するなかで「伝承」されるものなのである．

　本章でみてきたように，マタギたちがフィールドとする，冷温帯落葉広葉樹林の広がる東日本の山々では，山の地形・地理に関する「知識」の習得（構築）という点で，春グマ猟が重要な役割を果たす．この時期，猟場の広範囲が見渡せ，地形・地理を俯瞰的に把握することが可能であることに加え，実際にクマを捕獲し，集落へ運ぶために猟場の隅々を歩かなければならないからである．なかには一般的な登山道や定まった踏み跡を歩くこともあるが，とくにクラにおいて，ヨセブチや巻き狩りでクマに近づくときや，弾が命中し斜面を転落していったクマを回収するときは，道のない領域を歩かざるを得ない．さらに春グマ猟の場合，利用され認知される空間の範囲自体も広い．現在ではかつてに比べ猟場の縮小がみられるものの，泊まりがけでのゼンマイ採りがおこなわれなくなったなか，春グマ猟は，集落や登山道から離れ最も奥部にまで至り展開される生業活動となっている．

　このように，春グマ猟が継続されてきたことによって，多くの村人たちが滅多に足を踏み入れることのない奥山域での地形・地理に関する広範な「知識」が，少人数ながらも住民たちのなかで保持されているのである．このことの社会的な意義は大きい．山形県の場合，春グマ猟は生息状況調査と位置づけられ，制度上は狩猟者たちの目視情報が捕獲結果や他の科学的調査結果と併せてツキノワグマの管理計画にフィードバックされるようになっている．しかし，彼らの日常的な観察にもとづく山の「知識」は，クマだけに限らず，森林全般に関しての細やかなモニタリングデータを供しうるに違いない．あるいは，そのよ

## 第 7 章　山を知る

うな知識は奥山域での遭難救助の現場においても重要である．実際に，五味沢地区のマタギや，飯豊連峰山麓に位置する小玉川地区のマタギたちの多くは町の飯豊朝日山岳遭難対策委員会救助隊に加わっており，山菜やキノコ採り，登山，渓流釣りなどで遭難した入山者の捜索救助活動に従事しているのである．

　ただし，本章で強調したいのは，このような社会的意義だけではなく，外部者には等閑視されがちな，当人たちにとって山を深く「知る」ということの意味合いである．それは，春グマ猟や山菜採り，時期ごとのキノコ採り，ウサギ巻きなどを毎年繰り返し，山とかかわり続け，その記憶を蓄積させていく生き方のことでもある．

　哲学者の内山節は群馬県上野村という山村における暮らしにもとづき，村では自然と人間がそれぞれ固有の実体をもっているのではなく，相互的な関係性（交通）のなかに自然や村人が存在していることを指摘している（内山，2001）．そこでは，「自然は観察され，関係を結ばされる他者ではなく，自分の存在のなかの一部」なのであり，そのような自然の無事を確認することで，自然と人間との交通をつくりだし，その交通を通して無事な自分の存在を発見するのだと言う．また，「仕事」と「稼ぎ」という言葉を使い分ける村人たちの思考にふれながら，村の共同体内外に成立している交通のなかにある労働を整理している．すなわち，「仕事」とは，畑仕事や山仕事のように循環する自然と人間との交通，あるいは寄り合いや共同労働など，循環系のなかの人間と人間との交通のなかにある労働のことである．村に暮らす人間が引き受けなければ村の持続と循環が維持できなくなる労働でもある．一方，「稼ぎ」というのは，そのような循環的，持続的な交通の外にある労働のことで，しなくてすむなら共同体の暮らしにとっては必要のない労働である．

　五味沢地区のマタギたちにとっても，土木業や製造業，サービス業など平日に町の中心部へ行き，おこなっているのは「稼ぎ」であって「仕事」ではない．一方，春グマ猟をはじめ山菜採りやキノコ採りなど，循環する自然との交通にみられる労働は「仕事」である．それをなすこと，すなわち自然と，あるいは村人同士や猟仲間の間に交通をつくりだすことで無事な世界が生み出されているのである．例えば 80 歳を越えた古老のマタギが険しい峰を今なお登り，メタテにつくのは，おそらくクマを自身が獲りたいがためだけではないだろう．

山に身をおくことで，その豊かな記憶のなかに過去と出会い，そして無事な自分を確認しているのではないか．記憶や物語としての「『歴史』が自然や労働に意味や価値を与える．そのことに支えられて，共同体の人々は存在している」のである（内山，2001）．

本章では，森とともに生きるマタギたちの民俗知として山の地形・地理に関する「知識」に注目し，それらによって生み出される自然（山）との交通の一端を描くことを試みた．そのかかわり合いを通して当人たちによって見いだされる山は，村にいながらも語られるように，記憶のなかに，そして仲間との共通の物語のなかに広がっている．それが「仕事」として山とかかわり続けていくことに意味や価値を与えているのである．

共同体のあり方は時代とともに変わるであろうし，それにあわせて循環的な，持続的な自然と人間との，あるいは人間と人間との交通は変化し続けるであろう．もはや同じ村落内に住んでいることだけが共同体の唯一の姿ではない．しかし，それがどのようなものであれ，その維持のため「稼ぎ」だけでなく「仕事」という労働が共同体「内」でなされ続けなければならない．近年，自然科学的な観点からそのあり方が論じられることの多い狩猟や有害鳥獣捕獲といった労働もそのなかにある．そして，マタギの民俗知もまた，そのように循環し，持続していく共同体の営みのなかに息づき，存在し続けていくに違いない．

本章は，平成27年度〜30年度日本学術振興会科学研究費助成事業（若手研究B）「ポスト過疎時代における資源管理型狩猟に関する民俗知形成のモデル構築」（課題番号15K16162，研究代表者：蛯原一平）の研究成果の一部である．

## 引用文献

千葉徳爾（1969）狩猟伝承研究．pp. 828，風間書房．
千葉徳爾（1971）続狩猟伝承研究．pp. 590，風間書房．
千葉徳爾（1977）狩猟伝承研究　後篇．pp. 537，風間書房．
千葉徳爾（1986）狩猟伝承研究　総括篇．pp. 486，風間書房．
蛯原一平（2009）沖縄西表島の罠猟師の狩猟実践と知識——11年間の罠場図をもとに．国立民族学博物館研究報告，34，131-16.

## 第7章 山を知る

花井正光 ほか（2004）伝統的クマ猟は持続的に継続することが可能か──山形県小国町の春季マタギ猟の場合．小国マタギ　共生の民俗知（佐藤宏之 編），pp. 172-190，農山漁村文化協会．

原田信男（2004）小国山間部の近世集落──その景観と暮らし．小国マタギ　共生の民俗知（佐藤宏之 編），pp. 118-155，農山漁村文化協会．

姫田忠義（1981）自然　学問　人間．宮本常一──同時代の証言（宮本常一先生追悼文集編集委員会 編），pp. 439-440，日本観光文化研究所．

池谷和信（1987）山形県小国町五味沢におけるクマ狩りの行動とクマ祭りについて．東北民俗，**21**，30-39．

池谷和信（2003）山菜採りの社会誌──資源利用とテリトリー，p. 204，東北大学出版．

池谷和信（2005）東北マタギの狩猟と儀礼．日本列島の狩猟採集文化──野生生物とともに生きる（池谷和信・長谷川政美 編），pp. 150-173，世界思想社．

井上靖彦（2005）地域森林資源の利用に関する研究──国有林地帯における農民的林野利用の展開を中心として．北海道大学農学部演習林研究報告，**51**，167-242．

梶　光一・小池伸介 編著（2015）野生動物の管理システム──クマ・シカ・イノシシとの共存をめざして，p. 225，講談社．

梶　光一ほか編（2013）野生動物管理のための狩猟学，p. 154，朝倉書店．

桝　厚生（2011）クマ狩猟活動が持つ意義の多様性．現代民俗学研究，**3**，59-69．

森谷周野（1961）三面郷の狩猟習俗．奥三面郷赤谷郷狩猟習俗調査報告書（新潟県教育委員会 編），pp. 1-52，新潟県教育委員会．

武藤鉄城（1969）秋田マタギ聞書．p. 243，慶友社．

小国町史編集委員会 編（1966）小国町史．p. 1403，小国町．

大村敬一（2008）かかわり合うことの悦び．環境民俗学──新しいフィールドへ（山泰　幸・川田牧人・古川　彰 編），pp. 34-57，昭和堂．

リード，E. S. 著，細田直哉 訳（2000）アフォーダンスの心理学──生態心理学への道，p. 512，新曜社．

佐久間惇一（1976）羽前金目の狩猟伝承．あしなか，**151**，1-26．

佐久間惇一（1980）羽前小国郷の狩猟儀礼．日本民俗風土論（千葉徳爾 編），pp. 161-181，弘文堂．

笹岡正俊（2012）社会的に公正な生物資源保全に求められる「深い地域理解」──「保全におけるシンプリフィケーション」に関する一考察．林業経済，**65**，1-18．

佐藤　仁（2002）希少資源のポリティクス：タイ農村にみる開発と環境のはざま，p. 254，東京大学出版会．

Scott, J. C.（1998）*Seeing Like a State : How Certain Schemes to Improve the Human Condition Have Failed*, p. 446, Yale University Press.

四手井綱英（1956）裏日本の亜高山帯の一部に針葉樹林の欠如する原因についての一つの考え方．日本林学会誌，**38**，256-258．

田口洋美（1992）越後三面山人記──マタギの自然観に習う，p. 250，農山漁村文化協会．

田口洋美（2002）マタギ集落に見られる自然の社会化──新潟県三面集落の自然誌．縄文社会論（安斎正人 編），pp. 193-235，同成社．

田口洋美（2004）小国マタギの過去と現在．小国マタギ　共生の民俗知（佐藤宏之 編），pp. 208-

250, 農山漁村文化協会.

田口洋美 (2005) 近代における市場経済化と生業の変化——信濃秋山郷に見られる人為的圧力の後退を中心に. 季刊東北学, 5, 84-105.

高橋文太郎 (1989, 初出は 1937) 秋田マタギ資料. 日本民俗文化資料集成 第1巻 サンカとマタギ (谷川健一 編), pp. 295-346, 三一書房.

丹野 正 (1978a) 東北地方山村における狩猟活動——とくにクマ狩りを中心に. 探検 地理 民族誌——今西錦司博士古稀記念論文集 (中尾佐助・梅棹忠夫 編), pp. 467-494, 中央公論社.

丹野 正 (1978b) 多雪地帯の山村における山菜採集活動について. 季刊人類学, 9, 194-242.

丹野 正 (1978c) クマ狩り——東北地方山村の狩猟. アニマ, 6, 81-87.

内山 節 (2001)「自然と労働」についての方法の問題——群馬県上野村をとおして. 国立歴史民俗博物館研究報告 第87集, 17-33.

# 第8章 ありふれた資源をめぐる民俗知
## 山菜・キノコをめぐる民俗知とその現代的意義

齋藤暖生

## はじめに

　2013年，和食はユネスコの無形文化遺産に登録された．和食は，自然の素材を生かすこと，「旬」や自然の美しさを表現することを重要視する（江原，2015）．当然ながら，和食の中に森の素材も生かされてきた．その中で，春の山菜の天ぷら，秋のキノコ鍋などは，多くの人々にとって馴染み深いものであろう．山菜やキノコの生鮮品や加工品は，スーパーや青果店に行けばほぼ確実に手に入る．山菜やキノコは日本人にとって，もっとも馴染みのある森の食材と言える．本巻が着目する知識や文化に引きつけて言えば，日本の森林資源の中で，その知識や文化が広く流布しているものの典型例が山菜やキノコであると言えよう．

　筆者はこれまで，主に東北地方の山村を主なフィールドとして，山菜・キノコ利用を通じた森と人のかかわり，人と人のかかわりについて研究してきた．本章では，山菜・キノコに関する知識や文化の源流と言える山里での山菜・キノコ利用の実態から，山菜・キノコをめぐる知識や文化のあり方を掘り下げてみたい．さらに，森と人のかかわりをめぐる現代的な課題との接点についても検討したい．すなわち，中長期的に山村地域の活力が低下してきた中にあって（第6章，第7章参照），山菜・キノコのような資源およびそれに関わる知識が，山村地域の活性化もしくは魅力の向上に寄与する可能性について考察する．

## 8.1 森の食べものと山菜・キノコ

### 8.1.1 森がもたらす食材

　知識や文化について検討する前に，山菜やキノコがどのような特徴を持った資源なのか確認しておきたい．まず，山菜やキノコを含めて森林からもたらされる食材について広く見渡してみよう．

　日本の国土のほぼ全域は，森林が成立する気候区分に属する．したがって，農耕活動が展開する以前から，また農耕活動が広まった後も，森林は少なからず人々の食べものの供給源となってきた．人々は，森林において採集，捕獲（狩猟・漁撈）といった様々な働きかけをすることによって食べものを得てきた（表8.1）．

#### A. 採集

　われわれの祖先は植物の様々な部位，菌類の子実体＝キノコを採集することによって多種多様な食材を得てきた．

　中でもデンプン（炭水化物）あるいは脂肪に富む堅果類や根茎類は，主食となりうる重要な食材であった．例えば，広く利用された根茎類には，ワラビ（*Pteridium aquilinum*）やクズ（*Pueraria montana* var. *lobata*），カタクリ（*Erythronium japonicum*）などがある．これらは概して，食用となるまでに多大な労力を必要とする．叩いたりすりつぶしたりして粉を精製したものが食用に供された．わらび餅の原料となるワラビ粉や，葛粉，片栗粉がそれである．堅果についても同様に，多大な時間と労力を必要とするものが多かった．カシ・ナラ類の実，いわゆるドングリやトチノキ（*Aesculus turbinata*）の実などがそうである．トチの実のように，アク抜きして食べられるように精製するまでに1ヶ月近くかかる場合もある．

　多大な手間ひまを投じながらも根茎や堅果が食用とされてきたのは，デンプンや脂肪の含有量が多く，エネルギーを摂取するという食料の最も基本的な価値において優れていたからであろう．これらの食材が困窮した場合の救荒食というだけでなく，日常の主食の位置をしめていた山村も少なくない（松山，

表 8.1　森から得られる食材と利用の概要

| 活動分類 | 食料分類 | 説　　　明 | 現　　況 |
|---|---|---|---|
| 採集 | 山　菜 | 副菜として日常食，保存食． | 比較的さかんに行われる． |
|  | キノコ | 同上 | 同上 |
|  | 液果類 | 主に子供のおやつ程度． | 一部を除いて衰退・消滅． |
|  | 堅果類 | 澱粉あるいは脂肪に富む．山村においては重要な食糧． | 同上 |
|  | 根　茎 | 澱粉に富む．重要な食糧源． | 同上 |
| 捕獲 | 野獣類 | タンパク源． | 高齢化．害獣駆除の比重高い． |
|  | 渓流魚 | タンパク源．ダシとしての利用． | 大きく衰退．一部の漁法禁止． |
|  | 昆　虫 | タンパク源． | 一部地域でさかんに行われる． |

著者作成．

1982)．例えば，トチの実を確保するために，トチの木が世帯単位で所有されていた山村もあった（松山，1982）ことは，その重要性をよく物語るものである．採集経済を中心とする時代には，森林における堅果類の豊富さが人口扶養力に大きく寄与していたことも指摘されている（鬼頭，2000）．このように食材として重要な位置にありながら，クリ（*Castanea crenata*）やクルミ（*Juglans mandshurica*）の利用や，一部の行事食，土産物への活用をのぞいては，現在は衰退するかほぼ消滅してしまっている．

キイチゴ類（*Rubus* spp.）やサルナシ（*Actinidia arguta*），ヤマブドウ（*Vitis coignetiae*）などの液果類も採集された．これらはそのまま何の加工を要せず生食できる．日本では子供のおやつ程度に扱われることが多く[1]，堅果類のように，食生活において重要な位置を占める例は少なかった．これも，今や衰退するかほぼ消滅してしまっている．

これらに対し，山菜は草本植物の全草または木本植物の若芽に，キノコは菌類の子実体に当たるが，いまでも採集・食用が広く見られる．根茎類や堅果類のように主食とはなり得ないが，副菜に用いる食材として保存されるなど，これら食材の確保には一定の労力が費やされている．

### B. 捕獲（漁撈，狩猟を含む）

人間にとってタンパク質は欠かせない栄養素である．森林に生息する動物性

---

[1] 例えば，ヨーロッパ諸国では，森林に産する各種の液果（ベリー類）が大量に採取され，年中利用する食材として保存する習慣がいまも広くみられる．

資源を捕獲することによって，人々はタンパク質に富む食材を身の回りから得ることができた．

　森林で捕獲される最も主要なものは，野生鳥獣であろう．かつて日本各地に独自の伝統的な狩猟法があり（堀内，1984），野生鳥獣は人々がタンパク質を得る上で重要な食材の一角となっていたことは明らかである[2]．しかしながら，すでに野生鳥獣の肉を食することは，日本においては一般的ではなくなっている．一方で，近年では，シカ（*Cervus nippon*）やイノシシ（*Sus scrofa*）など「害獣」の駆除を目的にした狩猟が中心となり，それに伴い，その有効活用としてこれら野獣の肉を食用とする試みが各地で行われている．

　ほかに森林から得られた動物性の食材としては，渓流魚（鈴野，1993）や，昆虫（野中，2008）が挙げられる．これらは野生鳥獣に比べると，小型であるが個体数が多く，捕獲に用いる技術も容易であったため，より日常的に食されたものと考えられる．しかしながら，これらも一部の地域を除いては，もはや一般的な食材とは言えないような現状となっている．

## 8.1.2　食材としての山菜・キノコ

　こうして見てくると，本章で扱おうとしている山菜・キノコは，現在においても一定の存在感を持つ，数少ない森林由来の食材であると言える．このことは，食材としての価値という観点から見たとき，興味深いことである．

　上に見たように，人間にとって特に重要な栄養素としては，エネルギー源となる炭水化物と脂質，タンパク質がある．ここで，エネルギーに着目して食品成分データベースにより，山野に由来する食材を取り上げて見てみると表8.2のようになる．植物の根茎や堅果に分類できるものは高いエネルギー量を持つのに対して，山菜やキノコは概してエネルギーに乏しいものばかりである（齋藤，2017a）．

　栄養源として極めて重要な食材が利用されなくなる一方で，そうではない山菜・キノコが広く利用され続けていることをどのように考えれば良いだろうか．この問題を考えるには，松山（1982）が明らかにした事実が大きなヒントに

---

[2]　本巻第7章も参照．

表 8.2　山菜・キノコ・根茎・堅果の 100 g あたりのエネルギー量

| 1）山菜 | | 2）キノコ | | 3）根茎・堅果 | |
| --- | --- | --- | --- | --- | --- |
| 食品名 | kcal | 食品名 | kcal | 食品名 | kcal |
| あさつき | 33 | えのきたけ | 22 | じねんじょ | 121 |
| うど | 18 | きくらげ | 13 | くずでん粉 | 347 |
| ぎょうじゃにんにく | 34 | 生しいたけ | 20 | かや | 665 |
| こごみ | 28 | ぶなしめじ | 21 | 日本ぐり | 164 |
| ぜんまい | 29 | なめこ | 14 | くるみ | 674 |
| たらのめ | 27 | ひらたけ | 21 | しい | 252 |
| つわぶき | 21 | まいたけ | 17 | とち | 161 |
| のびる | 65 | マッシュルーム | 16 | | |
| ふき | 11 | まつたけ | 23 | | |
| ふきのとう | 43 | | | | |
| よめな | 46 | | | | |
| わらび | 21 | | | | |

齋藤（2017a），文部科学省食品成分データベース（http://fooddb.mext.go.jp/）より作成．

なる．すなわち，かつて山村で常食とされていた木の実が，日本が高度経済成長を遂げて以降，利用されなくなっているということである．木の実を食材とすることは，一般的に多くの労力を必要としたから[3]，流通が発達し，現金収入を容易に得ることができる時代にあっては，コメなど代替となる食材を買ってしまった方が手っ取り早い．動物性資源に関しても，同様に店頭で肉や魚を買う方が手軽と判断されるようになったと考えられる．

　一方で，山菜・キノコは店頭で販売される野菜類には容易に代替され得なかったということになる．例えば，各地域で利用されてきた山菜は，実際に利用可能な「可食植物」からすると，かなり限定的である[4]．これは，山菜・キノコが「選ばれた」ものであることを示している．どのような基準で選ばれているかというと，これまで見たように，炭水化物やタンパク質といったような栄養素でないことは明らかである．筆者がこれまで観察してきた限り，その基準は山菜・キノコが持つ独特の風味や食感に求められる（齋藤，2017b）．基本

---

[3]　例えばトチの実の場合，採集してきた後に，水に浸す，乾燥，中身の取り出し，煮沸，アク抜きの加工が必要であり，これら加工段階に10日から20日ほどの日数を必要とした（松山，1982）．
[4]　橋本（2007）によると，日本における「食べられる野生植物」は1000種を超えるという．8.2節で検討する東北山村の事例は，全国的にみても多様な山菜を利用する地域であるが，到底このような数には及ばない．

的には，無毒なものが用いられているが，中にはワラビのように本来有毒であるものが無毒化処理（アク抜き）することで可食化されている場合もあり，こうした場合，その食材への欲求は有毒という障壁をあえて超えるほどに強いものと考えることができる[5]．このように，時に高い障壁を越えてまで求められる山菜・キノコの食味は，店頭で得られる食材に代替されない大きな要因になっていると考えられる[6]．

### 8.1.3　商品としての山菜・キノコ

山菜・キノコはその風味・味が特に高く評価されてきた，いわば嗜好品である．嗜好品としての価値を持つことは，山菜・キノコが商品として取引される素地になっている．しかしながら，山野で採取される山菜・キノコが広く商品として流通しているかといえば，それは限定的である．

歴史を振り返れば，広く流通し得たのは，ゼンマイ（*Osmunda japonica*）やシイタケ（*Lentinula edodes*）などの乾燥品が中心である[7]．山菜・キノコの生鮮品は，品質を保つのは極めて難しく，さらに収量も安定しないため，広域での流通は今でも困難である（齋藤，2015）．現在，全国市場に多くの山菜・キノコが出回っているが，それらは基本的にかなり高度に管理されて生産された栽培品であり[8]，山野で採取される山菜・キノコはいまだに自家用がその利用の中心である．

### 8.1.4　稀少性の低い資源

以上のように，森林から得られる食材の中でも，山菜・キノコは人々にとっ

---

[5] 何が食材として評価されるかは，地域によって大きく異なる．ワラビは北半球に広く分布するが，ヨーロッパ諸国では食材とは見なされず，むしろ害の多い厄介な植物とみなされている．また北欧では，2時間ほど茹でて毒抜きをして食用とされる致死的な猛毒キノコがあることが知られている．日本でも，猛毒でないにせよ，無毒化して毒キノコを食べる地方がある．

[6] 8.2節で検討するように，食材としての位置付けのみならず，山村社会における文化的・社会的意義を持っていたことも，この食文化が維持されてきた要因として考慮する必要がある．

[7] 流通の歴史的経緯については，ゼンマイは池谷（2003），シイタケは吉良（1974），中村（1983）に詳しい．岡（1996）は，岩手県岩泉町において山菜の塩蔵が1950年代後半以降に広まったことを報告している．8.2節で取り上げる岩手県西和賀町においても，昭和30年代以降に塩が安価に大量に入手できるようになって塩蔵による保存が増えたという．

[8] 特に一般に流通している栽培キノコに関しては，もはや林産物とは呼べないような生産過程となっている場合も多い．

て特有の価値を持ち続けてきた．ただし，栄養摂取上必須のものでもないし，野生の生鮮品が広く流通しにくいように，その価値は限定的である．

もし森林のそばに暮らす人々にとって，山菜・キノコがどうしても確保する必要のあるもの，すなわち，食いつなぐ食材として重要であったり不可欠な現金収入源であったなら，早くにそれらの栽培技術が確立されていたはずである．しかしながら，山菜・キノコのうち古くから栽培植物となったものはウド（*Aralia cordata*）やワサビ（*Eutrema japonicum*），シイタケに限られ，それもせいぜい数百年の歴史しかない[9]．日本における農耕の歴史からみると，極めて新しい出来事ということになる．現在，店頭で容易に手に入るような山菜・キノコの栽培技術に至っては，半世紀にも満たない．

このことは，人々は山菜・キノコを栽培するような労を費やす必要を感じてこなかった，ということを示している．これには，仮に十分な収穫が約束されなかったとしても暮らしが立ち行かなくなるということもないし，苦労せずとも身の回りで十分な収穫が得られたという事情があるだろう．また，山菜の類は栽培しても，人にとって特に好ましい性質を持つ「かわりもの」が出現しにくいことから野菜になり得なかったという指摘もされている（青葉，1981）．一般的に，必要とされる量に対して，資源が相対的に不足している場合を「希少性（scarcity）が高い」というが，山菜・キノコの場合，大局的に言うならば，「希少性が低い」ことが一般的であったと言えるだろう．

## 8.2 山菜・キノコ採りにみる知識と文化

筆者が2000年頃から山菜・キノコ採りに関する研究を重ねてきたフィールドに岩手県西和賀町がある（図8.1）．奥羽山脈の懐に抱かれた山村で，冬は2mを超える積雪のある豪雪地帯である．一般的に，多雪地帯，豪雪地帯では，山菜・キノコ採りが盛んであるとされる．600 km²ほどの町域に暮らす人口は2018年時点で5500人ほどであり，過疎化が進む地域である．ここでは，この

---

[9] ウドは江戸時代中期以降に江戸などの大都市近郊で軟化栽培が始まり，ワサビは1600年前後に安倍川流域の山村で栽培されたのが最初の記録として知られている（青葉，2013）．シイタケ栽培は伊豆起源説と豊後起源説があり，いずれも18世紀に始まったとされる（中村，1983）．

8.2 山菜・キノコ採りにみる知識と文化

図 8.1 岩手県における西和賀町の位置
国土地理院地図より作成.

地での事例をもとに，民俗知の観点から山菜・キノコ採りを捉え直していく．

## 8.2.1 利用対象を選ぶ民俗知

第 1 章に見たように，自然から恵みを得るプロセスは，それを有用なものとみなすところから始まる．ここに，何が有用であるかを判断する民俗知が介在している．以下，事例から民俗知がどのように介在しているのか見ていこう．

やや古い調査結果であるが，2002 年に西和賀町沢内地区（当時は沢内村）の 20 戸の家庭で採取・利用されている山菜・キノコの種類についてまとめた結果を表 8.3 に示す．

挙げられた種類は山菜で 19 種，キノコで 18 種にのぼった[10]．この数字はどのように評価したらよいだろうか．各都道府県で 5 箇所前後の事例調査に基づいてまとめられた『日本の食生活』（日本の食生活全集編集委員会 1984–1993）をみると，地域あたりの山菜の利用種数はおよそ 7 種，キノコはおよそ 5 種である．東日本，特に多雪地帯に共通していることであるが，この地域は国内ではかなり多様な山菜・キノコを利用する部類に位置する．

---

[10] もちろん，サンプリング調査を行なった 20 戸で挙げられたものが，この地域で利用されるもの全てをカバーしているわけではない．筆者が 2002 年から 2004 年までにこの地域利用される山菜を数え上げたところ，27 種にのぼった（齋藤，2005a）．長野県秋山郷において長期間にわたり調査をしている井上（2011）は，山菜 63 種，キノコ 31 種の利用を数え上げている．

211

## 第8章　ありふれた資源をめぐる民俗知

表8.3　岩手県西和賀町で採取される山菜・キノコ

| 1) 山菜 現地名［標準和名］ 学名 | 採取す る戸数 | 保存す る戸数 | 2) キノコ 現地名［標準和名］ 学名 | 採取す る戸数 | 保存す る戸数 |
|---|---|---|---|---|---|
| ワラビ［ワラビ］ *Pteridium aquilinum* subsp. *japonicum* | 17 | 13 | サモダシ、ボリ等［ナラタケ類］ *Armillaria* spp. | 11 | 8 |
| フギ［アキタブキ］ *Petasites japonicus* var. *giganteus* | 15 | 13 | カヌガ［ブナハリタケ］ *Mycoleptodonoides aitchisonii* | 10 | 7 |
| ミズ［ウワバミソウ］ *Elatostema involucratum* | 15 | 5 | スギカノカ［スギヒラタケ］ *Pleurocybella porrigens* | 9 | 3 |
| アザミ［サワアザミ］ *Cirsium yezoense* | 11 | 3 | ドヒョウモダシ［サクラシメジ］ *Hygrophorus russula* | 7 | 5 |
| ボンナ、ボウナ［イヌドウナ］ *Parasenecio aidzuensis* | 11 | 2 | トビタケ［トンビマイタケ］ *Meripilus giganteus* | 5 | 3 |
| ウド［ウド］ *Aralia cordata* | 10 | 11 | バクロウ［コウタケ］ *Sarcodon aspratus* | 4 | 2 |
| シドケ［モミジガサ］ *Parasenecio deliphiniifolius* | 10 | 1 | マエダケ［マイタケ］ *Grifola frondosa* | 4 | 3 |
| タランボ［タラノキ］ *Aralia elata* | 9 | 8 | ムキダケ［ムキタケ］ *Sarcomyxa edulis* | 4 | 1 |
| ゼンメ［ゼンマイ］ *Osmunda japonica* | 8 | 0 | ラクヨウモダシ［ハナイグチ］ *Suillus grevillei* | 4 | 1 |
| コゴミ［クサソテツ］ *Matteuccia struthiopteris* | 8 | 7 | アミッコ［アミタケ］ *Suillus bovinus* | 3 | 2 |
| ヒロッコ［アサツキ］ *Allium schoenoprasum* var. *foliosum* | 7 | 1 | アカダケ［マスタケ］ *Laetiporus cremeiporus* | 3 | 1 |
| ウルイ［オオバギボウシ］ *Hosta sieboldiana* | 7 | 1 | センボンシメジ［シャカシメジ］ *Lyophyllum fumosum* | 3 | 1 |
| タケノコ［チシマザサ］ *Sasa kurilensis* | 4 | 3 | ナメコ［ナメコ］ *Pholiota microspora* | 2 | 7 |
| アイコ［ミヤマイラクサ］ *Laportea cuspidata* | 4 | 0 | ワケェ［ヒラタケ］ *Pleurotus ostreatus* | 2 | 0 |
| サグ［エゾニュウ］ *Angelica ursina* | 4 | 3 | ヌケオチ［エゾハリタケ］ *Climacodon septentrionalis* | 2 | 2 |
| ワサビ［ワサビ］ *Eutrema japonicum* | 3 | 0 | ギンタケ［シモフリシメジ］ *Tricholoma portentosum* | 2 | 0 |
| シュンデコ［シオデ］ *Smilax riparia* | 3 | 1 | シメジ［ホンシメジ］ *Lyophyllum shimeji* | 1 | 1 |
| ギョウジャニンニク［ギョウジャニンニク］ *Allium victorialis* subsp. *platyphyllum* | 2 | 1 | ユキノシタ［エノキタケ］ *Flammulina velutipes* | 1 | 0 |
| コサバラ［コシアブラ］ *Chengiopanax sciadophylloides* | 1 | 0 | | | |

2002年旧沢内村における20戸に対する聞き取り調査より作成.

　しかしながら，前節で見たように，これらは潜在的な可食植物の中からかなり絞り込まれたものである，ということができる．実際にこの地域に豊富に自生していながら，全く人々に利用されていない植物も多い．例をあげれば，つくし（スギナ，*Equisetum arvense*），イタドリ（*Fallopia japonica*）などである．

## 8.2 山菜・キノコ採りにみる知識と文化

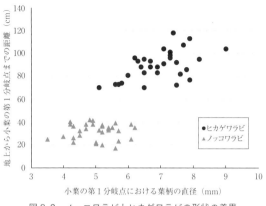

図 8.2 ノッコワラビとヒカゲワラビの形状の差異
齋藤（2005b）に加筆．

　では，どのようなものが選びとられているのであろうか．実際に人々の山菜・キノコへの評価を聞いてみると，「腹の足しにならない」とする一方，山菜であれば香りやぬめりが，キノコであれば味や歯ごたえ，ぬめりが評価されていることがわかる．また，大きくてボリュームのあるものがしばしば良いとされる．

　そして，こうした評価をする態度は，「こだわり」と言える域に達している（齋藤，2005a）．例えば，この地域では，ワラビは日当たりの良い路傍などに生える「ノッコワラビ」と，若い造林地など半日陰に生える「ヒカゲワラビ」に呼び分けられている．「ノッコワラビ」は，集落近くなどに普通に見られ，採取は最も容易である．しかし，この地域の人々は固くてまずいとして見向きもしない．一方で「ヒカゲワラビ」は，太くてねばりがあってうまいと言って珍重される．形状に着目して「ノッコワラビ」と「ヒカゲワラビ」を比較してみると，確かに明瞭な違いが認められた（図 8.2）．

　このように，主に食味という点において彼らなりの価値観に照らして，しかもこだわって厳選されたものが，日常的に彼らが採取・利用している山菜・キノコということになる．ここで，「彼らなりの」としたのは，上記のような好みは必ずしも普遍的なものと言えないからである．例えば，新潟県中越地方などでは「ほろ苦い」ことを評価してミツバアケビ（*Akebia trifoliata*）の新芽を重用するが，ここではそうした評価軸はなく，見向きもされない．さらに，

地域の中においても，好みの山菜は世帯あるいは個人によって違いがある．いま一度，実際に採取・利用している戸数に着目して表 8.3 を見てみると，あまり利用されていない種類も多い．世帯あたりの利用種数の平均をとると山菜 8.2 種，キノコ 5.1 種と，リストアップされた種類からするとかなり少ないものであった[11]．

また，採取対象として選び取る民俗知は歴史的に変化しうるものであることも指摘しておきたい．この事例での聞き取り調査によると，この地域ではもともと食べられていなかったサグ（エゾニュウ，*Angelica ursina*）は，秋田の人に教えられて食べるようになったといい，コサバラ（コシアブラ，*Eleutherococcus sciadophylloides*）は町から採りに来た人によって教わったと言われ，2010 年頃以降はむしろ一般的な山菜となっている．同様に，地域外からの情報が流入したことにより利用対象が広がった例は，岡（1996）や井上（2002）に報告されている．

## 8.2.2　採取の民俗知

次に，選ばれた山菜・キノコ資源にどのような民俗知が関わって，「恵み」として彼らの手の元にもたらされるのか検討していこう．すなわち，第 1 章で示された図 1.1 に従えば，どのような技術・技能が使われ，どのような規制や規範の元に採取が行われるのかを検討することになる．

山菜・キノコ採りには特筆すべき道具立てはない．必要なのは，運搬具と山菜・キノコを切り取る刃物くらいである．運搬具は，今は概ね帆布製のリュックサックとビニール素材で編まれた「コダシ」と呼ばれる腰掛けの入れ物が一般的である．まずはコダシに取り溜め，一杯になったら，リュックサックに移し替える．かつては，マイタケ採りには，アケビカゴと呼ばれる，アケビのつるで編んだカゴが用いられた（図 8.3）．藪をかき分けて進まなくてはならないところもあるため，固くてかさばるものは敬遠される．しかし，あまりに柔らかい運搬具だと，形が崩れやすいマイタケは帰って来る頃にはボロボロに壊れてしまう．そこで，適度に硬さのあるアケビカゴが用いられたのだという．

---

[11) もちろん，この数値の低さの理由を全て好みのバラツキに求めることは妥当ではない．後述するように，採取の技能なども利用の有無に影響する．

## 8.2 山菜・キノコ採りにみる知識と文化

図 8.3 マイタケ採りに用いられたアケビカゴ 著者撮影（以下同）.

刃物は，山菜であれば，ウドを採る際に用いられる．株を傷めないためであるという．キノコでは，ナメコ（*Pholiota microspora*）やユキノシタ（エノキタケ，*Flammulina velutipes*）を採る際に用いられる．これらは，細かく密生し，かつ壊れやすいキノコであるため，素手では採りにくいことから刃物が用いられることが多い．ただし，金物を使うとキノコが出なくなる，として一切刃物を使わない人もいる．

このように，特段，道具が発達していないということは，採取の成否にとって道具は重要な要素ではない，ということを物語っている．では，採取の成否にとって重要なことは何なのか．それは，いつ，どこで，何が採れるのかという知識である．

西和賀町は豪雪地帯であるため，里地の消雪は4月，場合によっては5月にずれ込む．雪が融けた頃にはあたりの空気は初夏であるため，雪解けとなると一気に山菜が伸長する．したがって，雪解けのタイミングを読むことは，採取の成否を決める大きなポイントとなる．彼らが採取に出かける山の山頂部は1000m前後あり，春の雪解けは低標高域から高標高域へと進んでいくため，山菜の採取地はだんだんと奥に移っていくことになる．しかし，ことはそれほど単純ではない．山菜の生える斜面があったとする．そこは，雪崩などによってしばしば雪が溜まっている場所でもある．そうした場所では，雪は斜面上部から消えていく．すなわち，採取適期は斜面の上から下へと移っていく．斜面の方角，その冬の雪の降りかた，融けかたによって，採取適期は前後する．

採取の確実性を求めることは，キノコの場合，山菜以上に難しい．上に見た

第 8 章　ありふれた資源をめぐる民俗知

9月30日

10月1日

10月2日

図 8.4　1 日ごとのナラタケの成長の様子
9 月 30 日は収量が少なく，10 月 2 日には老菌となり，虫食いが進んでいる可能性が高い．

山菜のように採りごろが短期間であるばかりか（図 8.4），その年の降雨の具合や，夏から秋の気温の推移の仕方によって，そもそもその年は発生しなかったり，発生しかけたものの腐ってしまったりなど大きな影響を受ける．マイタケなどは，2 年おき，3 年おきにしか発生しないものもあるという[12]．

こうした複雑な要素を踏まえつつ，収穫につなげているのが，人々の知識である．これまでの参与観察に基づけば，「山菜は沢沿いに生える」「キノコは林の下がきれいなところに出る」というような法則的な知識と，「○○沢の右側にはゼンマイがある」というような個別的な知識がある．そして，実際の採取行動を左右しているのは，前者よりも後者の知識である場合が圧倒的である．つまり，「ここにはありそう」ということで探索的な採取をするのではなく，すでにあることがわかっている場所を巡り，採取適期となっているものがあれば採る，という行動が支配的である．

こうした知識はあまり表面化することはないが，とある名人 A 氏（2018 年現在，70 歳）は毎日の記録をカレンダーに日誌としてつけており，これを採取行動に投入される知識の一例として示したい（表 8.4）．A 氏は，次年以降の採取の参考とするため，この日誌をつけているという．これには，その日の天候，誰とどこに行き[13]，何がどれくらい採れたかという情報が書き留められている．

---

[12]　山菜の場合は，宿根性草本もしくは樹木の若芽であるため時期がくれば必ず採取適期を迎えるが，キノコの場合は事情が異なる．キノコと称し採取されているものは，菌類の「子実体」であり，条件が十分に揃わないと発生しない．したがって，キノコは「当てにならないもの」とされ，この事例地ではないが，同じく岩手県のとある山村では，「キノコ採りする者はなまけ者」という言説すらある．

8.2 山菜・キノコ採りにみる知識と文化

表8.4 A氏のカレンダーにみるキノコ採りの記録

| 日付 | キノコ採りに関する事項（抜粋） | 採取地 | |
|---|---|---|---|
| | | 位置 | 自宅からの距離 |
| 10月2日 | OS I と A1 天気快晴 8:30-3:00. 右との左側ボリ大量カヌカ一袋. 帰宅しキノコの計量 11 ヶ 1 ヶカンズメ用. 林道ぎわでカヌカ. カヌカ小さく残してくる. 疲れピーク | OS（村内） | 12～13 km |
| 10月4日 | TS. ボリモタシ数は少ない. 8:00-11:00. SN に残したカヌカ採ってくる. 午後 A2 と JM, KW へ. バクロ採る. JM5 ヶ小さく残す. | TS（村内） SN（村内） KW（隣町） | 3～4 km 4～5 km 10 km |
| 10月15日 | A2 と SI へ行ったがバクロなし, アミいかれ, ラクヨウ少しで戻る. 8:30-1:00. NS でボリとヤナギモタシ, 雪の下採る. まずまず. 4:30 まで. | SI（隣町） NS（村内） | 25～30 km 5 km |
| 10月19日 | 銀出る（筆者注：大見出し）A2 と WS へ. 残したなめこ小さいが採って来る. カヌカちょうど良くなっていた. 沢モタシ小さいが採る. 帰り, 銀タケ, バクロ採る. 銀 100 ヶ以上. N と道で山談義. | WS（村内） | 7 km |
| 10月24日 | M さんと AS, KS 前と奥. AS 採られ少ない. KS 採られていたがだいぶ採る. 帰り沢モタシ 4 号缶 4 缶分. AS でクリフウセンタケ大量に出て採る. K クンと S よりフウセンタケ教えられる. | AS（村内） KS（村内） | 8～9 km 3 km |
| 10月29日 | K と AS の昨日の所とその奥へ. 昨日位採れる. 銀も終り過ぎている. P.M., SN へ奥まで二又まで, 雪の下, 柳, なめこ採られている. ムキ小, 少し. 8:30- | AS（村内） SN（村内） | 8～9 km 8～9 km |
| 10月30日 | K と KG 奥前ムキダケ大量, 一本のナラの木, 初めての光景. 二人で 2 時間近い. 8:30-1:00 で終る前の少し, アズキ, 銀少々. | KG（村内） | 3 km |

\* 個人名, 地名はアルファベットで伏せた. イタリック体にしたものが人名.
齋藤（2009）に一部加筆. 2007年10月のA氏のカレンダーより抜粋して作成. 実際には, すべての日にキノコ採りの記録があるが, 特に本文に関連するところを抜粋した.

実際，A氏の採取に同行していると，この日誌にある地名がその日の目的地として語られ，採取の行動計画を直接的に規定するものとして個別的な知識が重要であることがわかる．そして目的地に達すると，さらに詳細な知識，例え

---

13) A氏は遭難や事故の際の対応を考えて，なるべく2名以上での入山を心がけているという．この事例地のベテラン採取者の中にはこのような配慮をしている人は多い．こうしたリスクマネジメントに関する知識も一つの民俗知ということができるだろう．

## 第8章　ありふれた資源をめぐる民俗知

ば「右側の支流の奥のほうの左手の斜面」などのような知識が動員される．

　このような詳細な知識を持っていなければ，十分な収穫は期待できない．当然ながら，こうした知識の豊富さは個人差が大きく，先に表 8.3 に示したように採取している家庭が少ない山菜・キノコがあるのは，知識が十分でないことによって採取できない場合があるという事情も反映されている．例えば，マイタケは誰もが知っていて，かつ珍重されるキノコであるが，基本的には奥山に入らねばならず，かつ個別の株ごとにその具体的な場所と発生時期の早晩の傾向や発生年の間隔などが把握されていなければ，採れるものではない．

　山菜・キノコの収穫にありつくために知識が決定的に重要であるということは，採取をめぐる規範にも影響を及ぼしていると思われる．「山はみんなのもの」，「(山菜・キノコのように) 自然に生えたものはみんなのもの」などとこの地でよく語られるように，山菜・キノコはどこでも自由に採るならわしになっている．一見して，森林の 8 割を国有林が占めているため，そのことがこういう認識の背景にあるのではと考えられるが，必ずしもそうではない．詳しく見てみると，ギンタケ（シモフリシメジ，*Tricholoma portentosum*，図 8.5 左）などの菌根性のキノコは，里山の私有林域で採取される．そして，「俺の山には△△が来て採っている．俺は生える場所がわからないが，△△はよくわかっているから採れる」というように，私有地であっても知識の有無によって他人の採る権利が容認されているケースがまま見られる．

　以上のように，満足な収穫を得るには，山菜・キノコの発生に関わる個別で具体的な知識が極めて重要であることを確認した．いっぽうで採取の現場では，自らの採取を自制するような配慮・行動が見られる．これらの振る舞いを支える民俗知は生態知と社会知，さら基層的に存在する規範に大別できる．それぞれ見ていこう．

　山菜を採取する場合には，次年以降の収穫が考慮される．例えば，「ウドは 1 株からあまり採ると翌年は細くなってしまう」「シドケ（モミジガサ，*Parasenecio delphiniifolius*，図 8.5 右）は採ると，太さが回復するまで 2〜3 年かかる」というような知識があり，これに基づいて，1 箇所あたりの採る本数を自制したり，採取場所をあえて休ませたりしている．広く共有されているわけではないが，あるベテラン B 氏は「山菜は採り尽くすな，キノコは採り

図 8.5　岩手県西和賀町でギンタケと呼ばれるシモフリシメジ（左）とシドケと呼ばれるモミジガサ（右）

尽くせ」という教えを継承していた．前者は理解しやすいが，後者については，説明が必要であろう．ここでいうキノコはナラタケ（*Armillaria* spp.）やナメコなどの木材腐朽菌を指していて，採り残すと，発生源となっている木材の腐朽が早く進んでしまって，収穫できる年数が短くなってしまうことを捉えた教えである．

こうした生態知に基づく振る舞いに加えて，社会知も自制的な採取行動に動員される．例えば，競合的と思われる場所でウドを採る場合，比較的若いものを採り，長くなったものを残そうとする．これは後から来た人が，もう適期をすぎたからと諦めてくれることを想定した行動である．「山はみんなのもの」であるがゆえに競合者がいることと，その競合者の行動パターンに関する知識が働いたと見ることができる．また，「プライドがあるから」とシドケの生育地において，あえて太いもの1割か2割程度しか採取しない行動がある．これは，後ほど触れるように，こうした山の幸がしばしばおすそ分けされることによって，それが社会的名声を形成することを想定した行動であると見ることができる．

これまでみたように，「山のものはみんなのもの」と言われ，明確なルールやしきたりはない．しかし，表面的にはならないものの，人々が自制的に振る舞うような規範が横たわっている．これには，「独占のタブー」と「あきらめ」が挙げられる（齋藤，2009）．前者は，山菜・キノコ資源を囲い込んだり，独占しようとしたりする行動が非難されることから知ることができる．すなわち

## 第8章 ありふれた資源をめぐる民俗知

図8.6 ハレの食に用いられる山菜・キノコ
トビタケ（トンビマイタケ）の味噌炒め（左）とゼンマイの煮しめ（右）．

「みんなのもの」とは，「自分だけのものではない」という規範に裏付けられた言説であるとみなせる．後者は，収穫が十全にもたらされないことへの諦念をいう．誰かに先に採られていても悔しがりはするものの，その場所にはこだわらず，すぐ次の採取地へと向かうような行動にそれが認められるし，小さなものも「もったいない」と言いつつその場に残し，後から来る者に採られることを容認するような行動も見られる．これは，前者の「自分だけのものではない」という感覚と，8.1節で指摘した山菜・キノコの稀少性の低さに由来するものであろう．

### 8.2.3 利用過程の民俗知

最後に，採取後の利用過程にどのような民俗知が介在しているのか見ていくことにしよう．

この地域の人々は「山のものはごちそう」であるという．山菜・キノコは日常的な存在であるものの，嗜好品としての性格もあわせ持つ．再び表8.3を見てみると，山菜・キノコを保存している家庭が多いことがわかる．保存された山菜・キノコは日々の料理に利用されることはもちろんだが，お盆や正月などのハレの食に重用される（図8.6）．

こうした食材の位置付けを反映して，主婦たちは，いかにおいしく料理するか，色よく料理するのか，ということに心を砕いている．主婦同士で調理法をめぐって情報交換がなされ，お互いにその技を高め合っている．また，保存方

8.2 山菜・キノコ採りにみる知識と文化

表 8.5 村人 B 氏の山菜採り（2004 年）

| 採取日 | 所要時間 | 場所 | 道のり | 種類 | 収量 | 用途 |
|---|---|---|---|---|---|---|
| 5月7日 | 3.5 時間 | D 沢 | 約 6 km | ゼンマイ | 10 kg | 乾燥保存 |
| 5月11日 | 3 時間 | E 沢 | 約 6 km | ゼンマイ<br>シドケ | 5 kg<br>500 g | 乾燥保存<br>近所におすそ分け |
| 5月12日 | 4.5 時間 | D 沢 | 約 6 km | ゼンマイ<br>シドケ<br>ホンナ<br>タラボ | 10 kg<br>500 g<br>100 g<br>10 個 | 乾燥保存<br>当座自家用，近所におすそ分け<br>当座自家用<br>当座自家用 |
| 5月13日 | 6 時間 | E 沢 | 約 6 km | ゼンマイ<br>シドケ<br>ウルイ | 60 kg<br>1 kg<br>10 本 | 乾燥保存，親族へおすそ分け<br>親族へおすそ分け<br>当座自家用 |
| 5月14日 | 2.5 時間 | F 沢 | 約 1 km | ゼンマイ<br>シドケ | 10 kg<br>3 kg | 乾燥保存<br>親族へおすそ分け |
| 5月15日 | 3.5 時間 | E 沢 | 約 5 km | ゼンマイ<br>シドケ<br>ウド | 6 kg<br>600 g<br>5 本 | 乾燥保存<br>おすそ分け<br>おすそ分け |
| 5月15日 | 2.5 時間 | D 沢 | 約 7 km | ゼンマイ<br>シドケ<br>ホンナ | 6 kg<br>300 g<br>100 g | 乾燥保存<br>当座自家用<br>当座自家用 |

齋藤（2005a）より．
＊ 道のりは家を出てから車を降りるまでの走行距離を示す．

法も改良が加えられ続けている．かつては乾燥保存が主流であったが，塩が簡単に入手できるようになると塩漬けが主流になった．さらに，いまでは山菜・キノコの種類によって缶詰保存や冷凍保存が採用されるケースが増えている．塩漬けのものは，塩抜きの際に，食材自体の味も抜けてしまうため，敬遠されるようになっているという．こうした調理上，保存上の知恵をノートに書き溜めている主婦もいる（齋藤，2017b）．

各地の村でよく見られるように，この地域でもおすそ分け（贈答）は頻繁に行われているが，中でもごちそうとなる山菜・キノコはよくその対象となる．表 8.5 に村人 B 氏の山菜採りの記録を示す．この記録に見るように，大量の山菜が採取されているものの，その多くがおすそ分けとして使われている．しかも，近隣の住民にもおすそ分けされていることは興味深い．これは，山菜・キノコが住民間で価値ある食材とみなされていること，前項までに見たように，

誰しもが十分な収穫を得られるわけではないことによって成り立っていると考えられる．

さらに，今となってはその機会は少なくなったが，村人が集まって飲食をする場に各家庭の料理が持ち寄られることがあり，その際にも「ごちそう」である山菜・キノコは重用されてきたという．

こうした，地域の中でのあげもらいや共食の場は，山菜・キノコを分かち合う場である．「人にあげるのが一番おもしろい」という村人も多い．このような場面では，決まって山菜・キノコをめぐって盛んなコミュニケーションが交わされるのだという．それは，「よくこんな珍しいもの／立派なものを採れたものだ」という採取者を褒めるようなものであったり，「色よく，うまく味付けしている」という調理者を褒めるようなものであったり，「あそこの山は木を伐ったから，数年後には採れるようになる」という情報交換であったりする．表8.4の10月19日の項の末尾に「山談義」があるが，まさに，山菜・キノコを前にして人々が出会う場が「山談義」の場となる．こうしたコミュニケーションが人々にとってのかけがえのない楽しみであり，山菜・キノコの分かち合いが積極的に行われているものと考えられる．

こうしてみると，この地域において，山菜・キノコは社会的な存在である．すなわち，様々な分かち合いの場において，山菜・キノコは村人の社会的威信の形成に寄与し，また，村人同士のコミュニケーションの媒介となっている．こうした背景があって，人々が山菜・キノコを採取し，それを利用する知識が精緻化してきたものと考えられる（齋藤，2005a）．

## 8.2.4 小括：マイナー・サブシステンスとしての山菜・キノコ採り

岩手県西和賀町の事例で詳しく見てきたように，山菜・キノコは非・稀少資源でありながら，深い民俗知をともなった採取・利用が行われてきた．このことをどのように考えたらよいだろうか．松井（1998）は，こうした経済的に大きな意味を持たない生業を，マイナー・サブシステンス（minor subsistence）と定義し，現代社会にも根強く残っていることを指摘した．松井は，マイナー・サブシステンスの特徴として，①娯楽的な要素を多分に含んでいること，②原始的もしくは単純な技術（テクノロジー）が用いられ，高度な技法

## 8.2 山菜・キノコ採りにみる知識と文化

的習熟（テクニック）が求められること，その帰結として③自然に対する深い知識が備わっていること，④経済的な見返りよりは社会的威信が重視されること，を指摘している．これらは，まさに見てきた事例にも通底することである．以下，この四点について確認して行こう．

①娯楽性

　人々が山菜・キノコを選び取る背景には，「食いつなぐため」というような切実な論理はない．そこにあるのは，食味に優れたものを求める論理であって，これは娯楽性の現れであるといえる．良い収穫を得るためには，自然を読み，また他人の行動を読むことが必要とされるが，こうした幅広い知識を動員することは，採取活動を一種の推理ゲームのような営みにしていると指摘できる．人々がおすそ分けや料理の持ち寄りをするのも，それを通じたコミュニケーションを楽しみにしている部分が強い．

②技術と技法

　一部の山菜・キノコに刃物が用いられることを除いて，基本的に道具は用いられない．そもそも山菜・キノコ採りに適用できる技術が開発されていないこともあろうが，あえて適用には及ばないということもあるだろう．例えば，近年GPS端末は安価に普及し，山菜・キノコ採りにとっても威力を発揮しそうなものであるが，そうはなっていない．これは，実際に歩く中で景色とともに覚える場所の情報が採取活動の実際においてはより役立つ情報であるからだと思われる．いずれにせよ，山菜・キノコ採りは，技術としてはかなり低位に止まっていて，その代わりに個人の資質が収穫の成否に直結することが明白である．

③自然への深い知識

　そして，個人の資質にあたるものが，それぞれの人々に備わっている知識である．採取適期を迎えた資源がどこに多くあるのか割り出すのは，あくまでも採取者個人である．そのためには，冬の雪の降りかたにはじまり，斜面の向きや天候の推移，生物としての山菜・キノコの性質など，自然に対する深い知識が必然的に必要となる．なお，これに加えて，筆者は，他者のふるまい，すなわち地域社会に対する知識も，「良き収穫」を得る上で無視できないことを指摘しておきたい．

## ④社会的威信

珍しいものや立派な収穫物を採ることのできる採取者は，分かち合いの場を通じて名声を得る．山菜・キノコはありふれたもの，すなわち稀少性の低い資源でありながら，それに対する知識はかなりの個人差（世帯差）がある．したがって，その知識にすぐれた人は，高い評価を得ることになるのであろう．うまい調理をする主婦が名声を得るのも，その知識や技に個人差があることを物語るものであろう．

以上見たように，稀少性の低い山菜・キノコは，一面では多くの娯楽性が挟まれる余地があったがために，現代まで採取・利用し続ける価値あるものと認識され，存続してきたといえるだろう．そして，その娯楽性を担保していたのが，人々の幅広く深い知識であり，山菜・キノコ採りを「深い遊び」（菅，1998）にまで高めてきた原動力であったといえる[14]．

## 8.3　山村の強みを活かした山菜・キノコの活用可能性

8.1節でみたように，森林から食材を得る営みの中で，山菜・キノコ採りは，その文化が最もよく残っているものである．そしてその理由は，逆説的であるが，必ずしも必要性が高くない（稀少性が低い）ことで，多くの娯楽性を内包させ人々を惹きつけてきたためであると考えられた（8.2節）．

このようにみてくると，山菜・キノコをめぐる民俗知と文化は，今後も安泰であるかのように思われる．しかし，一方では，山村社会の人口減と過疎高齢化が長らく続き，多くの山村が限界集落化や集落消滅という根本的な危機に直面している．こうした状況にあって，地域に潜在する資源をフル活用して山村の活性化を図る動きが期待されるのは当然のことである．つまり，山菜・キノコを市場経済にのせることによって地域外からの収入を得ようとする取り組み

---

14) 2011年の福島原発事故による放射性物質飛散により，山菜・キノコから基準値以上の放射性物質が検出され，これらの利用の規制や自粛措置がとられている地域は，2018年現在も東北南部〜中部，北関東，甲信越地方と広範に及んでいる．福島原発に近い地域においては，特に山菜・キノコの採取・贈答が控えられていることが報告されている（松浦・杉村，2016；松浦・杉村，2017）．こうした事態は，単に食材の損失というだけでなく，金銭では容易に評価しにくい損失であるということに思いをいたす必要があるだろう．

（第 9 章参照）も注目されることになる．

しかし，山菜・キノコを商品として取り扱うことはそれほど新しいことではない．その一方，山菜・キノコを基軸的な収入源とできている山村は決して多くないという現実がある．そこで，本節では，山菜・キノコを商品化に関する問題点と，山村に十分な利益をもたらすような商品化のあり方について検討していく．

## 8.3.1 山菜・キノコの流通[15]

8.1 節で触れたように，山菜やキノコを収入源とする場合，長らく，干しシイタケや干しゼンマイなど乾燥品に加工する必要があった．しかし，これは交通網が未発達な時代において必須であった工程であって，交通網の発達した現代においては，必ずしも必要ない．さらに，近年は道の駅をはじめとして，産地直売所が各地に設けられ[16]（図 8.7），山菜・キノコを収入源として活用するための敷居は相当に低くなっている．その際，山菜・キノコを収入源とする戦略は，大消費地に大量に流通させる戦略と，産地直売所のような手近な市場で少量を流通させる戦略に大別できる．

山菜・キノコを大量に流通させようとすると，天然の山菜・キノコの多くは，まだまだ不利な点がある．天候まかせであったり，他者との競合にさらされていたりするため生産量が安定しない点と，採取後しばらくは炎天下の下運ばれざるを得なかったり，虫食いがあったりして品質保持が困難な点である．こうした欠点を補うために，各地で山菜やキノコの栽培が試みられてきた．シイタケやワサビについては，その試みはすでに江戸時代に遡ることができるが（脚注 9 を参照），それ以外は，比較的近年に起こった取り組みである．いずれにしても，今となってはすでに一定程度確立した技術として定着し，収量と品質の安定に寄与し，今では山菜・キノコが青果市場で一般的に流通するようになっている．

山菜に関しては 1980 年代以降，促成栽培という方法が一部地域で根ざし始

---

15) 本項は特に断りのない限り，齋藤（2015）を参照している．
16) 全国の産地直売所の数は，農林水産省の「農産物地産地消等実態調査」によると，2004 年には 2,982 箇所であったが，2009 年には 16,816 箇所と急増している．

## 第 8 章　ありふれた資源をめぐる民俗知

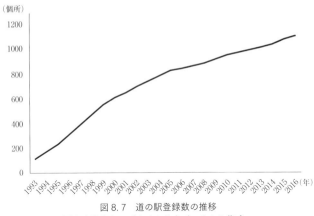

図 8.7　道の駅登録数の推移
国土交通省ウェブサイト公表データより作成．

め，今では流通品の主流となっている．山菜の促成栽培は，ギョウジャニンニクや，タラノメなど様々なもので行われている．当初は山採りの株を植える方法が一般的だったが，現在は品種を改良・固定してそれだけを栽培する方式がとられている．この栽培では，株を農地で育ててからビニールハウスなどで促成処理を行うという方法がとられており，株を育てるバックヤードとして比較的広い農地が必要である．山菜を栽培するためには，ある程度の低温で，ある程度の時間休眠をさせる必要があるので，雪室を作ることのできる雪国は栽培に比較的有利な条件を備えている．早い所では 12 月頃には低温環境からビニールハウスに移して伸長させ，正月には出荷する．この栽培法によって旬の先取り，高価格販売が可能になっている．さらに品種改良も行っているので，高度な品質の安定化も図れる．ただし，このような栽培方法では，もはや森林の要素が入り込む余地がない．さらにバックヤードとしての広い農地が必要なので，耕地の狭い山村は栽培に有利とはいえない．

　キノコに関しては明治以降の近代科学の導入により顕微鏡での観察が可能になると，原木（ホダ木）に種コマを打つ栽培方法が確立され山村の収入源になった．しかし，今や主流の栽培技術は菌床栽培となっている．現在のシイタケは 90% 以上が菌床栽培で，ナメコの場合は 1970 年頃には 9 割を超える割合で菌床栽培が取り入れられていた．菌床栽培では，培地（菌床）はおが粉を主な基材とするが，フスマやヌカなど多くの栄養材，添加材が必要になる．エノ

キタケの場合，コーンコブ（トウモロコシの芯）が主原料になっていて，一切おが粉を使わない栽培方法も生まれている．人工環境下で栽培するので温度，湿度，光がコントロールされている．これによって生産量と品質の安定が確実なものとなっている．ここでもいえるのは山村地域の強みが消え失せて，むしろ不利な状態になっているということである．日本の大手キノコ生産会社の工場立地を確認してみると，高速道路など幹線道路沿いにあることが知れる．消費者にとってはうれしいことであるものの，生産・流通の効率化によって価格が低位安定していることも山村の生産者にとっては大きな痛手となる．

　このように，大規模市場での流通を目指す場合，科学的に栽培技術を高度化させて生産することは，山菜・キノコの弱みを克服する上で必要なことであったが，一方で，山村で生産することの強みはほとんど失われてしまったと言ってよい．山村の人々が培ってきた，山菜・キノコやそれを取り巻く自然に関する知識ももはや活躍の余地がないように思われる．大規模な市場を目指さない戦略のほうが，むしろ山村の強みを活かせる部分があるのではないか．以下では，大規模流通を目指さず山菜・資源の活用を試みている例を取り上げ，山村の強み，特に文化や民俗知に関連づけて考察してみたい．

## 8.3.2　長野県小谷村における山菜採りツアー[17]

　長野県小谷村は，1970年前後に大型の加工場を整備するなど，山菜・キノコによる村おこしに取り組んできた．同時に多くのスキー場が開発されるなど，人を呼び込んで稼ぐ，観光の村としても発展してきた．しかしながら，その弊害として，外来者が山菜・キノコを乱獲して，もう一つの基盤的産業である山菜・キノコ加工を脅かす恐れが出てきた．この問題への対策として，山菜・キノコが採れる山に対しては入山禁止という看板を設置するという対応が長らく取られてきた．

　しかし，近年，この対策への懸念が持ち上がってきた．一つは，看板は観光地としてのイメージを損ねる恐れがあるということである．もう一つは，そもそも山菜・キノコに親しんでいる世代が高齢化し，山菜・キノコの需要が減少

---

17)　この事例のごく簡単な概要はすでに齋藤（2015）で報告している．

しているという危機感である．

　こうした懸念を受けて，2012年に，村外の人に採取の過程も含めて山菜を楽しんでもらおうとツアーが開始された．このツアーを立ち上げたのは，地元の共有林野組合と観光協会である．2014年の調査時には，ツアーで採取対象としていたのは，ワラビとネマガリタケであった．これらに限定したのは，他のものでは資源の再生産が危ういと判断したからとのことであった[18]．

　ツアーでガイドを務めるのは，地元住民で，なるべく方言を使って話すように心がけているという．また，ツアーの中では，野焼きをすることによってワラビがよく生える環境が維持されていることを解説し，参加者に山菜が採れる環境を大事にする気持ちを持ってもらえるようにしている．採取した山菜の一部はホテルで調理して，昼食として提供する．こうして，採る楽しみと食べる楽しみをツアーで提供している．

　このツアーでは，地元で使われる言葉遣いや，山菜に関する生態知が生かされている．採取から食べる過程まで商品とする方針は，実際に山菜・キノコ採りの娯楽的な側面を実感してきた人々の感覚に裏打ちされたものであろう．結果として，このユニークなサービスの形態が，消費者にとって付加価値の高いものとなっている．

### 8.3.3　福井県大野市和泉地区（旧和泉村）における特産化

　福井県大野市和泉地区は，日本海に注ぎ込む九頭竜川の源流部に位置し，岐阜県境に立地する地域である．長らく和泉村という行政村であったが，2005年に隣接する大野市に合併された．地区内にはかつて鉱山があり，またダム建設による従業者の流入もあり，ピーク時には6000人ほどの人口があったが，現在は500人を割るほどに激減している．

　こうした急激な地区の衰退に危機感を持つUターン者が中心となり，2015年から山菜・キノコをはじめとする山村の地域資源を活用してコミュニティ・ビジネスを興すことを試みた．まず，イタリア料理のシェフなどの料理人や，筆者を含む各方面の専門家が集められ，地区住民と一緒に勉強会が繰り返され

---

18）2018年現在はこれらの他に，フキノトウやアサツキなど里地エリアの山菜を対象としたツアーも企画されている．

た．勉強会では，現地勉強会として地元住民と一緒に山菜・キノコ採りをする中で，この地域で何がどのような呼称で呼ばれ，どのように使われているのかなどの情報収集をおこなった．同時に地元住民に見向きもされてこなかった食用植物も可能な限り集めた．現地勉強会で集められた山菜・キノコは地区住民の前で展示し，地元住民同士および地元住民と専門家との情報交換をおこなった．さらに，料理人による新たな調理方法の提案があり，試食会が行われた．

このような勉強会を経て，地区では，どのような山菜・キノコの売り方が適切か検討された．まず，大規模流通を目指した大掛かりな栽培には手をつけず，地域にある資源にこだわること，なるべく付加価値の高い形で売り出すことが確認された．例えば，さまざまな調理法に使いやすい山菜・キノコの一次加工品などが検討され，地区独自の売り方が模索された．

こうした準備段階を経て，2018 年に地区の自治会が母体となった「株式会社九頭竜の贈り物」が設立された．2018 年の山菜シーズンには，地区住民に向けて採取した山菜の提供が呼びかけられ，週 2 回，山菜の加工場で山菜の買い取りが行われた．買い取られた山菜は，一部がネット販売や道の駅での生鮮品に振り分けられるが，多くは一次加工品として売るための処理がされていた．特有の一次加工品の例を挙げると，塩漬けのゼンマイがある．乾燥加工を経ていないために，独特の張りのある歯ごたえがあり，西洋料理など新たな調理法への応用が期待される．

この地区の取り組みは，あまりにもありふれていた地域資源の価値を住民自身が再認識することから始まった．それは，民俗知を覚醒する過程であったとも言える．この覚醒には，地域外の考え方や情報が少なからず寄与したように思われる．また，この覚醒によって，新たな調理法や加工方法の模索，今まで採られてこなかった山菜・キノコの習得など民俗知の萌芽もうかがい知れる．この地区で山村の強みを活かした地域資源の活用方法を探った結果が，住民の民俗知を基盤にしたビジネスの展開であったことは，民俗知が山村の活性化に寄与する可能性を秘めていたことを示している．

第 8 章　ありふれた資源をめぐる民俗知

## おわりに

　山菜・キノコは森の食材の中で特異な性格を有してきた．それは，希少性が低いながらも，珍重されてきたというアンビバレントな性格である．こうした性格がマイナー・サブシステンスと呼ばれるような生業のあり方を規定してきたものと思われる．生計を立てる上で必須ではないものの，やめられない．その「やめられない」を支えたのが山菜・キノコ採り，あるいはその利用過程に潜む楽しみであった．そして，人々の娯楽性を追求する態度は，山菜・キノコに関する民俗知を深める上で欠かせない原動力の一つとなっていたと言えよう[19]．

　こうした山菜・キノコ採りの背景にあった態度を見てみると，現代の消費社会との親和性のようなものが見えてこないだろうか．つまり，いかにカロリーや栄養素を摂取するかという論理よりも，いかに食卓を豊かにするか，あるいは採取物が他者から評価され，いかにそれらを介しつながるか，という食への娯楽性や品質の高度化，背後にあるストーリーを求めるといった現代の消費傾向が，山村で育まれた山菜・キノコ文化と類似しているように思われるのである．

　山菜・キノコを生産する技術の高度化は，こうした消費社会の要求に応え，森林から縁遠い人々にも「森の食材」を気軽に手に取れる市場の形成に寄与してきた．しかしながら，その技術の高度化は，皮肉なことに，森林あるいは山村の優位性の低下をもたらした．その生産基盤には，森林環境もしくは森林に直接的に由来する資材に求める必然性も，人々が自然環境と交渉する中で培ってきた民俗知も，求められることはなくなっているのである．

　山村が苦境にあえぐなか，目前にある山菜・キノコを活用する道が閉ざされているかといえば，そうではない．8.3 節にみたように，大規模な市場への参入を目指すのでなく，小さいながらも地域に現存する資源と人材に根ざした新たなサービスもしくは財の提供の仕方がいくつかの山村で試みられている．こ

---

[19] このほかに，8.2 節で見たように，資源の持続性への配慮も民俗知形成の原動力であったと見ることができる．

のようなやり方は，人々の民俗知が活かされる途でもある．山村の強みを活かすということは，マイナー・サブシステンスをメジャー・サブシステンスとすることなく，マイナー・サブシステンスのまま，消費社会への緩やかな参入を目指すという戦略なのかもしれない．なぜなら，マイナー・サブシステンスにとどまることは，技術への依存がある一定の水準にとどまり，必然的に山村住民ならではの民俗知が活かされることに繋がるからである．

さらにいえば，近年起こりつつある消費社会の変化にも，山村で培われた山菜・キノコ文化は親和性があるのではないか，と筆者は考えている．その変化は，持続可能な産物であることを認証した商品など，倫理的消費（ethical consumerism）に訴えかける財やサービスが増えてきていることである．「山菜採り代行サービス」（栗山，2017）を掲げる「秋田森の宅急便」では，ウェブサイトで山菜採りにいそしむ高齢者たちの資源保全のための配慮を報告している．こうした「倫理的」と捉えられる配慮が，想定される顧客にとって求められている情報であることを感じ取っているからの対処であろう．山村に備わる民俗知の価値を改めて問い直すことで，今後の山村の活性化の方途は広がりそうである．

本研究は科学研究費補助金［24710044］および［16K21003］の助成を受けた．

## 引用文献

青葉 高（1981）ものと人間の文化史43・野菜：在来品種の系譜，pp. 332，法政大学出版局．
青葉 高（2013）日本の野菜文化史事典，pp. 486，八坂書房．
江原絢子（2015）ユネスコ無形文化遺産に登録された和食文化とその保護と継承．日本調理科学会誌，48，320-324．
橋本郁三（2007）食べられる野生植物大事典 草本・木本・シダ 新装版．pp. 496，柏書房．
堀内讃位（1984）日本伝統狩猟法．pp. 455，出版科学研究所．
池谷和信（2003）山菜採りの社会誌——資源利用とテリトリー，pp. 204，東北大学出版会．
井上卓哉（2002）変化する野性食用植物の利用活動——長野県栄村秋山郷における山菜・キノコなどの事例から——．エコソフィア，10，77-100．
井上卓哉（2011）秋山郷における山菜・きのこ利用の変遷と採集活動．山と森の環境史（池谷和信・白水 智 責任編集），pp. 283-305，文一総合出版．
吉良今朝芳（1974）椎茸の生産と流通．pp. 258，農林出版株式会社．
鬼頭 宏（2000）人口から読む日本の歴史．pp. 288，講談社学術文庫．

第 8 章　ありふれた資源をめぐる民俗知

栗山奈津子（2017）天然山菜採り代行サービス　山のめぐみをおすそ分けっ！　森林環境 2017，90-99．
松井 健（1998）マイナー・サブシステンスの世界——民俗世界における労働・自然・身体．現代民俗学の視点 1　民俗の技術（篠原 徹 編），pp. 247-268, 朝倉書店．
松浦俊也・杉村 乾（2016）福島第一原発事故後の山菜・キノコ等の利用減少．第 127 回日本森林学会大会学術講演集，T5-1．
松浦俊也・杉村 乾（2017）福島県東部と西部における福島第一原発事故後の天然山菜・きのこ等利用減少のアンケート調査．第 128 回日本森林学会大会学術講演集，P1-285．
松山利夫（1982）木の実（ものと人間の文化史 47）．pp. 3 71, 法政大学出版局．
中村克哉（1983）シイタケ栽培の史的研究．pp. 502, 東宣出版．
日本の食生活全集編集委員会（1984-1993）日本の食生活全集．農山漁村文化協会．
野中健一（2008）昆虫食先進国ニッポン．pp. 294, 亜紀書房．
岡 恵介（1996）季節と動植物．講座日本の民俗学 4　環境の民俗（野本寛一・福田アジオ 編），pp. 181-194, 雄山閣．
齋藤暖生（2005a）やっぱし、んめぇなぁ！——山菜．地理，50, 56-60．
齋藤暖生（2005b）山菜の採取地としてのエコトーン——兵庫県旧篠山町と岩手県沢内村の事例からの試論——．国立歴史民俗博物館研究報告，123, 325-353．
齋藤暖生（2009）半栽培とローカル・ルール——きのことつきあう作法——．半栽培の環境社会学——これからの人と自然—（宮内泰介 編），pp. 155-179, 昭和堂．
齋藤暖生（2015）特用林産と森林社会——山菜・きのこの今日——．林業経済，67, 2-6．
齋藤暖生（2017a）山菜・きのこにみる森林文化．森林環境 2017, 12-21．
齋藤暖生（2017b）森をたべる②ありふれたごちそう～山菜の魅力．森林科学，80, 22-25．
菅 豊（1998）深い遊び——マイナー・サブシステンスの伝承論．現代民俗学の視点 1　民俗の技術（篠原 徹 編），pp. 217-246, 朝倉書店．
鈴野藤夫（1993）山漁：渓流魚と人の自然誌．pp. 552, 農山漁村文化協会．

# 第9章 保護地域を活用した地域振興や山村文化保全の可能性

柴崎茂光

## はじめに

　バブル経済崩壊後に日本の経済が低迷を続ける中で，農山漁村・離島振興の方針に大きな変化がもたらされた．図9.1は公共事業費予算の経年変化を表している．最盛期の1998年に年間15兆円に達した公共事業費は，2011年東日本大震災直後の「国土強靱化計画」によって一時的な公共事業費の伸びがみられたとはいえ，今世紀に入ると漸減傾向が続いている．

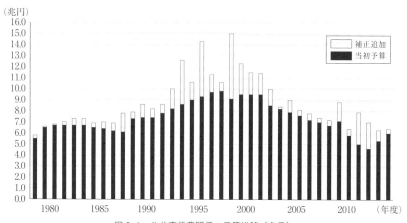

図9.1　公共事業費関係の予算推移（名目）
資料：「平成27年度国土交通省・公共事業関係予算のポイント」（2015年度）
https://www.mof.go.jp/budget/budger_workflow/budget/fy2015/seifuan27/05-13.pdf

## 第 9 章　保護地域を活用した地域振興や山村文化保全の可能性

　道路やダム建設といった公共事業に依拠した建設業は，高度経済成長期から 21 世紀の初め頃まで，農山漁村・離島に欠かせない基幹産業として存在してきた．例えば，世界自然遺産に登録された屋久島（鹿児島県）も，2000 年には一周 100 km の島に 78 軒にも及ぶ建設業者が存在しており，建設業が島一番の基幹産業だった（柴崎，2004）．奄美群島についても，奄美群島振興開発特別措置法（通称「奄振」）が施行され，山村振興法や離島振興法よりも高い補助率で公共事業が行われてきた．もちろん「公共事業が自己目的化し，島の経済・産業が公共事業に依存したまま脱却できないという批判も絶えない」（福島，2010，p. 41）．

　しかし，日本の財政赤字が増大し，公共事業費を増やすことが難しい中で，農山漁村・離島地域は，公共事業に代わる「地域外からという意味での外貨」獲得が求められている．2003 年 1 月に観光立国が宣言されてからは，種々の「保護地域（protected areas）」の指定・登録・認定（以下，「指定」と表記）[1]を進めることで地域のブランド力を高め，農山漁村・離島の観光振興を進めようする動きが進んできている．例えば奄美・沖縄地方では，慶良間諸島国立公園（2014 年指定），やんばる国立公園（2016 年指定），奄美群島国立公園（2017 年指定），の新規指定が続く．そして国立公園制度を足掛かりに世界自然遺産の新規登録も地域として目指している．

　本章では，保護地域を活用した農山漁村・離島の振興がどこまで可能なのかという事を検証する．その上で，自然環境，それに付随する文化・歴史的な遺構，民俗知を含む土地に根差した知識・風習が，観光商品としてどのように「資源化」されてきたのか，あるいは「消失」してきたのかについても考えていきたい．次節以降では，保護地域の定義を紹介した上で，エコツーリズム，文化財活用の動きを掘り下げていく．

## 9.1　多様化する保護地域

### 9.1.1　保護地域の定義

　国際機関の国際自然保護連合[2]（IUCN）は，保護地域を「生物多様性及び自

然資源や関連した文化的資源の長期的な保全を目的として，法的もしくは他の効果的手法によって，一般にも認識され，管理されている地理的空間」（Dudley, 2008, p. 8）と定義している．直観的には，「自然公園法に基づく国立公園」「文化財保護法に基づく天然記念物」「世界遺産条約に基づく世界遺産」などが保護地域に該当すると言えば，もう少し具体的なイメージを持つことができるだろう．2016 年現在，全陸上面積の 14.7% が，陸上（内水面を含む）の保護地域に「指定」されており，保護地域の面積や数は，第二次世界大戦以降，急増してきた[3]．

近世以前にも，留山，留木，鷹場など，資源の保護のために住民の森林資源へのアクセスを制限する制度は存在していた（根崎，2008；大住，2018）．しかしそれらは，幕府や藩などが自身の資源利用のために設けた制度であり，国立公園のように大面積を保全しながら大衆の利用を促したり，普遍的な観点に基づき生態系や生物多様性の維持のために保全したりするという近代的な保護地域とは性格が異なる．

保護地域の場合には，「指定」する際に，ゾーニング（地域指定）を行う必要がある．ゾーニングする際の根幹となる概念があるので簡単に説明しておきたい．「1971 年に始まったユネスコの MAB 計画（The Man and Biosphere Programme）と呼ばれるもので，科学的知見に基づきながら，人間とそれを取り巻く環境の関係改善のために設立された取り組みである」（UNESCO, n.d.）．この計画を土台にしながら，1976 年に生物圏保存地域（biosphere reserves，以下「BR」と表記）[4]と呼ばれる保護地域が誕生した．現在，保護地域はこの BR に準じたゾーニングを行うことが多くなってきている（図 9.2）．核心地域（core area）では，生態系に及ぼす影響を最小限にとどめるため，モ

---

1) 厳密にいえば，登録（例えば，世界遺産制度），指定（例えば，日本の自然公園制度），認定（ジオパーク制度），選定（日本の林業遺産制度）など様々な表現があるが，本章では，これらをまとめて表現する場合には，「指定」と便宜的に表現する．
2) IUCN は，世界自然遺産の登録などに諮問機関として大きな権限を有する．世界文化遺産の登録に対する諮問機関は，国際記念物遺跡会議（ICOMOS）である．
3) 海域の保護地域（marine protected areas：MPA）については，世界の公海の 4.1% が，また国家の管轄権が及ぶ海岸・海域の 10.2% がこれに該当する（UNEP-WCMC & IUCN, 2016）．
4) 近年，日本国内では「ユネスコ・エコパーク」という通称が用いられるが，世界的に通用する通称は BR である．

第 9 章　保護地域を活用した地域振興や山村文化保全の可能性

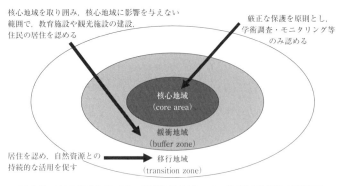

図 9.2　MAB 計画に基づく，保護地域のゾーニング（地域指定）の概念図

ニタリングや影響の小さな教育活動に限定する．核心地域を取り囲むように緩衝地域（buffer zone）が設定され，核心地域に影響が及ばない範囲での環境教育，観光レクリエーション，エコツーリズム，住民の居住を認める．さらに緩衝地域の外側に，持続可能な農業活動や移住を認める移行地域（transition area）というゾーニングも BR に新たに加えられた．核心地域-緩衝地域-移行地域といった，許容する開発の度合いに濃淡をつける保護地域は，世界遺産，BR，森林生態系保護地域（林野庁独自の保護地域である保護林制度の一種）など，日本国内でも適用されている．

## 9.1.2　地域「規制」型の保護地域から地域「活用」型の保護地域へ

　世界的な視点に立つと，元来保護地域に指定された地域に関しては，（観光開発を除く）開発行為を「規制」することに主眼が置かれてきた．地域住民の意見を尊重せずに保護地域の「指定」が行われた場合には，保護地域への立ち入りや資源採取が禁じられ，保護地域内の資源を巡って地域住民と行政機関の間で種々のコンフリクトが起きてきた（Nepal & Weber, 1995）．

　しかし，人々と自然が持続的に関わりを持つことで生物多様性が確保される里山の事例などが明らかになる中で，保護地域内や周辺地域であっても，持続可能な範囲でその利用を認め，地域住民の意見を尊重しながらに経済的な便益を与える事の重要性が叫ばれるようになってきた（例えば Phillips, 2003）．

　日本においても，保護地域の「指定」を地域の活性化につなげようとする動

9.1 多様化する保護地域

図9.3 「林業遺産」のロゴ
日本森林学会ウェブページ (https://www.forestry.jp/activity/forestrylegacy/) より転載.

きが盛んにみられる．とりわけ1990年代半ばから，世界遺産の人気は根強く，いまでも招致活動が全国で行われているが，これは象徴的な事例といえる．この他にも，「BR」，「ジオパーク」「近代化産業遺産」「日本遺産」など枚挙にいとまがない．日本森林学会も，2013年度から「林業遺産」の選定事業を開始し（図9.3），2017年度までに31の林業遺産を選定した．

### 9.1.3 繰り返される保護地域ブーム

ただし日本の場合には，保護地域の指定・登録を，地域振興に活用しようとする動きは，過去にも存在していた．明治末期から昭和初期にかけては，国立公園制度の設立を設ける請願が各地で出され（丸山，1983），候補地に選定されるように各地で盛んに誘致活動が行われた（村串，2005）．学問界においても，景勝地を多くの大衆に利用してもらう場としての国立公園制度の設立を望む本多静六，田村剛などの東京帝国大学農学部の林学者が，内務省衛生局保健課に働きかける形で，国立公園制定運動を展開した．1931年に国立公園法（自然公園法の前身）が施行され，1934年に実際に指定が開始されるまでは，国立公園に指定されなくとも，「候補地」というだけで，観光地の価値が上がり，「候補地」の名前がついたパンフレットやチラシも発行された（図9.4）．

「国立公園」だけでなく，大阪毎日新聞社や東京日日新聞社が主催し，鉄道省が後援する形で，「日本八景」への投票が呼びかけられ，1927（昭和2）年4月9日から5月20日の投票期間に，当時の人口の約1.5倍にあたる9千万

第 9 章　保護地域を活用した地域振興や山村文化保全の可能性

図 9.4　観光パンフレット「国立公園候補地　天橋立案内」（1929 年）

票を優に超える投票数が集まった（曾山，2003；新田，2010）．当時日本に統治されていた台湾でも台湾八景の投票が呼びかけられ，実に 3 億 6 千万票もの投票が集まった（曾山，2003）．

　大正後期から昭和初期にかけての時世の流れをみると，第一次世界大戦（1914～18 年）後の軍事特需が崩壊し，さらに関東大震災（1923 年）が首都圏を襲い政情が不安定化する中で治安維持法が 1925 年に制定された．その後も，昭和金融恐慌（1929～30 年）が発生する中で農山漁村は困窮するなど，内需が低迷し，政情も不安定だった時期だった．当時は外需獲得の手段として外国人旅行者の集客を盛んに行っていた．

　時代背景が異なるとはいえ，平成期の失われた 20 年によって閉塞感が漂う中で，観光立国宣言の発表（2003 年 1 月），観光庁の設置（2008 年 10 月），ビジットジャパンキャンペーンなどの政策をすすめ，外国人旅行者の増加による外貨獲得を進めようとする動きが続く．

　エネルギー資源の乏しい日本の場合には，国内需要が低迷し，閉塞感が漂う状況では，「国策」として外国人旅行者の集客によって外貨獲得を目指そうと

するインセンティブが働くと考えてよい．

次節以降では，「保護地域」を活用した集客がどの程度可能なのかという点をみていくことにしたい．

## 9.2 保護地域を活用した産業：エコツーリズム

### 9.2.1 エコツーリズムの定義

エコツーリズム（ecotourism, ecotour）という新たな観光形態が，地域振興にどの程度有効なものであるか考える前に，その定義を再確認する．一般的には，「環境保全への貢献や環境への影響を配慮することを前提として，保護地域において自然に関心をもつ観光客を対象に，ガイド付きで教育・学習を行い，地域住民に対して便益をもたらす観光形態」と定義されることが多い（図9.5）．

しかし地域で実際に行われている状況をみると，本来，野外での自然体験型観光（nature-based tourism）の範疇に入れられるべき観光形態も，エコツーリズムとして紹介されることがある（Wight, 1993）．そこで柴崎・永田（2005）は，短期的な利潤最大化原理よりも環境保全が優先され，長期的に経済・社会・環境面に関する便益が地域社会にもたらされる「環境重視型エコツーリズム」と，環境保全よりも短期的な利潤最大化原理が優先され，長期的には経済・社会・環境面の悪影響を引き起こされる「商業重視型エコツーリズム」を再定義した．本章では，地域で「エコツーリズム」「エコツアー」と称される観光形態すべてを対象に分析するため，「商業重視型エコツーリズム」が実践されている地域も含めて議論を進めたい．

### 9.2.2 日本におけるエコツーリズム推進[5]

1989 年小笠原ホエールウォッチング協会が設立され，1990 年代後半には沖縄県西表島エコツーリズム協会（1996 年），屋久島エコガイド連絡協議会

---

5） 特に注がない限り本節は柴崎（2007）などを参照にしている．

第9章　保護地域を活用した地域振興や山村文化保全の可能性

図9.5　理想的なエコツーリズムのイメージ
著者撮影（以下同）．

(1999年)，沖縄県東村エコツーリズム協会などの民間任意団体が相次いで誕生し，当初は民間主導でエコツーリズムの推進が図られた．こうした中で，転換点となったのが2002～03年の東京都の動向だった．東京都は小笠原諸島の南島と母島石門一帯を自然環境保全促進地域に指定した上で，同地域の適正な利用のルール等に関する協定書を小笠原村と交わし，翌2003年4月から，南島と石門では，東京都から認定されたガイドの同行を前提とした認定ガイド制度（通称：東京都版エコツーリズム）を開始した．なお，1日当たりの最大利用者や利用経路を定めるなど，自然資源の保護に配慮したルールが設定されている．

東京都版エコツーリズム導入に刺激を受ける形で，2003年度から環境省はエコツーリズム推進の動きを本格化させた．まず，①豊かな自然の中での取り組み（典型的エコツーリズムの適正化），②多くの来訪者が訪れる観光地での取り組み（マスツーリズムのエコ化），③里地里山の身近な自然，地域の産業や生活文化を活用した取り組み（保全活動実践型エコツーリズムの創出）という3つの視点から，全国13地域をモデル事業地区に指定した．いわゆるエコ

ツーリズム推進モデル事業（2004〜06年度）が実施された．モデル事業地区に指定された地域では，エコツーリズム推進協議会を立ち上げ，ガイド利用に関する自主ルールの策定やガイドの登録・認定制度の構築にむけた動きを開始した．

2008年4月にはエコツーリズム推進法が施行され，モデル事業地区を対象としたエコツーリズム推進の取り組みが，全国規模で展開されるようになる．地域ごとにエコツーリズム推進協議会を発足させ，エコツーリズム推進全体構想（以下，「全体構想」と表記）を策定することが可能となったからである．一定地域を対象とする自然観光資源の保護育成が見込める全体構想については，主務大臣（環境大臣，国土交通大臣，農林水産大臣，文部科学大臣）が認定する．すなわち「国からのお墨付き」を地域はもらえることになる．

2009年に飯能市（埼玉県）のエコツーリズム推進全体構想が国内で初めて認定され，2018年5月末時点で14地域の全体構想が認定を受けてきた．

なお認定を受けた市町村は，観光利用による劣化の恐れがある自然観光資源を特定自然観光資源に指定することができ，ガイド同行の義務付けや，立入人数制限を導入することができる．沖縄県慶良間地域の全体構想が国内で2番目に認定されたが，この全体構想の中では，慶良間地域とりわけ観光利用されるサンゴ礁を中心に特定自然観光資源に指定し，サンゴ礁の生育環境を保つために，スキューバダイビングの利用上限人数を設定する方針であることが明記された．

## 9.2.3 地域振興の一方策としてのエコツーリズムの有効性と限界

エコツーリズムの活動は地域社会に何をもたらしたであろうか．第1に，地域資源の価値を再発見し，それをもとに地域づくりが展開されている事例がある．例えば，先述のようにエコツーリズム推進全体構想が認定された埼玉県飯能地域は，国立公園の指定につながるような景勝地があるわけではない．しかし，ホタルやカジカガエル（*Buergeria buergeri*），カタクリ（*Erythronium japonicum*）といった里山に生育・生息する野生動植物だけでなく，林業の歴史や焼畑などの生活文化も地域の資源として，日帰り客を対象としたエコツアー事業を展開してきた（飯能市エコツーリズム推進協議会，2009）．こうした

第 9 章　保護地域を活用した地域振興や山村文化保全の可能性

図 9.6　五色ヶ原で行われているエコツーリズムの様子（2013 年 7 月）

事業の進展には，「エコツーリズムの町」という標語を掲げるという広報活動にとどまらず，市職員がツアーに同行し，来訪者にアンケート調査を実施したり，地域住民の主体形成もはかりながら町づくりを進めてきた飯能市役所（観光・エコツーリズム推進課）の存在が大きい（飯能市，2018；圓田，2016）．

第 2 に，エコツーリズム事業を行う上で，環境保全が進む事例もみられる．例えば，中部山岳国立公園の普通地域に指定されている五色ヶ原では，高山市乗鞍山麓五色ヶ原の森の設置及び管理に関する条例を設置し，上限人数（各コース 150 人）を設置し，なおかつ地元行政が委嘱するガイドが同伴する形でのエコツーリズムが展開されている（図 9.6）．自然を保全しながら地域振興にもつなげようとする地域おこしの事例として特筆できる．

第 3 に，ごく一部の地域ではあるが，大きな経済的便益が発生する場所もある．縄文杉を目指す多くのエコツアー客を集客するようになった屋久島では，1990 年代半ばから旅行代理店などの企画旅行のオプショナルツアーという形で，いわゆるエコツーリズムのマスツーリズム化を契機に産業化に成功し，2000 年前後には，屋久島島内におけるエコツーリズム産業の市場規模は 5 億円を超え，島の基幹産業としての存在が年々大きくなってきた（柴崎，2015）．また，エコツーリズムが行われる以前から，マスツーリズムが盛んだった地域

## 9.2 保護地域を活用した産業：エコツーリズム

でもエコツーリズム業の発展がみられる．例えば，北海道の知床半島におけるガイド付きの知床五湖散策や沖縄のやんばるの森を散策するエコツアーなどがこれに該当する．

ただし，エコツーリズムによる地域振興の限界も露呈してきている．まず屋久島などのごく一部の事例を除くと，エコツーリズムが必ずしも基幹産業として定着しているとは言えない．とりわけ北日本では，冬場は雪に閉ざされるため，年間を通してのエコツーリズム客を望むことは厳しい（牧田，2002）．

また，商業ベースでエコツーリズム業が成り立つ地域では，規制に対する関心が薄れがちになる．例えば，沖縄県慶良間地域のエコツーリズム推進全体構想が国内で2番目に2012年6月に認定された．先述のようにこの全体構想の中では，慶良間のサンゴ礁を特定自然観光資源に指定し，サンゴ礁の生育環境を保つために，スキューバダイビングの利用上限人数を設定する方針であることが明記された（渡嘉敷村エコツーリズム推進協議会・座間味村エコツーリズム推進協議会，2012）．当初の予定では，2014年度中に慶良間地域の渡嘉敷村と座間味村が条例を定めて，立ち入り人数制限が開始される予定だった（琉球新報社，2014）．しかし，条例案までは策定したものの，その後の関係者間の調整がうまくいかず，議会で審議されないまま，人数調整の話は立ち消えとなった（2018年関係者への聞き取り調査より）．慶良間地域では，スキューバダイビングの業者などが自発的にサンゴ礁の保全活動を行っており，もちろん人数制限という手段ばかりが有効な保全策ではない．しかし将来，利用者が急増した場合にどのように対応を取るべきなのかという点については，依然課題が残されている．

それからエコツーリズムが産業として成立するようになると，し尿処理といった過剰利用（overuse）の問題が顕在化する．理論的には，環境保全に配慮した産業がエコツーリズム業であるが，現実には，経済収益性が認められるようになると，利害関係者（ステークホルダー）はそれを維持するために規制などの対応に消極的になることは容易に想定される．すなわち，地域のエコツーリズムが，環境重視型から商業重視型のエコツーリズムに移行する危険性がどうしても潜む．

なお2018年5月末現在，エコツーリズム推進に関連する環境省関連のホー

ムページは多く掲載されている一方で（環境省，2016)[6]，その経済性や労働環境に関する情報は乏しい．エコツーリズム業がどの程度成立するのかを明らかにするために，統計制度の改善が求められる．

## 9.3 保護地域を活用した地域振興の動き：文化庁の動き

従来，文化庁は文化財等の指定および指定後の保護に関わる政策を中心に進めてきた．しかし近年，観光立国の流れの中で，文化庁も文化財の活用，とりわけ観光振興に活用しようとする政策を重視するようになってきた．

### 9.3.1 日本遺産

2015年度から新規事業として創設された文化財総合活用戦略プランの中核を担っているのが，「日本遺産」制度である（文化庁，2015）．日本遺産制度は，「地域の歴史的魅力や特色を通じて我が国の文化・伝統を語るストーリーを「日本遺産（Japan Heritage）」として文化庁が認定する」（文化庁，n.d.）制度である．文化庁自身が，「世界遺産登録や文化財指定は，いずれも登録・指定される文化財（文化遺産）の価値付けを行い，保護を担保することを目的とするものです．一方で日本遺産は，既存の文化財の価値付けや保全のための新たな規制を図ることを目的としたものではなく，地域に点在する遺産を「面」として活用し，発信することで，地域活性化を図る」（文化庁，n.d.）と，説明するなど，国立公園のように「面」として認定した上で，地域振興を図ることを主たる目的としている点が特徴となっている．

日本遺産認定に際しては，「ストーリー」を重視するという特徴がある．年一回文化庁から都道府県を通じての公募があり，申請者（市町村単独・もしくは連名，都道府県も可）は，地域に点在する様々な文化財をパッケージ化[7]した上で，地域の歴史・伝承・風習を踏まえつつ，地域の魅力として発信するテーマに基づいたストーリーを提出する．提出されたストーリーは，「日本遺産

---

6) 官公庁・地方公共団体が著した文献に関して，本文中では部局や課などの名称を省略した．ただし章末の参考文献では正式名称を用いた．
7) 地方指定や未指定の文化財も含めることができるが，国指定・選定を最低限一つは含める必要がある．

9.3 保護地域を活用した地域振興の動き：文化庁の動き

図 9.7 魚梁瀬森林鉄道 隧道跡（高知県馬路村，2017 年 7 月）

審査委員会」で審査され，文化庁が認定することになる（文化庁，2016；文化庁，n.d.）．

認定されると，日本遺産のロゴマークが使用できることに加え，情報発信・人材育成・普及啓発・調査研究・環境整備などのソフト事業を中心とした日本遺産魅力発信推進事業に申請し，補助金を受けることが可能となる（文化庁，2017）．これまでに 67 件（2015～2018 年度）が認定され，東京オリンピック・パラリンピックが開催される 2020 年まで 100 件程度まで認定する予定である（文化庁，2016）．

具体的に日本遺産に認定された地域を紹介する．2017 年度に認定された高知県土佐・中芸地域には，魚梁瀬森林鉄道を活用して林業が盛んに行われた魚梁瀬林業地帯がある（図 9.7）．外国からの木材輸入が自由化され，国内林業が徐々に衰退していく中で，ユズ栽培が盛んになり，現在は日本一の生産量となると共に，馬路村農協による「ごっくん馬路村」などの商品化が進み，ユズ寿司などの食文化も育まれている．こうした一連の地域発展史をとりまとめ，「森林鉄道から日本一のゆずロードへ──ゆずが香り彩る南国土佐・中芸地域の景観と食文化──」というストーリーが認定された．構成する文化財としては，上流域には森林鉄道遺構としての隧道や鉄橋などが，下流域は旧家や材木流しの絵馬などの有形文化財に加えて，星神社のお弓祭りなどが含まれる（魚梁瀬森林鉄道「日本遺産推進協議会」，n.d.）．

当初は，魚梁瀬森林鉄道を中心とした「環と和・魚梁瀬森林鉄道の環状線路

第 9 章　保護地域を活用した地域振興や山村文化保全の可能性

図 9.8　日本遺産の認定を祝う地域の様子（高知県馬路村，2017 年 7 月）

が生み出した杣夫の文化と町民文化の調和」というストーリーを展開する予定だったが，文化庁との相談会の中で，地域外の人々が訪れ，五感で体験できるような「地域の魅力」が足りないと指摘され，文化庁の評価が高かった「ゆず」を組み入れる形で，なおかつ生業が林業から果樹生産業に移行するストーリーに変化していった（赤池，2017；筆者の 2017 年聞き取り調査より）．地元側から文化庁にストーリーを申請する手続きとなっているが，ストーリーの企画そのものに対して，文化庁の進言が大きな影響を与えていることがわかる．

こうした努力が実を結び，土佐・中芸地域は 2017 年 4 月に日本遺産に認定された．認定後に同地域を訪問すると，日本遺産の認定を祝う看板などが誇らしげに飾ってあるなど，地元は日本遺産の認定を歓迎している様子がうかがえる（図 9.8）．認定後の 3 年間は，日本遺産魅力発信推進事業を活用して，中芸地域のブランド力を高めることができる．ただし同地域には，これまで目玉となる大きな観光地があるわけではないため，日本遺産関連の補助金を活用した振興策が終了してからが，観光地としての生き残りをかけた本格的な戦いの始まりとなる．

## 9.3.2　文化財保護法の改正

文化財保護法が改正され，2019 年 4 月 1 日から施行された．文化庁が所管する保護地域制度も，これまでの保護重視から保全活用への大転換が図られる

ことになった[8]．国から地方公共団体への権限移譲や，教育委員会から地方公共団体の長への権限移譲が進み，文化財の保護だけでなく活用の側面が促進されることになる．大きな変更点だけを述べるならば，第1に，「ある地域」に存在する文化財を総合的に保存・活用をすすめるために，都道府県の教育委員会が「文化財保存活用大綱」を定めることができ，大綱の主旨を踏まえながら市町村教育委員会は「文化財保存活用地域計画」を作成することが可能となった．さらに文化庁長官が文化財の保存・活用に寄与できる等と判断した場合には，この地域計画を認定する．認定された市町村の教育委員会には，登録が適当と考えられる文化財を，国の文化財登録原簿に登録するように提案できる権限も付与されている．

　第2に，地域に文化財を保存・活用するための主体が誕生する．まず市町村の教育委員会は，民間団体等を文化財保存活用支援団体に指定することができ，指定された団体は，文化財所有者からの相談や，文化財の調査研究，文化財保存活用地域計画の作成，そして認定文化財保存活用地域計画の変更を提案できる（第192条全般）．この他にも市町村の教育委員会は，文化財保存活用地域計画の作成や認定後の実施に関わる連絡調整を行うための協議会を設立できるようになった．

　第3に，従来教育委員会が所管してきた文化財保護制度を，条例を策定することで，地方公共団体の長が担当できるようになった．

　これらの改正により，市町村長がリーダシップを発揮して条例や地域計画を策定すれば，国指定・登録文化財を観光資源として活用することも可能となる．具体例として，国指定文化財でのコンサートなどが紹介されている（読売新聞社，2018）．その一方で，学会やメディアなどからも，保護重視から活用重視への急速な方針転換に対する懸念の声が挙がっている．例えば日本考古学協会は，第一次答申に対する意見として，重要文化財の公開に伴って予期せぬリス

---

[8]　これまで文化財の活用を進める政策が全くなかったわけではない．1996（平成8）年10月1日から施行された改正文化財法によって，文化財登録制度が導入された．これによって，重要な文化財を厳選指定した上で許可ベースの管理を求める従来型の保護制度だけでなく，国の文化財登録原簿に登録し，登録後も届出ベースによる緩やかな保護措置を行うことが可能となった．2005（平成17）年には重要文化的景観制度が設けられ，棚田に代表される農村景観といった面（地域）を意識して，選定される仕組みが導入された．しかし今回の法改正は，これまでの法改正の程度とは比べ物にならない変化を文化財行政のみならず地域社会にもたらす可能性がある．

クが生じる恐れがあるため,「石橋を叩いて渡る」慎重さを求めるとともに,教育委員会から首長に権限移譲が進むと,遺跡等の保護が低下する可能性を指摘している(日本考古学協会,2018).

## 9.4 保護地域と地域振興の関係性

これまで,エコツーリズム,日本遺産,改正文化財保護法などの保護地域制度を活用した地域振興のあり方を議論してきた.そもそも保護地域制度は地域振興に貢献しうるのだろうか.こうした根本を問う先行研究はまだ乏しい.わずかに存在する先行研究の中で,知名度も高く,長期にわたり環境保全と併せて利用推進も進められてきた国立公園制度を事例にみてみたい.

糸賀(1990)は,国立公園を有する市町村を対象として人口増減率と財政力指数の関係性を明らかにした.具体的には,「体質虚弱型(I型)」,「公共事業等依存型(II型)」,「観光資源開発型(III型)」,「町づくり,村おこし持続的利用型 自力活性型(IV型)」の4つに類型化した上で,I型がもっとも自然資源を破壊する可能性が高く,IV型への転換を図ることが望ましいと指摘している.

糸賀(1990)では人口増減率と財政力指数という2指標の分析にとどまっていたが,金澤(2019)は人口構成,産業構成,財政状況などの統計データ(2005年,2010年)を用いて多変量解析を行い,国立公園を有する自治体の特徴を明らかにした.その結果,国立公園を有する市町村では,有さない市町村と比べると,「自市区町村内就業率が高い」,「失業率が低い」ことが判明した.一方で,国立公園を抱える中都市型や大都市型の市町村では,むしろ財政状態が良好でなかった.これは,地理的状況を反映した可能性があるため,慎重に解釈する必要があると指摘している.

海外の研究事例もみてみよう.スウェーデンの国立公園を対象にGISを用いて分析を行った先行研究では,スキー場リフトに近い場所ほど観光業労働者数が多いことは明らかになったものの,保護地域が存在するから,地域の観光業が発展するとは限らないという結論に達している(Lundmark *et. al.*, 2010).

先行研究をみると,世界的にも知名度の高い国立公園制度であっても,国立

公園に指定されれば無条件で観光業が発展するとは限らない．ブランド力が必ずしも高いとはいえないエコツーリズム，日本遺産，文化財であれば，なおさら長期的な観光業の発展に直結しない可能性が潜んでいると，慎重に考えるのが妥当である．

## 9.5　保護地域「指定」がもたらす地域文化への影響

　保護地域に「指定」されることで地域の文化や民俗知は守られるのだろうか．山菜・野草採取や山域での神事といった生業に関連した文化や民俗知に対しては，「点」ではなく，より広い面積を考えた「面」的な保全が必要となる．そこで，国立公園に代表される自然公園制度を詳しくみていくことにしよう．

　一般的には，国立公園や国定公園の特別地域に指定されると，国や都道府県の許可なく種々の開発行為を行う事はできなくなり（自然公園法第20条3項），普通地域であっても種々の開発行為を行う際には届け出が必要となる（同法第33条）．特別地域の中で最も規制の強い特別保護地区の場合には，木の枝を折ったり，植物を採取したり，石を動かすこともなども許可行為の対象となる（同法第21条3項）．したがって国立公園の特別地域に指定された場合，地域の文化や民俗知に関連した行為全てが許可の対象となり，継続が困難になったり廃れる恐れがある．しかしながら，国立公園・国定公園の特別地域などに指定される以前から行われてきた生業や風習については，「既着手行為（着手行為ともいう）」とみなされれば，指定後もその行為を継続して行うことができる（自然公園法第20条第6項，第21条第6項）．換言すれば，この「既着手行為」が適切に運用されれば，「保護地域」に指定されても地域文化や民俗知は継承できることになる．

　実際，「既着手行為」として認められてきた地域の生業や風習はある．富士山麓におけるコケモモ（*Vaccinium vitis-idaea*）やキノコの採取に関して，明治期から入会団体が入林鑑札を発行してきた．1934年に同地域は富士箱根国立公園（現・富士箱根伊豆国立公園）に指定され，1996年に高山帯が特別保護地区に指定された．しかし現在も入会団体が，国立公園内への立ち入りに関して入林鑑札を発行できるのは，既着手行為とみなされているからである（齋

第 9 章　保護地域を活用した地域振興や山村文化保全の可能性

図 9.9　もひとり神事：伯耆大山の山頂下で薬草を採取する
（鳥取県大山町，2018 年 7 月）

藤，2019）．また大山隠岐国立公園では，「もひとり神事」とよばれ，山頂付近の凡字池（湿原）で御神水と薬草（ヒトツバヨモギ *Artemisia monophylla*）を採取し，それを大神山神社奥宮に持ち帰り，御神前に奉納した後に一般信者にも分け与える神事が，毎年 7 月 14 日夜から 15 日朝にかけて行われてきた（福代，1999）（図 9.9）．鳥取県が無形民俗文化財に指定しているこの神事では，特別保護地区内で水や薬草を採取しているが，神社側が環境省から許諾を得て行っているわけではない．「もひとり神事」は，事実上の既着手行為としてみなされてきた（2018 年聞き取り調査より）．

しかし，既着手行為には様々な脆弱性が潜んでいる（Shibasaki, 2017；齋藤，2019）．第 1 に，地元住民が伝統的な活動を一度でも止めてしまうと，環境省の自然保護官（レンジャー）が放棄したとみなす可能性がある．第 2 に，既着手行為に関しては，環境省の自然保護官が，日常的に使用するマニュアルにも十分に明記されておらず，環境省のレンジャーが趣旨を理解しているとはいえない．第 3 に，環境省の自然保護官や林野庁の森林官は 2〜3 年で異動を繰り返すため，引き継ぎの際に，既着手行為などの伝達が十分伝わらない可能性が高い．

実際，既着手行為の制度が運用されなかった事例がある．屋久島には，岳参りと呼ばれ，少なくとも江戸時代から続く山岳信仰に関連した風習がある（図

9.5 保護地域「指定」がもたらす地域文化への影響

図 9.10 宮之浦集落の岳参りの様子 宮之浦岳山頂直下
（鹿児島県屋久島町，2014 年 6 月 8 日）
柴崎（2016）より．

9.10）．簡潔に紹介すると，屋久島では，開拓のために入植した一部の集落を除いて，それぞれの集落が崇拝する山がある[9]．崇拝する山は，前岳（海岸近くの山々の通称）のみならず，奥岳（宮之浦岳など島の中心部の奥深い場所の山々の通称）にも存在するのが一般的である．春と秋の年 2 回（もしくは秋の 1 回），集落の代表者（トコロガン，トコロカン，タケメニン，カミサマ）が豊作や集落の繁栄を祈るためにそれらの峰々に登る．山頂や道中には一品法寿（法珠）権現が祀られた祠があり，里から持参した御賽銭，浜の砂，焼酎，米，塩，ロウソクなどを奉納する．戦前までは，集落の代表者が山中で野営する際に，ヤクシマシャクナゲ（$Rhododendron\ yakushimanum$）の木を伐採して，杓文字や玩具を作って里の人びとに渡すことが一般に行われていた．しかし国立公園に指定されてから，特別保護地区に指定されている奥岳の枝を切ることは違法行為なのでやめてほしいということが町役場から各集落の区長に伝わり，ヤクシマシャクナゲの枝を里に持って帰る風習は次第に廃れていった（Shibasaki, 2017；2014 年聞き取り調査より）．また岳参りの風習自体が第二次世界大戦後に廃れていったが，一部の集落ではこれを復活させ，さらにシャクナゲの枝を折る風習も復活させる動きがみられるようになった（柴崎，2016）．

---

9) 岳参りに関しては，石飛（1976），田中（1997），下野（1998）を参考にしている．

第 9 章　保護地域を活用した地域振興や山村文化保全の可能性

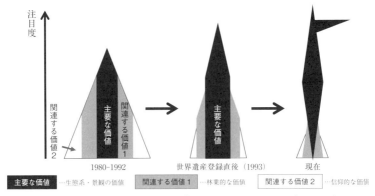

図 9.11　屋久島における保護地域「指定」に伴う価値の変化（イメージ）
参考：Shibasaki（2017）を改変．

　さらに国立公園制度にとどまらず，保護地域制度全般が内包する欠点も指摘したい．それは，時間の経過とともに強まる「価値の単純化（simplification）」という問題である（Scott, 1998）．いったん保護地域に「指定」されると，当該地域の主要な価値については「保護すべきもの」として厳格に保護・保全されるのに対して，主要な価値に附随する様々な価値は，むしろ切り捨てられる可能性が高まる．

　屋久島の山岳地域を事例として取り上げてみよう（図 9.11）．屋久島では植生の垂直分布に代表される特徴的な生態系や，優れた景観が評価され，1964（昭和 39）年に霧島屋久国立公園（当時），1975 年には山岳地域の一部が原生自然環境地区，1993（平成 5）年には世界自然遺産に「指定」されていく．屋久杉の生木の伐採が禁止された 1980 年代以降は，屋久島の山岳地域の「主たる価値」として「生態系・景観」の価値が重視されてきた．

　しかし屋久島の山岳地域は，「生態系・景観」の価値だけを有するわけではない．むしろ「林業（木材・用材生産）」の価値や「信仰」の価値に重きが置かれた時代の方が長かったといえる．江戸時代には薩摩藩による杉の専売制度が導入され，島民はまっすぐに成長した杉の巨木（コスギ）を伐採し，山中で薄い平木（屋根ふき材）に加工した後に，年貢の代わりとして島津藩に納めた（津田，1986）．国有地が確定した 1920 年代以降は，島内に森林鉄道・軌道が建設され，1970 年まで国有林内に「小杉谷」などに代表される林業集落が存

在していた．また林業集落が閉鎖される前後から，里地の広葉樹はパルプ材として大々的に皆伐されていった．しかし屋久島の世界「自然」遺産ブランドが世の中に浸透する中で，「トロッコ軌道」や「小杉谷集落跡」といった登山ルート上に存在する遺構を除いて，大規模な国有林野開発に関する遺構や記憶は，年月が経つたびに破損・消失する道をたどっている．

また屋久島の山岳地域に存在する「信仰」的な価値としては前述した岳参りがある．時代の趨勢という条件に加えて，自然「保護」強化の中でヤクシマシャクナゲの採取にも暗黙の規制がかけられてきた．

行政側の動きだけでなく，民間部門の経済活動においても，屋久島の山岳地域の価値の単純化を促進させてきた．例えば屋久島に関する観光情報誌をみると，国立公園制定以前は屋久島の里地を巡る記事が多かったが，世界遺産登録後以降は，縄文杉・白谷雲水峡といった山岳地域の紹介し，なおかつその「原生的な雰囲気」を強調する記事の量が増えてきた．したがって屋久島の観光ガイドブックを手にすると，「手つかずの自然」を楽しみにやってくる観光客が，縄文杉などの限られた場所を訪問する傾向が強まる（柴崎，2019）．また山岳地域の観光化が進む中で，歴史性とは関係のない新たな観光資源が，エコツーリズムが盛んに行われている縄文杉コースで増えてきている．図9.11の右のとがった部分は，近年誕生した新たな「生態系・景観」の価値と位置付けることができる．

なお価値の単純化による文化・民俗知の消失は，屋久島と同じく1993年に世界「自然」遺産に登録された白神山地でも発生している．白神山地の場合には，ブナ林の原生林を保全するという目的で，屋久島と比べてもより厳しく世界遺産地域（核心地域）の立ち入りが制限されている．具体的には青森県側については入林の際の届出制が，秋田県側については原則立ち入りを認めない方針が取られている．その結果，世界遺産地域内で長年にわたって行われてきたクマ猟や山菜採りが事実上締め出される状況が続いている（鬼頭，1996）．

白神山地でかつてマタギ組に所属し，現在も世界遺産登録地域外でクマ猟（行政の視点に立てば有害鳥獣駆除）を行うマタギ文化の継承者に話を聞くと，世界遺産登録地域内に，マタギ組のメンバーが共有していた沢や山の名前，猟場の名前があったが，そうした場所へのアクセスが制限される過程で，名称や

第 9 章　保護地域を活用した地域振興や山村文化保全の可能性

図 9.12　白神山地世界遺産地域外で行わる春熊猟（行政の立場だと有害鳥獣駆除）
青森県，2011 年 4 月．

場所の記憶が年々薄れてきており，次世代に受け継ぐことが困難になってきているという（図 9.12）．

## おわりに

　日本の場合，ある場所が「保護地域」に「指定」されると，「指定」されたこと自体が行政的な手柄となる．研究者にとっても様々な保護地域の協議会等に招かれたことが，国立大学の法人化以降，教員評価の社会的貢献として評価されるようになった．しかし行政的・研究者の手柄とはなっても，地域社会の発展につながることは限らないという点に注意する必要がある．

　「行政的」「学者的」業績は，「指定」されること自体が目的化する場合もあり，そうした傾向が強ければ強いほど，ひとたび「指定」されてしまえば計画の抜本的な改訂などに関心が向かない場合も多い．保護地域が「指定」された場合，以下に述べるような取引費用の増大によって，長期的な地域発展にはむしろ足かせにすらなる可能性がある．

　例えば，地域「規制型」の保護地域であれば，「指定」後に行う開発行為に

対して，許可・届出が必要となる．林野庁，環境省，都道府県，市町村といった関係機関に書類を提出したり，必要に応じて説明をする必要が発生することになる．また地域「活用型」の保護地域制度であれば，種々の活動に規制がかかることは少ないが，国際機関が関係する保護地域の場合には，数年〜十年おきに計画変更が必要となってくる．計画変更の際にも，ステークホルダーに呼びかける形での調整会議などを開催する必要が発生する．地域「規制型」の保護地域ほどではないとしても取引費用がかかる（ノース，1994）．

また21世紀に入り，日本遺産といった活用型の保護地域に関しては，行政が主導する形で，「ストーリー」作りを地域に求めるようになってきた．言い換えれば，「ストーリー」作りを進めることは，地域の価値のわかりやすさを求めることに他ならない．もちろん観光客に「わかりやすさ」はある程度大切かもしれないが，わかりやすさを求めすぎて主要な価値ばかりを強調すると，その陰で切り捨てられる価値もそれだけ大きくなることを意味している．とりわけ自然資源が主要な観光資源となる場合には，そうした自然資源に関連する文化資源や民俗知はむしろ消失する可能性も否定できない．より多様な価値を意識しながら，わかりやすさも求めるという難しいかじ取りが，ストーリー制作者に求められることになる．地元組織や地方公共団体に計画を作らせ，特定の地域・地域文化に対して〇〇百選，〇〇遺産というお墨付きを，国家や専門家が与えるということは，「半ば強制された主体性」（中村，2007，p.24）という指摘もある．

いずれにせよ，外部主体や補助金を活用した計画づくりだけでなく，地域住民が真剣になって考えた上での真に内発的な計画づくりを進めることが望ましい．外部のコンサルタントに計画策定をお願いした場合，地域の歴史的な経緯が十分考慮されないまま，他の優良事例や新たな保護地域によるブランド化を紹介される可能性があるからだ．特に目新しい価値，例えば「世界遺産の価値」「BRの価値」など外発的な価値が地域に押し付けられる可能性が十分ある．

ただしこうした外発的な価値が長年にわたって維持されるとは限らない．昭和初期にあれだけ大騒ぎした国立公園，日本八景を巡る「指定」争いが，現在はほとんど聞かれないことからも理解できるだろう．そもそも「保護地域」に

第 9 章　保護地域を活用した地域振興や山村文化保全の可能性

指定される地域は，都市から地理的に離れた，経済的に不利な場合が多い．そうした場所で，これまであまり関心もってもらえなかった地域資源が，観光客を集客できるほどに資源化できる事例は，極めて少ないと筆者は考える．

「計画づくり」で地域間を競わせ，長期的に疲弊させるよりも，ベーシックニーズのように，社会的不平等や貧困問題として農山漁村の振興問題を考えるなどの，現場の意見を尊重した大胆な発想転換が日本の農山漁村の再興に求められる．

なお本研究は JSPS 科研費 26570031, 16H04940, 18K11876 の助成を受けた．

## 引用文献

赤池慎吾（2017）歴史や文化財から地域の魅力を考える――「日本遺産」認定を事例に――．土佐史談，**266**，90-94．
文化庁（n.d.）「日本遺産（Japan Heritage）」について．
　　http://www.bunka.go.jp/seisaku/bunkazai/nihon_isan/（2018 年 8 月 5 日取得）
文化庁（2016）日本遺産――オリンピック・パラリンピック開催までに一〇〇件の認定を目指して．月間文化財，**631**，47-48．
文化庁（2017）日本遺産魅力発信推進事業について．
　　http://www.bunka.go.jp/seisaku/bunkazai/nihon_isan/pdf/nihon_isan_miryokuhassin. pdf （2018 年 8 月 5 日取得）
文化庁伝統文化課文化財保護調整室（2015）平成二十七年度文化庁予算（文化財関係）について．月間文化財，**619**，52-54．
Dudley, N.（ed.）（2008）*Guidelines for Appling Protected Areas Management Categories*. pp. 106, IUCN.
福島綾子（2010）住民たちがつくる生活融合型観光　鹿児島県奄美大島・龍郷町．生きている文化遺産と観光――住民によるリビングヘリテージの継承――（藤木庸介 編著），pp. 38-55, 学芸出版社．
福代 宏（1999）「弥山禅定」と「もひとり神事」．鳥取県立博物館研究報告，**36**，24-32．
飯能市エコツーリズム推進協議会（2009）飯能市エコツーリズム推進全体構想，pp. 60．
　　https://www.env.go.jp/nature/ecotourism/try-ecotourism/certification/hannou/kousou/images/document/kousou.pdf（2018 年 8 月 5 日取得）
飯能市観光・エコツーリズム推進課（2018）エコツーリズムのまち　飯能　飯能エコツアー．
　　http://hanno-eco.com/（2018 年 8 月 5 日取得）
石飛一吉（1976）屋久島における山岳信仰圏の研究．鹿児島地理学紀要，**22**，44-52．
糸賀 黎（1990）持続性概念による自然保護の理論的実証的研究．筑波大学農林社会経済研究，**8**，163-275．

# 引用文献

金澤悠介（2019）国立公園を有する自治体の特徴——統計指標を用いた検討——．国立歴史民俗博物館研究報告，**215**, 53–68．

環境省自然環境局国立公園課国立公園利用推進室（2016）平成27年度エコツーリズムガイド等の国内実態調査業務報告書，pp. 41．
https://www.env.go.jp/nature/report/h28-01/main.pdf（2018年8月5日取得）

鬼頭秀一（1996）自然保護を問いなおす——環境倫理とネットワーク——．pp. 254，筑摩書房．

Lundmark, L. J. T., Fredman, P. & Sandell, K. (2010) National Parks and Protected Areas and the Role for Employment in Tourism and Forest Sectors: a Swedish Case. *Ecol. Soc.*, **15**, 19.
http://urn.kb.se/resolve?urn=urn:nbn:se:umu:diva-109020（2018年8月5日取得）

牧田 肇（2002）新興の観光対象「世界遺産・白神山地」とエコツーリズムの模索．地理科学，**57**, 176–186．

丸山 宏（1983）国立公園設置運動に於ける社会・経済史的背景．京都大学農学部演習林報告，**55**, 271–290．

村串仁三郎（2005）国立公園成立史の研究．pp. 417，法政大学出版局．

中村 淳（2007）文化という名の下に——日本の地域社会に課せられた二つの課題——．ふるさと資源化と民俗学（岩本通弥 編著），pp. 2–35，吉川弘文館．

Nepal, S. K. & Weber, K. W. (1995) Managing resources and resolving conflicts: national parks and local people. *Int. J. Sust. Dev. World Ecol.*, **2**, 11–25.

根崎光男（2008）江戸幕府放鷹制度の研究．pp. 403，吉川弘文館．

日本考古学協会（2018）文化審議会による「文化財の確実な継承に向けたこれからの時代にふさわしい保存と活用の在り方について（第一次答申）」についての意見（2018年3月8日）．
http://archaeology.jp/（2018年8月5日取得）

新田太郎（2010）「日本八景」の選定：1920年代の日本におけるメディア・イベントと観光．慶應義塾大学アート・センター Booklet18, pp. 69–84．

ノース，D. C. 著，竹下公視 訳（1994）制度・制度変化・経済成果．pp. 213，晃洋書房．

大住克博（2018）日本列島の森林の歴史的変化——人との関係において——．森林の変化と人類（中静 透・菊沢喜八郎 編著），pp. 68–123，共立出版．

Phillips, A. (2003) Turning ideas on their head—The new paradigm for protected areas—. The George Wright Forum, **20**, 8–32.

琉球新報社（2014）慶良間海域ダイビング規制来月にも条例案．（2014年5月9日）
https://ryukyushimpo.jp/news/prentry-224994.html（2018年8月5日取得）

齋藤暖生（2019）富士山北面における生業の展開と保護地域制度．国立歴史民俗博物館研究報告，**215**, 9–32．

Scott, J. C. (1998) *Seeing like a state: how certain schemes to improve the human condition have failed.* pp. 464, Yale University Press.

柴崎茂光（2004）屋久島の観光ブームを考える．山林，**1445**, 29–35．

柴崎茂光（2007）共生と対流をもたらすエコツーリズム．森林と木材を活かす事典 地球環境と経済の両立の為の情報集大成（「森林と木材を活かす事典」編集委員），pp. 308–309，産調出版．

柴崎茂光（2015）屋久島におけるエコツーリズム業の経済分析．国立歴史民俗博物館研究報告，**193**,

## 第 9 章　保護地域を活用した地域振興や山村文化保全の可能性

49–73.
柴崎茂光（2016）復活した岳参り．民俗研究映像（20 分）．
Shibasaki, S. (2017) Yakushima Island: Landscape History, World Heritage Designation, and Conservation Status for Local Society. In: *Natural Heritage of Japan. Geoheritage, Geoparks and Geotourism* (eds. Chakraborty, A. *et al.*), pp. 73–83, Springer.
柴崎茂光（2019）観光地「屋久島」イメージの変化について．国立歴史民俗博物館研究報告，**215**, 69–90.
柴崎茂光・永田 信（2005）エコツーリズムの定義に関する再検討——エコツーリズムは地域にとって持続可能な観光か？　林業経済，**57**, 1–21.
下野敏見（1998）屋久島「岳参り」の研究．国際言語文化研究，**4**, 67–90.
圓田浩二（2016）日本におけるエコツーリズムの観光社会学的分析——飯能地区・慶良間諸島・みなかみ町・知床半島・小笠原諸島を事例として——．沖縄大学法経学部紀要，**25**, 55–67.
曾山 毅（2003）台湾八景と植民地台湾の観光．立教大学観光学部紀要，**5**, 65–74.
田中 勉（1997）屋久島の山岳信仰．民俗文化，**9**, 279–299.
渡嘉敷村エコツーリズム推進協議会・座間味村エコツーリズム推進協議会（n.d.）慶良間地域エコツーリズム推進全体構想．
　https://www.env.go.jp/press/files/jp/20207.pdf（2018 年 8 月 5 日取得）
津田邦弘（1986）屋久杉が消えた谷．pp. 197，朝日新聞社．
UNEP-WCMC & IUCN (2016) Protected Planet Report 2016. UNEP-WCMC and IUCN.
　http://wdpa.s3.amazonaws.com/Protected_Planet_Reports/2445%20Global%20Protected%20Planet%202016_WEB.pdf（2018 年 8 月 5 日取得）
UNESCO (n.d.) Man and the Biosphere Programme.
　http://www.unesco.org/new/en/natural-sciences/environment/ecological-sciences/man-and-biosphere-programme/（2018 年 8 月 5 日取得）
Wight, P. (1993) Ecotourism: Ethics or Eco-Sell? *J. Trav. Res.*, **31**, 3–9.
「魚梁瀬森林鉄道」日本遺産推進協議会（n.d.）森林鉄道から日本一のゆずロードへ——ゆずが香り彩る南国土佐・中芸地域の景観と食文化——．
　http://www.bunka.go.jp/seisaku/bunkazai/nihon_isan/pdf/nihon_isan51.pdf（2018 年 8 月 5 日取得）
読売新聞社（2018）文化財活用市町村に権限「保護重視」から転換．（2018 年 2 月 26 日）

# 第3部
# 民俗知のゆくえ
### まとめにかえて

# 第10章 民俗知のゆくえと現代社会

齋藤暖生・蛯原一平・生方史数

## はじめに

　本巻では，民俗知に着目することで，広く世界の，また日本国内の具体的な事例から人々と森林の関わりをみてきた．「森林と人の関係」といっても，それは極めて多岐にわたる．もちろん，森林自体がその地域の地理条件に応じて（本シリーズ第1巻），あるいは人々の働きかけ方に応じて（同第2巻，未刊），多種多様である．それと同時に，それぞれの地域に暮らす人々の，考え方や持っている技術や技能によっても「森林と人の関係」が規定されてくることが本巻を通じて見えてきただろう．「森林と人の関係」のあり方を一方で規定する，人々の考え方や技術・技能を総体的に捉えたものを本巻では「森林文化」とした（第1章）．

　このように森林文化を捉えたとき，その源泉として民俗知があることが本巻を通じて理解できたことと思う．それと同時に，民俗知は「ただそこにある」だけでなく，そのあり方は時代とともに変化をし（主に衰退という変化であるが），それへの評価も変化してきたことが見て取れたことだろう．とくに，民俗知を評価し，活用を図ろうとする近年の流れは，民俗知の存在が社会性を帯びることになったということを意味する．

　本章では，本巻の締めくくりとして，民俗知とはどのようなものなのか，それは時代が変化する中でどのような道をたどったのか，民俗知が再評価される中で何が期待されてきたのか，その期待に応じて民俗知が活用されようとする

とき注意すべきことについて再整理してみよう．さらに，それを踏まえて，いかに民俗知をつないでいくのかについて，若干の議論を提起する．

## 10.1　森林文化の源泉としての民俗知

### 10.1.1　民俗知の特質

　あらためて，民俗知とはどのようなものか整理をしてみたい．本巻を通じて繰り返し指摘されたのが，統合的（ホーリスティック）であること，暗黙的であり伝達が困難である，といったような性質である．そして，その対置すべきものとして科学知があり，いま挙げたような点において対照的な性質を示す．それは物事を切り分けて理解することによって発展し，他者への伝達を前提に形式的な知識形態に置き換えることに努力が払われ，その蓄積と広範な伝達の実践が積み重ねられてきた．

　本章では，さらに深く民俗知のあり方を理解するために，補助線を引いてみることを提案したい．その補助線は，身体の内と外に引かれるものである．ただし，これは理解のための補助線であって，截然と両者を分ける境界線ではない．

　民俗知の本拠地は，身体の内部にある．例えば，森の中で見つけた植物を，ある人が食べられる物か否かを見分けるとき，過去の経験に照らし，言葉での説明が難しいその植物の特徴を直感的かつ総合的に把握することによって見分ける．また，道具をうまく使いこなす技能（コツやノウハウと呼ばれるもの）は，過去の使用経験や，身体的な感覚が動員されることによって発揮される．このように，民俗知は個人の経験，直感的・身体的な感覚に依存しつつそれらが有機的に組み合わされて存在する（第1章参照）．これらを他者に伝えようとするとき，なんらかの形で，例えば言葉や身振りで表して他者に示す必要がある．こうした過程を，ここでは知の「外部化」と呼ぼう．すると，民俗知の外部化は，なかなか困難であることに気がつく．

　たとえば，タンポポをどのように見分けるのか教えて欲しいと言われたら，どのように説明するだろうか．おそらく「葉っぱはギザギザしていて，花は黄

## 10.1 森林文化の源泉としての民俗知

色の花びらがこんもりとたくさんついている」のように，擬態語などを駆使しながら説明することになるだろう．しかし，この情報では，タンポポの実物を知らない人は，なかなかタンポポにたどり着けないであろう．このとき，説明をする人は確実にタンポポを知っているのだが，説明の困難さにぶつかっているのである．感覚的（この例では視覚的）に理解していることは的確に外部化（表現）し難いのである．

民俗知の多くが暗黙的な知とされるのは，今みたように身体に内在する知という存在形態によるものである．個人の経験や知覚に依拠する部分が大きいから，人それぞれによって知識の範囲や内容が異なったり（属人性），地域によって異なったり（属地性）と個別性の高い性質を示し（第2章参照），その知識の内容は普遍性を備えない場合が多い（第5章参照）．そしてこのような知は外部化しにくい．つまりは，他者への伝達が困難である（第1章および第4章）という性質に結びつくのである．もちろん，全く他者と共有できないというわけではない．むしろ，地域社会の中で可能な限り共有されてきたものであり，その共有に大きな制約があったというのが実情だろう．その共有には，共通の経験や共感の存在が大きく関与することは当然で，だからこそ上述のような属地性を持ち，時に「在来知（indigenous knowledge）」，「ローカルな知識（local knowledge）」などとも呼ばれる（第1章，第2章）．

ひるがえって，科学知はどうだろう．科学もその始まりは，物事の観察から始まった．つまり，身体に内在する知から科学も出発している．しかしながら，科学は，それを外部化することに一番の価値を置き，そのために努力が費やされてきた．身体の外部に誰でも利用できるような知の形式を創出し，その形式に基づいて集積された知が，科学知である．先に例に挙げたタンポポについて，科学知（植物学）で表現するなら，葉は「全縁，羽状浅裂，羽状深裂など多形」，花は「頭花の径は約4 cm，小花数90-150．舌状花弁は黄色，雌蕊は黄色」のように表現される（大橋ほか，2017；「カントウタンポポ」の項）．単位や植物部位などの基礎知識を前提とするものの，この記述した特徴に照らせば誰もが，単位やあらかじめ定義された植物部位や形態名称などを用いて，タンポポであるか否かを判別できるようになっている．

本巻では，身体知とされがちな技能（テクニック，スキル）も民俗知の一つ

と捉えたが（第1章参照），これを，科学知と同様に，もしくは科学知と深く関わりながら外部化されてきた「技術」と対置することができる．ここでは簡単に，自分がどこにいるか知る方法を例として考えてみよう．何の技術もない場合，人々は地形やランドマークなど自分の経験と直接に知覚できる情報をもとに，自分が立っている場所を推定しようとする知的営みを行ってきた．これに対して，「技術」としてGPSを導入した場合を考えると，人工衛星を通じてGPS機材が位置情報を割り出すという機能（身体外の営み）に，自分の立ち位置を知るために人々が行ってきた知的営み（身体内の営み）が取って代わられているのである．

このように，民俗知は人々の直接的な経験や知覚を基盤としながら，また，人同士のコミュニケーションを通じて近しい他者の知を取り入れながら，人々の内部に存在している．したがって，その全体像を捉えたり，他者に伝達したりすることが難しい性質を備えている．こうした知のあり方は，人間にとって原初的で，基礎的なものと言えるかもしれない．一方で，知識をなるべく外部化し，全ての人に対して通用するもの，すなわち普遍的なものにしようとする知のあり方をとるのが科学知であり，技術であると対置することができよう．付言すれば，科学知と同様に，民俗知もまた人が生き続ける限り新たな知が生産され，時に人々の自由な創造性を取り入れながら，変化もするものである（第2章参照）．民俗知を「伝統的」で固定化したものとして表面的に捉えるのは適当ではない．

### 10.1.2　森の民にとっての民俗知

次に，民俗知が森に暮らす人々にとってどのような意味を持っているのかについても再確認しておこう．

#### A．森と人をつなぐ知

第1章に示した図1.1を思いおこしてもらいたい．森に暮らし，森から恵みを得ようとするとき，まずは何が有益なものかを判断し，利用対象として選び取るプロセスがある．第8章において見たように，食べ物であれば，単に食べられるかどうか，という知識だけでなく，どのような食感や味があるのか，といった細やかな民俗知が介在する．その上で，利用対象となる資源を獲得す

るプロセスで様々な民俗知が導入される．第7章の蛯原が描くクマ猟を例にみると，過去にどの場所でどのようなことがあったのか，というような人々が環境の要素とともに取り結んだ具体的な記憶が，クマを捕獲する実際の現場において活かされる．このように見てくると，確かに森はそこに暮らす人々にとって恵みの源であるが，その恵みを恵みたらしめているものこそ，民俗知であるということができる．第3章で小泉が報告しているように，プナンの人々が森があれば暮らしに不安を覚えない，というのも，森があると同時に，それをどう暮らしに活かせるのかの知識を持っているからにほかならない．

　いま見たような関係は，人々が恵みを得る場面だけに限定されることではない．災いを避けたり，神聖な場所として信仰の対象としたりする場合も，そこには必ず民俗知が介在している．民俗知は森と人のつながりを取り結ぶボンドのような存在である．言い換えれば，民俗知は，それぞれの土地で歴史的に育まれてきた森と人の関係性を規定している大きな因子なのである．

## B. 民俗知がもたらす自制的行動

　森から恵みを引き出す民俗知が見られる一方，逆にそれを抑制するような民俗知の存在も目につく．第4章で笹岡は，インドネシア・セラム島の村で行われるクスクス猟において，猟の状況に応じ禁制がかけられることを報告し，これが狩猟圧の高まりをとどめ，もめ事の回避になっている可能性を指摘している．また第5章で山口は，カスカの人々のヘラジカ猟において，必要な時だけ獲る，子連れのメスは獲らないなどの規範が存在することを指摘している．このように，民俗知は，人々の資源利用行動に一定の節度をもたらし，人間の欲に従った「やりすぎ」を抑制するはたらきをも持ち合わせている．のちに触れるように，こうした点が自然を管理する，あるいは保全する知恵として高く評価されるようになった．

　日本の例についても，第8章で齋藤は，山菜・キノコ採りにおいて同様に「やりすぎ」の自制がはたらいていることを指摘しているが，ここで興味深いのは，対象となる生物の生態に関する知識，すなわち生態知のみならず，地域社会における人々のふるまいに関する知識，いわば社会知が自制的行動につながっているという指摘である．たとえば，社会的名声を気にして，厳選した太い山菜しか採らないという行動がある．人々による自制的行動は外部者（特に

研究者）がしばしば「管理する」，あるいは清貧な態度のように評価してしまいがちだが，この例は，当事者視点に立てば，必ずしもそうは言い切れないことを雄弁に物語っているのではないだろうか．すなわち，自らの欲を押しとどめるだけではなく，欲に従うことによって自制がもたらされることもある．

わたしたちは，特に科学的な思考をしようとする場合，とかく因果関係に強い関心をいだき，さらにそれを短絡的に論理立てて考えようとする傾向があるのではないだろうか．しかし，これまで見たように，民俗知のあり方は統合的（ホーリスティック）である．そのような民俗知に従って生きている人々にとっては，感覚的にある行動を避けたり，面倒なことでも進んで行ったりしている例は多いだろう．そうした行動は，その地域の自然の中で，また周辺の人々との付き合いの中で培われた統合的な知の世界では，明確には説明はできなくとも「たしかなこと」として納得できるものであるはずだ．この外部者と民俗知の担い手のズレについては後に考察を深めることとして，ここでは，外面的に「管理」や「保全」と解釈できる行動の「たしかな」基盤として，その地域で培われた感覚や経験に根ざした民俗知があるという指摘にとどめておく．

## C. 文化的豊かさをはぐくむ民俗知

最後に，民俗知が統合的（ホーリスティック）であることの意義にも触れておきたい．第2章で服部が強調しているように，民俗知は人々の実用的な欲求を満たすだけでなく，「豊かな文化的な意味」を内包している．このことは，他章で各報告者がそれぞれの事例に即して指摘している．第3章で小泉は，もはや森に頼らなくても食べていける状況になった現代において，プナンの人々が森林を伐採から守ろうとする態度に，食べ物を得るためだけではない人々の価値判断があることを指摘している．第6章で田中は，家族や集落内の人の手を借りて行われる和紙原料コウゾの蒸し剝ぎ作業は，おやつとなる蒸しサツマイモや，和やかな会話の時間など，多くの楽しみを伴うものであったことを指摘している．第8章で齋藤も，山菜・キノコを採り，調理し，食べる，あるいは贈与するといった一連の行動の裏に，多くの娯楽性が潜んでいることを指摘している．

私たちは森に暮らす人々の行動を解釈するとき，どうしてもこれは食べ物を得るためだ，あるいは資源を守るためだ，などと何か目的を特定してしまいが

ちだ．そのこと自体は間違いではないが，その特定された目的以外にもいろいろな思惑がありうるということを忘れてはならないであろう．まさに，統合的な知の発露としてその行動があるのであって，一つの行動の背景には，村人が喜ぶだろうから，あるいは，山の神のたたりが恐ろしいから，といったような人々がその土地（自然と社会）で幸福かつ安寧に暮らす上での配慮が積み上げられているのではないだろうか．

民俗知は，単にその土地で生き抜くということを超えた知をも内包している．その土地で豊かに生きる知恵であり，文化の源泉なのである．その土地で暮らす誇りやアイデンティティの根源でもある（第4章，第7章）．それを侵すことは何人も許されないだろう．

## 10.2　民俗知の近現代

社会が近代化するにともない，総じて民俗知は大幅に変容あるいは消滅する道をたどってきたといえる．社会の変化がどのように民俗知に影響を与えてきたのか，整理してみたい．

### 10.2.1　近代科学との対峙

地域の自然や人々と交渉する中で培われてきた民俗知は，近代化の中でその存在が脅かされることになった．近代化の中で起きたさまざまな変化の中でも，民俗知の存在を脅かす基調を形成してきたのは，科学知の存在だろう．第2章で服部が強調するように，科学知と民俗知は優劣を比較的できないような別物であるにもかかわらず，優劣の文脈に落とし込んで捉える見方，すなわち民俗知は科学知に劣るとする見方が根強く存在してきたことは疑いようがない．そしてその見方は今も根強いことは，第4章で笹岡が明瞭に示している．すなわち，両者の知識を動員した環境保全をしようという建前であっても，その協議の場では，暗黙知を多く含み独自の価値観に基づいて存在する民俗知は理解されない．

科学知は，誰もが利用可能な知識として個人から外部化され蓄積されてきた点に大きな特徴がある．そうした科学知からすると，そもそも民俗知は外部の

者にその存在が認識されにくいばかりでなく，多くの場合，属人的であったり属地的であったりするために科学技術とはなじまない（適用可能性が低い），とるに足らないものと捉えられやすい．そうした性格上，科学知は民俗知に優越するものという発想は生まれるべくして生まれてくるとも言えるだろう．しかしながら，一方的に片方の尺度に落とし込んで優劣を論じるというのは暴力的と言わざるを得ない．

このような作法を持つ科学知と民俗知が対峙したとき，多かれ少なかれ，民俗知の無効化がせまられてきたのが近代ではなかろうか．例えば，ある栽培植物を育てるとき，科学知に基づく一定の品種や作業手順が導入されれば，そうしたマニュアル化された知識に，それまで農家が経験的に培ってきた農事暦などの民俗知の多くはとってかわられることになるだろう．自身の内に宿る知識が，誰か（科学者）の努力によって構築され外部化された知識に代替されてしまうのである．さらには，自らの文化に劣等感を感じてしまっているカスカの人々がいるように（第5章），森と暮らす人々の中にも「優劣」による捉え方が浸透し，そうした価値観から民俗知が自壊していった例も少なくないだろう．

### 10.2.2 技術の発展

近代科学の発展は，膨大な科学知を生産・蓄積すると同時に，大幅な技術の発展をもたらした．前述したように，技術の発展は，技能の外部化という側面を持つ．したがって，技術が導入されることは，民俗知の，特に身体知（コツやノウハウ）の無効化を迫るものとなる．カスカの人々がチェーンソーを使うようになって，動物を解体するのにさほど知識を必要としなくなった（第5章）のは，まさにこのような作用が働いた結果であろう．

もちろん，技術の導入によって，しばしば身体的苦痛や危険を伴う長時間にわたる作業の労苦から人々が解放されてきたことも忘れてはならない．第5章で山口が描くカスカの狩猟は，その移動に飛行機や車，スノーモービル，動力付きの船舶が使われている．このことによって，彼らが移動にかける時間と身体的労苦は大きく軽減されているのは明らかだろう．また，第7章で蛯原が描くクマ猟では，射程距離の長いライフル銃が用いられている．ライフル銃の使用は，遠隔からクマを仕留める確実性を高め，猟師たちの危険回避に大き

な貢献をしているものと考えられる．

　技術の導入の是非は単純に論じることはできない．ただ，明らかなのは，先に指摘したように，技術の導入には民俗知の無効化が伴い，近代化の過程ではこの流れが長らく続いてきたことである．そしてこの変化は，森に暮らす人々がより楽にかつ安全・確実に恵みを得ることを可能にしてきた．ここで指摘しておきたいのは，その副作用の存在を認識しておく必要があるのではないかということである．単に民俗知が存在意義を失うだけではない．それは，資源利用の持続性を危うくすることもある．

　第 5 章の中で山口は，かつてカナダのイヌイットの狩猟対象となっていた野生動物が，彼らの狩猟行為によって絶滅に追いやられた背景の一つに，銃の導入があったことを紹介している．技術革新が自然資源の生産効率を飛躍的に高めて，そのことによりその資源の持続的生産が脅かされるというのは，いまも消えない懸念である．これに対して先に見たように，民俗知は，そのような危険性を回避しうる可能性を秘めているとも言える．また，共同体内での資源利用を保つため，あえて効率的な技術を廃止し，古い技術を残してきた例も知られている（菅，2006）．

　このように，大きな流れとしては，民俗知は技術にとってかわられてきたが，その存在意義は完全に失われるわけではない．技術の運用を現場の実情に応じて適切なものに調節しうる可能性も期待できる．

## 10.2.3　市場経済の広がり

　交易の進展，森林社会への市場経済の浸透も，時代の大きな流れである．このような変化は，民俗知にどのような影響を与えただろうか．まず，第 6 章で田中が描いた和紙原料の生産について見てみよう．和紙は広域に取引されることを前提として生産と流通が成り立っている．さらに，地域内で生産と加工が完結することもあるが，和紙原料の生産のみに従事する場合がある．その歴史は古いものの，和紙生産に関わる民俗知は交易の進展によって生じてきたものであり，生産過程が分節化（分業化）される中で育まれてきた「職能的」な民俗知と言えるだろう．このように，交易の進展によって新たに民俗知が形成されてきた例は，日本国内で言えば，養蚕や茶業にも認められる．環境問題に

かかわる知に関する研究（とくに海外）では，科学知-市場経済-近代という連関と，民俗知-慣習経済-前近代という連関との対比で分析されるものが多かった．しかし，「職能的」な民俗知の存在は，市場経済と知の関係が必ずしも上の二項対立のような単純な図式では表せないことを教えてくれる．

一方で，市場経済への接触が民俗知の消滅に帰結した例もある．服部（第2章）や山口（第5章）が紹介しているように，交易によって外部の大きな需要にさらされ，対象となる生物資源の枯渇を招いてしまった例がある．これは結果として，その生物資源を獲得する，いや，その生物と「つきあう」民俗知の消滅を意味している．これは決して過去に起きたこととして片付けることはできない．同様の作用は，いまだに働いていることはよく留意しておく必要がある．

先に見たように，交易の浸透は地域に新たな生業とそれに伴う民俗知をもたらすことがある．さらに，地域に市場経済が浸透しそれに依存するようになると，生業はより生産的なものに収斂されるようになる．この収斂過程は，しばしば，賃金労働に従事することによって，もはや生計手段として自然資源を利用する必要がなくなる，という生活様式に帰結するパターンをみる．こうなると，民俗知の存在意義は大きく失われることになる．

このように生業が単純化することが，他の生業にかかわる民俗知に与える影響についても考慮しておく必要がある．というのも，和紙原料の生産が焼畑での耕作と共にあった（第6章）ように，また，キノコ採りの際に得られた知識がクマ猟と密接に関わっているように（第7章），異なる複数の生業が組み合わされていること（複合生業）によって育まれてきた生業があり（安室，2005），民俗知がある．焼畑用地として利用されてきた山が，スギの人工林と変わっていくことは，当然ながら，和紙原料生産の民俗知の衰退の一因となってきた（第6章）．

### 10.2.4　近代的法制度

社会の近代化がもたらした変化として，法制度の整備による影響についても触れておきたい．特に，国立公園をはじめとする保護地域（protected areas）制度の整備は，森に暮らす人々の生業の範囲を狭める例が散見される．第2

章で服部は，国立公園化とそれに伴う政府主導の保全プロジェクトと森林法が，地域住民バカの狩猟活動を大きく縛るものであることを指摘している．第4章で笹岡が紹介するインドネシア・セラム島の村ではクスクスの狩猟が行われてきたが，クスクスが保護動物として指定され，村の一帯は国立公園に指定されているため，現行法のもとではその継続が危ぶまれている．第9章で柴崎は，保護地域制度が，指定地域への立ち入りや資源採取を禁止しようとする行政機関と地域住民との間でコンフリクトを招いてきたとする言説を紹介しつつ，現実に日本国内で懸念されている資源採取への規制についていくつかの例をあげている．屋久島の国立公園特別保護地区における祭祀用のシャクナゲの枝の採取が廃れていき，世界自然遺産に登録されたのちの白神山地では，かつて狩猟や山菜採りに通っていた山域への立ち入りが規制され，人々の記憶から沢や山の名称が忘れ去られていっていることを報告している．

## 10.3　民俗知への期待

　社会の近代化は民俗知の存在を地域の外から，また内からも切り崩すことになったが，それとは反対に，民俗知の価値を見直し，さらに現代社会に活かそうとする動きを確認することができる．大雑把に整理するならば，過剰利用（overuse）が懸念されるような状況下では持続的資源管理や環境保全への活用が，過少利用（underuse）の分脈では，地域文化の涵養や地域発展への活用が期待されている，といってよいだろう．

### 10.3.1　持続的資源管理，環境保全への期待

　第2章，第3章，第4章で詳しく紹介されているように，1980年代になって，生態系の保全，特に過剰利用問題の回避の文脈において民俗知の活用が期待されるようになった．世代を超えて自然を利用してきた地域住民には，その土地の自然に対する深い知識があり，それが持続的な資源利用を実現してきたことも実証されつつある．こうして北米先住民居住地域での行政機関と地域住民の自然資源の保全プロジェクトにはじまり，同様の「共同資源管理（co-management）」は世界中に広がることになった．さらに，第2章と第3章で

は，NGO など外部者が地域住民を支援することによって環境保全を実現しようとする動きも見られる．

しかしながら，こうした「共同資源管理」において，民俗知の特質が十分に理解され，また尊重されているとは言い難い．現実には，「共同資源管理」の意思決定の場では，科学知の視点から民俗知の評価と取捨選択が行われる（第2章），言葉など会議の流儀も科学知を持つ側に従わされる（第5章），あらかじめ協議の方向性が決まってしまっている（第4章）といった指摘がある．

また，他方で，科学知が民俗知を無効化するのではなく，条件次第では，逆に現場において後者が前者を無効化したり，前者が後者をすくいあげ，政策実施や表示伝達に用いたりする可能性もあることも，指摘しておいてよいだろう．重要なのは，異なる知の区別や優劣ではなく，「知の交流」によって現場で新たな知や制度が生成されていく可能性なのである（椙本，2018）．

こうした問題を意識してか，民俗知と科学知を対等な関係に置き，民俗知と科学知の統合あるいは協力を目指す動きもある（第4章，第5章）．2012年に設立された政府間組織「生物多様性及び生態系サービスに関する政府間科学-政策プラットフォーム（Intergovernmental science-policy Platform on Biodiversity and Ecosystem Services：IPBES）」では，我々が本巻で見てきた民俗知に相当する「在来・地域知（indigenous and local knowledge：ILK）」を取り組みの一つの軸に掲げており（「IPBES」，https://www.ipbes.net/deliverables/1c-ilk），今後も生態系管理における民俗知への期待は高まっていくものと考えられる．

### 10.3.2 地域発展への活用

一方で，日本の山村社会では，拡大造林などの戦後に期待されていた木材生産（第6章）のあてが外れ，多くの森林が管理不足に陥っている（過少利用とも呼ばれる）．また基幹産業になっていた建設業の発展が望めないなか，「地域外からという意味での外貨」を獲得することが求められている（第9章）．こうしたなか，民俗知を活用した地域発展に期待が集まっている．なお，ここで活用が期待される民俗知は，生業に関連する「職能的」な知識を含む幅の広いものであり，前述した共同資源管理において活用が期待される知識とは若干

## 10.3 民俗知への期待

異なっていることは，指摘しておくべきだろう．それぞれの社会がおかれている状況によって，民俗知のなかでフォーカスされる部分も期待される役割も異なっているのである．

「外貨」獲得の手段としては，まずツーリズムへの活用が挙げられる．その典型としてエコツーリズムや保護制度を活用したツーリズムがある（第9章）．こうした新しいタイプのツーリズムは着地型観光などとも呼ばれるが，ここでは，地域の自然だけでなく，生活文化や生業の歴史も観光資源となる．とりわけ最近では，日本遺産の認定過程に見るように，地域固有の歴史や文化を象徴する「ストーリー」が重視されるようになっている．このように，民俗知は地域を売り出すための取り組みにとって不可欠な要素になる．

また，森林の非木材林産物（non-timber forest products：NTFP）の生産と販売は，山村の住民にとっては手軽にできるものである．たいていは特に大きな資本の投下は必要ないし，高い技術を活用しなくてもよいからである．その一方で，十分な民俗知が必要とされる．

第6章で田中は，地形や植物の生態に精通してきた和紙原料栽培の知識が，将来の森林利用に貢献しうることを指摘している．和紙原料栽培の民俗知を活用すれば，木材生産を単一の目的とする森林利用を改め，場所によって和紙原料栽培地へ転換したり，林床へのミツマタの混植を進めたりすることで，新たな森林利用のあり方を目指すことが可能であるという．つまり，ここでは民俗知は森林利用のあり方を見直すための重要な要素として期待されているのである．

第8章で齋藤が示したように，山菜やキノコは，山村にとって収入源となってきたが，大量かつ安定的な生産を可能とする栽培技術の発展により，生産地としての山村の優位性は失われ，そこでは民俗知を活用する余地が狭まってきていた．これに対し，一部に山村の強みを活かすような山菜・資源の活用策が近年登場してきている．大量生産を目指すのではなく，地域の人々の協力と工夫によって付加価値の高いモノとサービスを提供することが目指され，ここでは培われてきた民俗知と新たに得られる民俗知の活用が見られる．さらに，深い民俗知に裏付けられて届けられる商品は，倫理的消費（ethical consumerism）といった現代的な消費性向とも親和性があることが指摘されている．

もちろん，森林の非木材林産物を活用することは，途上国においても無意味ではない．第2章では，人々が非木材林産物について持っている民俗知を活かして，新たな商品を売り出すことによって収入源とできる可能性が示されている．さらに，そうすることで，問題となっている獣肉交易に依存しなくてもよくなり，持続的な資源利用が実現される可能性も指摘されている．

### 10.3.3 地域文化の涵養

民俗知は単に実用的なものではなく，豊かな文化的意味を内包していることは先に整理した通りである．地域の中で暮らす人々にとって誇りやアイデンティの根源にもなりうることから，民俗知を継承すること自体が，地域に暮らす人々自身にとって大きな意味を持つ．カナダの先住民カスカでは，長らく続いたドミナント政府による教育により，カスカ文化への劣等感が形成されてきたこと，賃金雇用に依存する生活様式に変わってきたことで，彼らが培ってきた民俗知の必要性が薄まっている．こうしたなか，自治政府は，ヘラジカの解体や薬草の使い方などを子供から大人まで学べるワークショップを開催するようになっている（第5章）．

## 10.4 民俗知を「活用」する危うさ

### 10.4.1 切り取られる民俗知

民俗知が科学知と比較され，無視，あるいは低く見られてきた歴史を顧みたとき，民俗知の再評価が進み，現代社会への応用が期待されるようになったことは喜ばしいことである．しかしながら，その一方では，このことへの懸念も本巻を通じて指摘されてきた．

冒頭で確認したように，民俗知の本来のあり方は統合的なものである．地域の人々がある資源を採取するとき，自制して一定程度取り残す行動をみれば，私たち外部の人間は資源の持続的利用への民俗知の寄与を期待するだろう．確かに，その人々は資源の持続的利用も考えているだろうが，それ以外にも，人づきあいや信仰など様々な価値基準に左右されている可能性があり，それらを

総合的に踏まえて実践しているはずだ．そうすると，私たち外部の人間がその行動を「資源の持続的利用」だと一方的に評価し，その民俗知の活用を図ろうとすることは，本来統合的であるはずの民俗知から，私たちにとって都合の良い部分の「切り取り」を行なっていることになる．

この切り取りこそが，蛯原（第7章）の指摘する「シンプリフィケーション」（笹岡，2012）であり，柴崎（第9章）のいう「価値の単純化」である．この単純化は，森林文化論（第1章）の立役者の一人，筒井がまさに批判の対象とした現象である．筒井は，いわば明治以降の単純化した価値観に基づいた森林政策，すなわち木材生産機能を極大化して森林および森林社会に押し付けることへの反駁として，森林文化論を提起したのである．これと同様に，地域の外部から単純化された都合の良い価値観に，森や森に生きる人々がさらされる現実がある．逆に言えば，民俗知への期待が高まる今こそ，森林の文化や民俗知を論じる意義があるのだ．

## 10.4.2 単純化がもたらす懸念

では，外部社会による民俗知の切り取り・単純化にはどのような懸念があるのだろうか．

まず，民俗知のあり方について誤解を招く恐れがある．これまで何度か説明してきたように，民俗知のあり方は統合的なものである．都合が良いからといって，あるいはわかりやすいからといって，特定の分節に区切って着目しようとすることは，矮小化した形で民俗知を発信してしまうことになる．

単純化はしばしば普遍的な価値という観点から，すなわち，科学知の視点から有益，あるいは都合が良いと評価・判断されることについてなされる．したがって，服部（第2章）が指摘するように，環境保全といった普遍的な価値を追求する共同資源管理の意思決定の場では，科学知が正統性を持ち，民俗知は科学知に従属する事態になりうる．さらに，笹岡（第4章）が指摘するのは，暗黙知を多く含むがゆえに他者に伝達しにくい民俗知が，広く社会に受け入れられやすい科学知の前に無効化される現実である．

さらに，普遍的な価値を持つものとして称揚されれば，NGOや慈善団体の支援を呼び込み，結果として，はからずも強い政治性を備えた場に地域が置か

れてしまうこともある（第2章）．

　地域発展のために民俗知を活用しようとする場合にも注意が必要である．例えば商品化することに特化し，「遊び」の要素（第8章）を失った採取行動に変化したり，地域内での贈与や交換の機会が減ったりすれば，それまで内包されてきた「文化的な豊かさ」を失うことになるかもしれない．また第9章で柴崎が指摘しているように，ツーリズムにおいて外部者にとってわかりやすく魅力的な「ストーリー」だけが重視されることは，それ以外の価値を持つものがわかりにくいものとして切り捨てられ，そのような扱いを受けた文化資源や民俗知は消失してしまう可能性がある．

　以上のように，資源管理にせよ地域発展にせよ，民俗知の切り取りや単純化が無批判に行われると，地域社会がこれまで培ってきた自然とのつきあい方や意味・価値を消失させ，最終的には地域外部や国家による資源や社会のコントロールに結びついていく危険性があることは，留意しておく必要があろう．

## 10.5　民俗知をつなぐ

### 10.5.1　民俗知継承の危機と課題

　民俗知は伝達が困難な性質を有しているだけでなく，それを取り巻く社会変化もあいまってその継承が望みにくい状況になっている．第5章で山口が指摘するように，文字や数値に置き換えにくい民俗知は近代的な教育にはそぐわないものであるし，かつて学校教育では，ヨーロッパ文化に比べて先住民の文化が劣っているとまで教え込まれた．さらに，民族言語まで奪われると，民俗知の継承はより難しい状況に追い込まれる．社会の近代化はまた，生業の変化，生活様式の変化をもたらし，自然の中で暮らすための民俗知を会得する機会も，必要性も減少してきた．カスカでは自治政府がカスカの民俗知を共有するワークショップを開催しているが，若者は興味を持たないという．また，第6章で田中が描いたように，共同作業の機会が失われたり，生業複合の中で育まれてきた民俗知が，どちらか一方の生業の衰退によって減退を余儀なくされたりすると，その継承は困難となる．

民俗知の存在意義が再認識され，現代社会への活用も広く模索されるなか，肝心の民俗知の継承が危機的状況に陥っている．こうした状況の中で民俗知を次世代につないでいくことは大きな課題である．ただし，前節で述べたように，民俗知の「活用」には慎重な議論が必要であり，それゆえ「どのようにつなぐのか」が問われるのである．

## 10.5.2　現代社会における新たな民俗知継承のあり方

では，現代において森林地域に生きる民俗知を継承していくために，どのような姿勢が求められるのであろうか．ここでは，科学知との関係と継承の主体という二つの視点から考えてみよう．

まずは，科学知との関係についてである．現代社会において，科学技術はいうまでもなく不可欠な要素の一つである．これを否定しても全く現実的でないばかりか，科学知の否定が森林とともに生きる人々の望みを体現しているとも思えない．じつは，民俗知と科学知の相克の歴史をみると，逆説的であるが，科学知を民俗知の伝承に役立てるという道筋はありうる．第2章で服部が紹介したGPSを用いた慣習的利用域の地図作りは，彼らの生業を守るのと同時に，他者との知識の共有を容易にするものである．同様に，楢本(2018)は，フィリピンの参加型森林政策において，地図作成という作業が，住民組織のメンバーと地方の森林官の共同作業として，異なる知を状況に応じて組み合わせるかたちで行われたことを報告している．伝達の難しい民俗知ではあるが，科学知・技術を用いてすくいあげるような「知の交流」によって，伝達の敷居を下げられる可能性があるといえよう．

つぎに，民俗知継承の主体に関する議論に移ろう．民俗知の伝承にとってより本質的なのは，民俗知の担い手を確保するということである．民俗知の担い手は，現存する民俗知を引き継ぐと同時に，自らの身体・感覚を通じて，また環境の変化に対応して新たな民俗知の獲得をしたり，創造をしたりする（第2章）．つまり，森林に関する民俗知であれば，森林に何かしらの関わりを持つ誰もが民俗知を再編成する営みに携わることになる．誰がどのような目的でどのように民俗知を再編成するのか，についてはいくつかの選択肢が考えられる．自然環境や地域社会に関する人々の知識生産のあり方を検討した菅(2013)

は，自然環境に接して暮らす地域の人々自身が新たに知識を生産していく営みの勃興と，そのプロセスに地域外部の者，特に「レジデント型研究者」（後述）と呼ぶ地域に深い関わりを持つ者が関わることの可能性を指摘した．

　まず，当該地域の人々が担い手となる場合について考えてみよう．地域の人々が担い手となることに主体性を持つ場合とそうでない場合が考えられる．第8章で齋藤が紹介した福井県の事例では，地域の人々が主体的に，民俗知を活かすことで地域の発展に取り組んでいる．この例では，外部の知識が貪欲に取り込まれており，知識を再編成するという民俗知の営みが覚醒されていると言える．

　一方で，地域の人々があまり主体的でない場合もある．第4章のセラム島の村では，村人が望んでいないのに，外部社会の圧力によってアカシア植林地の拡大など大幅な自然環境の改変を余儀なくされた．そうなると，かつてあった森での資源採取や焼畑耕作に関する民俗知は失われていく可能性が高いという．第9章では，行政機関など外部者がわかりやすい「ストーリー」を求めることにより，「半ば強制された主体性」から住民がツーリズム事業に取り組まざるを得ない傾向が指摘されている．この場合，住民自身による自由かつ創造的な民俗知の再編は望みにくいだろう．

　次に，地域の外部の者が民俗知の担い手となる場合も考えてみよう．山口（第5章）はカスカの民俗知を学び，それをまた，他の地域の人々も含め，次の世代に繋ごうとしている．この例からは，外部者が，民俗知をつなぐ媒介としての役割を果たせる可能性を示していると言えるのではないだろうか．

　ここで媒介するとはどういうことか吟味してみよう．それは，民俗知を部分的に可能な限りで形式知に変換してから，他者に伝えるということである．これは，先に述べた「知の交流」によって，科学知と民俗知が交差する現場で新たな知や制度をつくりだしていく行為にもつながる．いわば，culture broker として「翻訳者」や「伝達者」の役割をつとめる者が存在することは，民俗知伝達の困難性を低減する上でも，また，自然とともに生きる生き方への関心が低くなった人々に訴求する上でも重要なことと考えられる．

### 10.5.3 「翻訳者」に求められること

「民俗知を活かす」ことへの懸念を少しでも払拭するために，「翻訳者」にはどのようなことが求められるだろうか．

まず，誰が翻訳者の役割を担うのか，という問題がある．翻訳のプロセスに含まれる民俗知の形式知への変換においては，どうしても民俗知の「切り取り」や「単純化」を避けられない．安易な翻訳やそれに基づいた伝達は，「切り取り」やシンプリフィケーションの弊害をもたらすリスクが高い．したがって，翻訳者には，翻訳行為が犯してしまう可能性のある弊害について敏感であることが求められる．民俗知の特性への深い理解をもち，誤訳を犯す恐れを持ちつつ，必要に応じて修正を行うことや，民俗知や人々を取り巻く政治性に対して敏感であることが望ましい．また，culture broker という言葉通り，住民であるがその集団内ではある種の異質性を持っているというような，複数のアイデンティティや立場を有する人材に潜在する適格性も指摘できる．例えば，第5章の山口，第6章の田中，第7章の蛯原などのように，地域に住み込み研究活動を行うレジデント型研究者（菊地，2015；佐藤・菊地，2018）は，生活者と研究者の視点を併せ持つことから，翻訳者として大きな役割を果たせる可能性がある．また，地域住民であり現場の事情に詳しい森林官や，都市と農村，あるいは環境とビジネスをつなぐことのできる UI ターン者なども同様であろう．

次に，翻訳者は何を伝えたらいいのかを考えてみよう．民俗知は地域の自然の特性や社会のあり方を深く捉えた知識である．ただそうした個別性の高い表層的な知識を伝えればいいのだろうか．確かに表面化しやすい知識それ自身も地域の固有性を反映するものとして伝える価値のあるものである．しかし，それだけでは，状況の変化に応じて知識を修正したり創造したりする，つまり常に再編成する態度や営みは伝わらないであろう．第5章で山口の紹介する「自然に聞け」とするカスカ古老の教えは，単に表層的な知識ではなく民俗知を獲得する本質的な態度や作法についてのものであり，民俗知の継承において示唆に富む．このような，民俗知を培う心がけなども合わせて伝えていく必要があるだろう．

第 4 章で笹岡は,自然資源へのかかわりの度合いを重視する「かかわり主義」(井上,2004) が広く共有されなければ,共同資源管理の現場において正当に民俗知が活かされることはないことを指摘している.「かかわり主義」を共有できるような,地域を深く理解し,地域の人々を尊重する態度は,翻訳者にもっとも求められるものだろう.

さらに,第 5 章の山口が強調するように,民俗知はそれを実際に使う状況になければ,十分に伝わらない.これは,ただ教える,あるいは伝えるということでは不十分であることを意味している.山口は,その不十分さを乗り越えるため,実践を伴いながら知識を学ぶ場を作っている.地域の人々が自然とつきあう場を仕掛けること,あるいはその実践へ誘い込むことは,翻訳者に求められる理想的な役割であるように思われる.

## おわりに:残された課題

以上,本巻で展開された森林と文化(民俗知)に関わる論考を整理してきた.文化の根幹をなす民俗知について着目することで,民俗知の本質的性質,民俗知をめぐる社会状況の変化について,理解が得られたことと思う.しかし,その上で,森林と文化(民俗知)の再構築(再編成)を目指していくためには,いくつもの課題が見つかるはずだ.最後に,残された論点について挙げておきたい.

①外来の知との向き合い方

民俗知は科学知・技術の進展とどう向き合うか,という問題は今後整理されていく必要がある.科学知・技術が地域で受け入れられることは,民俗知の存在意義を低下させることにつながりやすい.一方で,新しい技術は資源利用の現場で「暴走」することもあり,それを制御あるいはローカライズする役割を民俗知が果たす可能性がある.さらに,前述したように,科学知と民俗知との交流が,新たな知や制度の生成に資する可能性もある.その場合,民俗知と科学知・技術はシナジー効果 (synergy effect) を示すとも言える.両者の交流が,単純化や切り取りによる民俗知の無効化ではなく,そのようなシナジー効果を生み出すためには何が必要なのか,今後の研究蓄積が待たれるところであ

る.

　いまや市場経済と接していない森林社会はないと言ってよい．市場経済との接点が大きくなれば，日本におけるスギやヒノキの人工林や熱帯におけるアブラヤシ園など，新しい森林利用の技術が外部からもたらされる．こうした新たな生業によって，しばしばその土地にもともといなかった生物とのつきあいが始まることにもなる．第6章で論じられた和紙生産における「職能的」な民俗知のように，こうした外来生物や生業についての知識が，民俗知として再編成されるのか，検証されていく必要がある．

②変化する環境に関する民俗知

　地球規模で人やモノが行き交う現代社会では，これまでに見られなかった病気や外来生物による生態系被害といったリスクが高まっている．また，地球温暖化（第5章）や原発事故に伴う放射能汚染など近年顕在化している環境問題・環境変化の中には，先人たちが経験したことのないような，あるいは日常生活において地域の人々が知覚しにくい変化も含まれる．

　これら「未知との遭遇」において民俗知はいかに生成されていくのであろうか．国内においても，現在，イノシシやシカが生息域を拡大させている．東日本豪雪地域など明治期以降，生息が確認されてこなかった場所でも目撃されるようになってきた．この地域での猟師たちは，これら動物の行動生態や捕獲方法に関する知識を現在，集団内で蓄えている途上なのである．

　温暖化や放射能汚染の場合，それらの現象分析や原因の究明，そして対策の検討は，科学知や最新の器機（技術）に専らゆだねられている．それに対し，地域に暮らす人々は身近な現象をどのように解釈し直し，それらの言説や対策と向き合っていくのだろうか．身体感覚で知覚困難な環境の変化は，本巻で述べたものとは異なった科学知と社会との関係性をもたらしていると考えられる．

③近代的法制度との接合，調整

　保護地域制度など近代的法制度がしかれた場合，特に硬直的・一律的な運用がなされると，人々が連綿と営んできた生業が著しく制限される可能性がある（第9章）．保護制度それ自体は，自然資源や文化資源が毀損される恐れがあるからこそ成立してきた．そうした現代社会に必要とされつつも，地域の文化的営為を妨げ，その継承を困難にする法制度との接合あるいは調整をいかに図

## 第 10 章　民俗知のゆくえと現代社会

っていくべきか，考察される必要がある．さらに，民俗知に基づいた慣習法（しきたり，おきて）と近代法制度との関係性についても事例を蓄積させ，それぞれのルールの特質を把握し，共存可能性について検討していく必要もあるだろう．

④共有と継承から創造へ

　前節で取り上げたとおり，民俗知をいかにつないでいくかは大きな課題であり，今後も問い続けなければいけない課題である．森林と人間社会の関係はより複雑になってきている．森林の現場に暮らす人々だけでなく，市場，環境を通じて森林と無関係ではない市民が存在し，またそうした人々からの森林および森林地域への関心も醸成されつつある．森から物理的に離れていても，森とのつながりを認識し行動する市民の存在は，将来の森林文化にとって不可欠な要素となるであろう．新たな時代の，多様なステークホルダーひとり一人の知が，名もなき人々の知が形成されていくに違いない．どのような立場であれ，わたしたち誰もが民俗知の潜在的な当事者であるともいえる．そうなると，それは，もはや民俗知と呼ぶべきものでないかもしれない．しかし，既存の知識の共有と継承だけではなく，新たな知識の創造が進展することは確実である．それを単に「偽物」などとして切り捨てるのではなく，そこにどのような新たな知や制度が生まれるのかを見定めていく必要があるだろう．

　本巻は，既存の森林学（林学）の枠を超えて，文化人類学を専門にする地域研究者にも多数参加いただいた．本シリーズの中でもこれだけ大胆に他分野の研究者の協力を得たのは本巻の特徴である．「森林と文化」という課題は，多方面からのアプローチがなされることによって，その知見の価値はより高められるものと考えられる．なぜなら，シンプリフィケーションあるいは単純化が迫られる時代の潮流の中で，「もう一つの」あるいは「いくつもの」森と人との関係性を考察することが，文化を研究することの意義だからである．本巻が関連する学問間の交流を促すことによって後学の発展につながり，また，新たな森林文化の醸成に貢献できれば幸いである．

## 引用文献

井上 真(2004)コモンズの思想を求めて——カリマンタンの森で考える,pp. 150,岩波書店.
大橋広好・門田裕一ほか(2017)改訂新版 日本の野生植物5,pp. 760,平凡社.
菊地直樹(2015)方法としてのレジデント型研究.質的心理学研究,14,75-88.
笹岡正俊(2012)社会的に公正な生物資源保全に求められる「深い地域理解」——「保全におけるシンプリフィケーション」に関する一考察.林業経済,65,1-18.
佐藤 哲・菊地直樹(2018)地域環境学:トランスディシプリナリー・サイエンスへの挑戦,pp. 430,東京大学出版会.
菅 豊(2006)川は誰のものか:人と環境の民俗学,pp. 228,吉川弘文館.
菅 豊(2013)「新しい野の学問」の時代へ——知識生産と社会実践をつなぐために,pp. 260,岩波書店.
椙本歩美(2018)森を守るのは誰か フィリピンの参加型森林政策と地域社会,pp. 321,新泉社.
安室 知(2005)水田漁撈の研究——稲作と漁撈の複合生業論,pp. 461,慶友社.

# 索　引

## 【欧文】

Conklin …………………………22-23, 60
culture broker ……………………278-279
FAO（国連食糧農業機関）………………55
Forest Peoples Programme ………………45
FSC（Foest Stewardship Council, 森林管理協議会）……………………………93, 95
GPS …………………………46, 223, 264, 277
IUCN（国際自然保護連合）…………42, 234
Land Claim ……………………………122-125
MAB計画（The Man and Biosphere Programme）……………………………235
NTFP（non-timber forest products, 非木材林産物）……………………46, 48, 273
Rainforest Foundation ……………………45
SEK（scientific ecological knowledge, 科学的な生態学的知識）………3, 10, 26, 124, 138
TEK（traditional ecological knowledge, 伝統的な生態学的知識）…3, 10, 21, 26, 60, 88, 120
WWF（World Wide Fund for Nature, 世界自然保護基金）………………29, 42, 92

## 【あ行】

アイデンティティ
　……9, 15, 88, 93, 110, 112, 127, 176-177, 267
アジアパルプアンドペーパー社（Asia Pulp & Paper社）………………………………91
アブラヤシ・プランテーション（アブラヤシ（農）園）…………13, 57, 71, 88, 106, 281
アフォーダンス（affordance）……………198
奄美群島振興開発特別措置法 ……………234
アラスカ先住民 ……………………………26
安全 ………………………176, 194, 198, 269
アンダーユース（過少利用）……10, 12, 271
暗黙知………………5-7, 112-114, 267, 275
移行地域（transition area）………………236
石牟礼道子 ……………………………………115
稲作 …………………………57, 62, 67, 77, 173, 180
稲作農耕民 …………………………………62
イヌイット ……25-26, 59, 120, 124, 198, 269

イバン ……………………………68, 69, 70
入会 …………………………………150, 249
入会地 ……………………………………150
失われた20年 ……………………………238
ウマ・アリム ………………………………69
エコツーリズム ……………110, 113, 234, 273
エコツーリズム推進協議会 ………………241
エコツーリズム推進法 ……………………241
エスノサイエンス（民族科学, ethnoscience）……………………………22-24, 48
おきて ………………………………………1, 282

## 【か行】

害獣（有害鳥獣）………………175, 207, 253
ガイド ……………………………228, 239-243
開発 ……10, 21, 53, 86, 149, 168, 178, 236, 254
科学知 ……………………3-13, 21-26, 125, 262-281
科学的な生態学的知識（scientific ecological knowledge：SEK）………3, 10, 26, 124, 138
かかわり主義 ………………………110, 280
核心地域（core area）……………235-236, 253
拡大造林 ……………………………150, 272
過少利用（アンダーユース, underuse）
　………………………………………10, 12, 271
過剰利用（overuse）………………243, 271
カスカ ……………………………………118
カスカの知識…………119, 127, 130, 135-142
過疎 ……………………10, 79, 177, 210, 224
価値観 …………2, 109, 112, 177, 213, 267, 275
学校教育 ……3, 28, 35, 41, 46, 71, 137, 199, 276
紙パルプ企業 ……………………………85, 96
カヤン・ムンタラン国立公園 ………………60
環境ガバナンス ……………………86, 113-114
環境教育 ……………………………113, 236
環境保全 …………………………………271
観光狩猟会社 …………………………42, 44, 46
観光庁 ……………………………………238
観光立国宣言 ……………………………238
慣習権 ……………………………………58, 77-78
慣習地 ………………………………94, 102, 149
慣習法 …………………………………58, 77, 282

285

# 索　引

緩衝地域（buffer zone）……………………236
企業の社会的責任（CSR）……………………91
気候変動 ……………………………85, 137, 139
気候変動枠組条約 ……………………………56
技術………1-4, 66, 114, 121-140, 151-164, 176,
　　207-231, 261-281
希少性（scarcity）………………………210, 230
北カリマンタン州 ……………………………64, 69
北村昌美 ………………………………………11
（既）着手行為 …………………………249-250
キナバル国立公園 ……………………………63
技能 ……………………1-4, 100, 186, 214, 261-268
キノコ ……………24, 32, 150, 160, 173, 183, 196, 204
規範 ……9, 14, 65, 71, 89, 100, 121, 130, 133, 136,
　　214, 218-220, 265
救荒食 …………………………………………205
共食 ……………………………………………222
共同（資源）管理（co-management）
　　………………………………26, 44, 124, 271-280
協働管理（collaborative management）………88
共同利用 ……………………………………149
共同労働／共同作業 ………163, 167, 170, 200, 276
共有地（共有林）………………42, 107, 149-150, 228
魚毒 …………………………………………34, 69
漁撈 ………………………………44, 62, 173, 205
禁忌（タブー）………1, 121, 134, 136, 173, 183, 219
菌床栽培 ……………………………………226
近代 ……………………………………………25
近代科学 ……………………………22-26, 120, 267
近代化産業遺産 ……………………………237
薬（薬用）………8, 22, 31, 35, 46, 60, 64, 106, 119,
　　140, 150, 184, 250
グヌン・パルン国立公園 ……………………63
グヌン・ムル国立公園 ………………………63
クラビット ……………………………36, 69, 77
経験知 ……………………………5-7, 157, 174
グリーンウォッシュ …………………………93
形式知 ……………………………………5, 112, 278
渓流魚 ………………………………………207
堅果 …………………………………………205
現金収入 …………………………46, 65, 107, 181, 208
交易 ……………25, 34, 42, 46, 54, 62, 121, 136, 269
公共事業 ……………………………………233
高齢化 ………………………10, 141, 168, 175, 224
国際資源管理認証 ……………………………95

国際自然保護連合（IUCN）……………42, 234
国際熱帯木材機関（ITTO）…………………56
国土強靱化計画 ……………………………233
国有林 ………………………91, 149, 181-182, 218, 252
国立公園…27-45, 61-73, 88-109, 179, 235-255,
　　270-271
国立公園法 …………………………………237
国連環境開発会議（地球サミット）…………21
国連食糧農業機関（FAO）……………………55
国連貿易開発会議（UNCTAD）……………56
コミュニティ基盤型保全（community-based
　　conservation：CBC）………………………89
ゴム ……………………………………62, 103, 106
雇用 ………………………29, 59, 71, 113, 167, 274
娯楽性 ……………………………223-226, 266
根茎 ……………………………………205, 207
コンセッション（産業造林事業許可）…91, 105
昆虫 …………………………………………207
コンパニオンプランツ ………………………160

## 【さ行】

祭祀 ……………………………………………1, 271
再造林放棄地 ………………………………169
在来・地域知（indigenous and local knowl-
　　edge：ILK）…………………………………4, 272
在来知（在来知識，indigenous knowledge：
　　IK）………………………………2, 21, 87, 120, 263
里山 ……………………………10, 157, 218, 236
サラワク州 ………………………………63-81
参加型保全 …………………………………89
参加型マッピング ……………………………45
山菜 ………………150, 173, 181, 197, 204, 249, 253
山村振興法 …………………………………234
ジオパーク ……………………………………237
資源化 …………………………………15, 234, 256
資源管理 …………………7, 22, 90, 100, 124, 271
市場経済 ……………………10, 224, 269-281
自然公園法 …………………………………235, 237
自然体験型観光 ……………………………239
自然知 …………………………………………4
自然保護団体 ………………………………27
疾病観 ………………………………………35
シナジー効果（synergy effect）……………280
社会知 …………………………………218, 265
社会的威信 ……………………………222, 223

286

索　引

社会的公正 …………………………………9
社会的正義 …………………………………9
獣害 …………………………………168, 175
宗教 ………………………………27, 121, 152
私有林 …………………………149, 169, 218
狩猟採集（民）…62, 71, 118, 122, 126, 132, 135, 139, 141, 142
順応的管理（adaptive management） ………44
状況依存性 ……………………………41, 48
情報知 ……………………………………5-7
植物知識 ……………………………13, 22-38, 60
植民地 …………………………55, 89, 122, 250
植林（植林事業）……87, 103, 110, 150, 162, 166
進化 ………………………………………25
信仰 ………………………1, 22, 100, 130, 173, 265
身体知 ……………………………5, 263, 268
薪炭 ……………………………56, 151, 162
シンプリフィケーション（単純化，simplification）………………176, 252, 275, 279, 282
シンボル ………………………………35
森林生態系保護地域 …………………236
森林認証 ………………………………93, 96
森林文化 ………………………2, 11, 261-262, 282
森林文化論 ……………………………10-12, 275
森林保全方針（forest conservation policy：FCP）……………………………95, 105
神話 …………………………26, 119, 122, 127, 138
ステークホルダー（利害関係者）
　……26, 42, 85-86, 90, 109-114, 243, 255, 282
スンガイ・ムルアン国立公園 ……………72
生活世界 ……………………………23, 114
政治性（政治的）………………46, 49, 275, 279
生態系サービス（ecosystem services）
　………………………………55, 58, 93, 112
生態系の保全 ………………25, 40, 49, 101, 271
生態知 ……………………………218, 265
生物圏保存地域（biosphere reserves） ……235
生物多様性 ……………8, 13, 56, 85-88, 235-236
生物多様性条約 …………………………56
精霊 ……………………………32, 43, 97, 99
世界遺産 ……………………………235-237
世界遺産条約 ……………………………235
先住民……3-14, 21-26, 45-49, 59-77, 118-127, 136, 276
先住民運動 ………………………26, 45, 59

贈答 ………………………………………221
促成栽培 …………………………………225
ゾーニング …………………60, 90, 100, 109, 235

【た行】

台湾八景 …………………………………238
岳参り ……………………………………250
タブー（禁忌）…1, 121, 134, 136, 173, 183, 219
田村剛 ……………………………………237
単純化（シンプリフィケーション）
　…………………………176, 252, 275, 279, 282
地球温暖化 …………………………58, 281
知識数 …………………………………35, 37
知識の共有度 ……………………………38
知識の創造性 ……………………………41
知の階級性 ………………………………87
知の交流 ……………………………272, 277
超自然的強制 …………………………100
賃金労働 ……………………………69, 80, 139
筒井迪夫 ……………………………11, 275
定住 …………………………28, 36, 62, 67, 75, 137
伝承 ………………………138, 182, 199, 244, 277
伝統的な生態学的知識（traditional ecological knowledge：TEK）…3, 10, 21, 26, 60, 88, 120
伝統的な知識（traditional knowledge），「伝統的な（土着の経験的な）」知識 …21, 119, 135
天然記念物 ……………………………235
道具 ……4, 34, 126, 139, 150, 165, 181, 214, 262
統合的保全開発プロジェクト（integrated conservation and development projects：ICDPs） ……………………………………89
特定自然観光資源 ………………………241
特別保護地区 ……………………………249

【な行】

日本遺産 ………………………237, 244, 248, 256, 273
日本八景 …………………………………237
入林鑑札 …………………………………249
認識人類学 …………………………23, 60
熱帯（雨）林 …8, 13-14, 22-46, 53-63, 85-114
熱帯林ガバナンス ……………14, 86, 96, 109
熱帯林行動計画 …………………………55
農耕民 ………………………………27-49, 63-81

287

索　引

## 【は行】

伐採権（logging concession） ……………56, 58
伐採反対運動 ……………………………73-80
ハヌノオ …………………………………22, 60
ハレの食 …………………………………220
ビジットジャパンキャンペーン ……………238
非木材林産物（non-timber forest products：
　NTFP） ………………………………46, 48, 273
表出知 ………………………………………5
風習 ……………………………234, 244, 249
深い地域理解 ……………………………176
複合生業 …………………………………270
プナン ………………13, 31-36, 53, 64-81, 265-266
プランテーション ……………………57, 62, 88
プロン・タウ国立公園 ……………………63, 74
文化財 ……………………………15, 244-249
文化財保護法 ………………………235, 246
文化財保存活用支援団体 …………………247
文化財保存活用地域計画 …………………247
文化庁 ………………………………245, 246
文化的意味 ……………………………35, 274
文化の論理 ………………………………36
分配 ……………………………65, 110, 134, 192
平和の森 ………………………………73-74
ベーシックニーズ …………………………256
方向づけられた「協議」 …………………109
放射性物質（放射能汚染） ……………224, 281
保護地域（protected areas）制度 …15, 87-89,
　96, 109, 234-239, 246-255, 270-271, 281
保護林 ……………………………………236
保全価値の高い森（high conservation value
　forests：HCVFs） ……………………92
ボルネオ …………………………………13, 54-80
本多静六 …………………………………237

## 【ま行】

マイナー・サブシステンス …………222, 230-231

薪 ……………………34, 56, 108, 149, 150, 181
マタギ ………………………………172, 253
民族植物学 …………………………………60
民族生物学 …………………………………60
命名法 ………………………………………30
木材伐採 ……………………56, 62-63, 71-74

## 【や行】

焼畑（切り畑）…29, 62, 68, 70, 78, 80, 103, 108,
　111, 161-169, 173, 241, 270
焼畑稲作民 …………………………………68
薬用（薬） ……8, 22, 31, 35, 46, 60, 64, 106, 119,
　140, 150, 184, 250
野生鳥獣（野獣） ………………10, 174, 207
野生動物保護管理（ワイルドライフ・マネジ
　メント） ……………………………175, 177
野生の思考 ………………………………23
有害鳥獣（害獣） ……………175, 207, 253
有用植物 ……………………………46, 60, 69

## 【ら行】

ライフル …………………………………190, 258
ランビル・ヒルズ国立公園 ………………63
リスク …………………8, 36, 147, 194, 217, 281
離島振興法 ………………………………234
林業遺産 …………………………………237
倫理的消費（ethical consumerism） …231, 273
霊 ………………………………99, 127, 129
レヴィ＝ストロース ……………………23, 120
レクリエーション ……………………123, 236
レジデント型研究者 ……………………278-279
労働交換（ユイ、ユイガエシ）…163, 167, 170
ローカルな知識（local knowledge） ……21, 263

## 【わ行】

和紙原料 ………14, 147, 151-166, 269-270, 273

*Memorandum*

*Memorandum*

【編者】

**蛯原一平**（えびはら　いっぺい）
2008年　京都大学大学院アジア・アフリカ地域研究研究科単位取得退学
現　在　小国町教育振興課ぶな文化研究調査官（嘱託職員），博士（地域研究）
専　門　地域研究，生態人類学
主　著　「沖縄西表島の罠猟師の狩猟実践と知識――11年間の罠場図をもとに」（国立民族学博物館研究報告　34巻1号，2009），『シリーズ　日本列島の三万五千年――人と自然の環境史　第4巻　島と海と森の環境史』（分担執筆，文一総合出版，2011）など

**齋藤暖生**（さいとう　はるお）
2006年　京都大学大学院農学研究科博士後期課程修了
現　在　東京大学大学院農学生命科学研究科附属演習林富士癒しの森研究所　助教，博士（農学）
専　門　森林政策学，植物・菌類民俗，コモンズ論
主　著　『コモンズと地方自治：財産区の過去・現在・未来』（共著，日本林業調査会，2011），『エコロジーとコモンズ：環境ガバナンスと地域自立の思想』（分担執筆，晃洋書房，2014），『都市と森林』（分担執筆，晃洋書房，2017）

**生方史数**（うぶかた　ふみかず）
2002年　京都大学大学院農学研究科博士後期課程修了
現　在　岡山大学大学院環境生命科学研究科　教授，博士（農学）
専　門　東南アジア地域研究，国際開発学，環境の政治経済学
主　著　『熱帯アジアの人々と森林管理制度――現場からのガバナンス論』（共編著，人文書院，2010），『国際資源管理認証――エコラベルがつなぐグローバルとローカル』（分担執筆，東京大学出版会，2016），『現代アジア経済論――「アジアの世紀」を学ぶ』（分担執筆，有斐閣，2018）

---

森林科学シリーズ 12
Series in Forest Science 12

森林と文化
森とともに生きる民俗知のゆくえ

Forest and Human Culture :
The Future of Folk Knowledge in
Changing Human-Forest Interactions

2019 年 5 月 30 日　初版 1 刷発行

検印廃止
NDC 380.1, 650, 652
ISBN 978-4-320-05828-6

編　者　蛯原一平・齋藤暖生・生方史数 ©2019
発行者　南條光章
発行所　共立出版株式会社
〒112-0006
東京都文京区小日向 4-6-19
電話　（03）3947-2511（代表）
振替口座　00110-2-57035
URL　www.kyoritsu-pub.co.jp

印　刷　精興社
製　本　加藤製本

一般社団法人
自然科学書協会
会員

Printed in Japan

---

JCOPY ＜出版者著作権管理機構委託出版物＞
本書の無断複製は著作権法上での例外を除き禁じられています．複製される場合は，そのつど事前に，出版者著作権管理機構（TEL：03-5244-5088，FAX：03-5244-5089，e-mail：info@jcopy.or.jp）の許諾を得てください．

# Encyclopedia of Ecology
# 生態学事典

編集：巌佐 庸・松本忠夫・菊沢喜八郎・日本生態学会

「生態学」は、多様な生物の生き方、関係のネットワークを理解するマクロ生命科学です。特に近年、関連分野を取り込んで大きく変ぼうを遂げました。またその一方で、地球環境の変化や生物多様性の消失によって人類の生存基盤が危ぶまれるなか、「生態学」の重要性は急速に増してきています。

そのような中、本書は日本生態学会が総力を挙げて編纂したものです。生態学会の内外に、命ある自然界のダイナミックな姿をご覧いただきたいと考えています。

『生態学事典』編者一同

## 7つの大課題

- Ⅰ. 基礎生態学
- Ⅱ. バイオーム・生態系・植生
- Ⅲ. 分類群・生活型
- Ⅳ. 応用生態学
- Ⅴ. 研究手法
- Ⅵ. 関連他分野
- Ⅶ. 人名・教育・国際プロジェクト

のもと、298名の執筆者による678項目の詳細な解説を五十音順に掲載。生態科学・環境科学・生命科学・生物学教育・保全や修復・生物資源管理をはじめ、生物や環境に関わる広い分野の方々にとって必読必携の事典。

A5判・上製本・708頁
定価（本体13,500円＋税）

※価格は変更される場合がございます※

## 共立出版

https://www.kyoritsu-pub.co.jp/